启农教育
QI NONG JIAO YU

新型职业农民培育规划教材

农业生态环境与美丽乡村建设

◎ 卢伟娜　李　华　许红寨　主编

中国农业科学技术出版社

图书在版编目（CIP）数据

农业生态环境与美丽乡村建设／卢伟娜，李华，许红寨主编 . —北京：中国农业科学技术出版社，2015.10

ISBN 978 - 7 - 5116 - 2285 - 3

Ⅰ. ①农…　Ⅱ. ①卢…②李…③许…　Ⅲ. ①农业生态 – 生态环境 – 农业环境保护 – 研究 – 中国②农村 – 社会主义建设 – 研究 – 中国　Ⅳ. ①X181②F320.3

中国版本图书馆 CIP 数据核字（2015）第 232880 号

责任编辑	张孝安
责任校对	贾海霞

出 版 者	中国农业科学技术出版社
	北京市中关村南大街 12 号　邮编：100081
电　　话	（010）82109708（编辑室）　（010）82109702（发行部）
	（010）82109709（读者服务部）
传　　真	（010）82106650
网　　址	http：//www. castp. cn
经 销 者	各地新华书店
印 刷 者	北京富泰印刷有限责任公司
开　　本	850mm ×1 168mm　1/32
印　　张	10. 625
字　　数	240 千字
版　　次	2015 年 10 月第 1 版　2015 年 10 月第 1 次印刷
定　　价	28. 80 元

目　录

第一单元　农业生态环境的可持续发展

模块一　理解生态农业

【案例导学】

农业在巴彦淖尔市国民经济中具有极其重要的支撑地位。一方面巴彦淖尔市具有得天独厚的农业自然资源，另一方面矿产资源相对缺乏，全市工业、服务业的兴旺在很大程度上依赖于农业的发展。巴彦淖尔市 GDP 的 37% 和工业原料的 70% 都来自农业。近年来，巴彦淖尔市农业实现了快速发展、取得了较大成就，特别是在生态农业建设方面做出了积极的尝试和探索。但由于农业基础薄弱，对发展生态农业的认识不足，加上发展过程中受环境、技术、资金、人才、市场等多种因素的制约，导致全市农业综合生产的能力不高，农业资源的开发利用效益偏低。

一、巴彦淖尔市生态农业发展条件分析

巴彦淖尔市有两千多年的农耕史，历史上它是从汉代到民国的重要粮仓，如今也是国家和内蒙古自治区重要优质农畜产品的生产基地，是全国最大的一首制灌区，具有发展生态农业的多方面有利条件。

二、农业自然条件优越

巴彦淖尔市属中温带大陆性季风气候，四季分明，光照充足，热量丰富，温差较大，无霜期短。南部的河套平原广阔平坦，黄河沿境而过，光、热、水、土资源丰富，条件得天独厚，

非常适合发展农牧业生产，素有"黄河百害，唯富一套"的说法，是国家和自治区重要的优质农畜产品生产基地，享有塞外粮仓和瓜果之乡的美誉。河套地区的灌淤土是优良耕作土壤，速效钾含量为180mg/kg左右，对糖和淀粉的积累作用大。所以，在河套灌区生产的瓜果和糖菜含糖量相对较高。

（一）区位、资源优势明显

巴彦淖尔市地处内蒙古自治区西部，东与包头市、乌兰察布市为邻，西与阿拉善盟相连，南隔黄河与鄂尔多斯市相望，北与蒙古国接壤、国界线长368.89km。全市东西长约378km，南北宽约238km，总面积达6.44万km²，黄河流经全市约345km。市政府所在地为临河区，距内蒙古自治区首府呼和浩特市383km，距首都北京1 050km。巴彦淖尔市是环渤海经济圈连接西北的重要交通枢纽，境内拥有国家一级陆路口岸——甘其毛都口岸通道，拉丹高速公路和京兰铁路贯通全境。

巴彦淖尔市是传统农牧业地区，农牧业资源非常丰富。阴山以北是以荒漠、半荒漠为主的乌拉特草原，面积3.8万km²，是天然畜牧生产基地，盛产牛、羊、马、蛇，特别是二狼山白绒山羊和戈壁红蛇驰名海内外，肉、奶、皮、毛等畜产品丰富；中部为阴山山地，面积1万km²，森林和矿产资源丰富；阴山南麓至黄河北岸为河套平原，总面积1.6万km²，这里地势平坦，土层深厚，是全市农产品主产区。由于气候适宜、土壤肥沃、无干旱之忧，巴彦淖尔市在占内蒙古自治区1/10的耕地面积上，生产出占全区1/3的小麦、1/3的油料和大量其他优质农畜产品，成为国家和地区重要的商品粮油生产基地。

（二）社会劳动力富足

2011年末，巴彦淖尔市总人口173.3万，其中城镇人口88.4万，约占51%，农村人口84.9万，约占49%。全市从业人员89.1万人，其中，农林牧渔业从业人员48.2万人。由此可见，

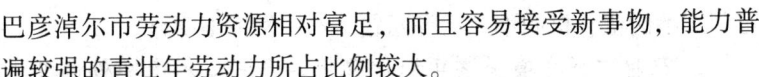

巴彦淖尔市劳动力资源相对富足，而且容易接受新事物，能力普遍较强的青壮年劳动力所占比例较大。

（三）生态环境相对优良

巴彦淖尔市经济发展长期以来以农牧业经济为主，工业"三废"污染程度相对较低，生态环境相对优良；同时，气候环境好、土壤肥沃，农作物病虫害轻，农药和化肥的施用量少，因而农业面源污染也比较小。据内蒙古农业环境监测站的检测，河套灌区各项环境综合污染指数均符合绿色食品生产基地环境质量标准，具备了生产绿色食品的基础条件，是发展绿色农业的优势地区，而且大面积地区具备生产有机食品的环境条件。

（四）优质的农畜产品形象

巴彦淖尔市得天独厚的光热、土地、生态等资源环境，为打造绿色和有机食品生产、加工基地奠定了坚实基础。巴彦淖尔市生产的小麦蛋白质含量13.8%，湿面筋含量达到33.4%，分别比全国平均水平高1.4%和3.3%，打造出了知名品牌"河套牌雪花粉"。巴彦淖尔市的乳品、绒毛等畜牧产品也是全国乃至世界知名的优质产品。巴彦淖尔市农业在发展过程中受到环境、技术、资金、市场等多种因素制约，农业建设中仍然存在许多问题亟待解决。

1. 农业生产基础薄弱，生产经营方式仍然落后。巴彦淖尔市农田基本建设水平较低，目前仍有近2/3的耕地为中低产田，灌排设施老化，土壤肥力低下；农牧业生产的设施化、工程化、机械化措施不足，抵御自然灾害的能力不够，农业发展仍然受到水土流失、异常气候、盐渍化等多种威胁。全市土地流转面积达到13.3万hm²，但多数是农户之间的小规模转包和互换，千亩以上的规模经营面积较小。巴彦淖尔市农业生产组织方式仍然是传统的一家一户分散经营模式，龙头企业较少，辐射带动作用有限。全市现有农牧民专业合作经济组织257个，但在其发展中还存在着制度不健全、机制不灵活等问题，作用发挥不明显。

2. 农业生态环境呈逐年退化趋势。巴彦淖尔市地处西北地区，风大沙多，降水量少，蒸发量大，自然植被稀疏，气候时空差别大，再加上近年来的过度开发利用，当地农业自然生态环境呈逐年退化的趋势。风沙化、盐碱化和地力退化成为三大主要生态制约因素，直接影响农牧业生产。同时，农牧业高速发展产生的面源污染和点源污染对生态环境造成的不良影响也日趋加重。当地的面源污染主要包括两类：一是种植业面源污染，主要来自化肥、农药和地膜的使用；二是养殖业面源污染，主要来自禽畜养殖产生的粪便、污水等污染物及病死的畜禽。点源污染主要来自农畜产品加工业产生的"三废"（废水、废气、废料）等污染物。当地农牧业生产中的环境保护还没有得到足够的重视，存在着投资不足、措施不到位、治理达标率低等问题。

3. 农业产业化水平不高。当地农产品加工企业普遍存在初级产品多，精深加工产品少，产业链条短，产品附加值低等问题。产业化利益联结不够紧密，企业与农户之间缺乏有效的中介服务组织，产业化各环节的利益联结机制不完善。一些特色名牌产品还没有形成产业优势和经济优势，农牧业生产、生活和生态的综合功能还未得到有效开发，产业化发展进程缓慢。

4. 农村能源循环利用不足。改变农村能源生产和消费方式，开发利用生物质能等可再生清洁能源，为农村提供生活和生产用能，巴彦淖尔市农村能源消费主要以煤炭、燃油等常规能源为主，稻秆薪柴大多数被直接燃烧、利用效率很低，这在一定程度上影响着农民的生活质量和农村的生态质量。虽然近年来当地努力推广了以沼气、秸秆固化成型为主的生物质清洁能源，但所占比重很小，远远不能满足农民生产和生活的需要。同时，广大农村地区的常规能源基础设施建设滞后，农民能源消费方式落后，不仅影响着农村的生态环境，也制约着农业生产力的发展和农民生活水平的提高。

5. 农业服务体系不健全。农业是一个综合系统，要实现其经济效益、社会效益、环境效益的统一，健全配套服务体系非常重要。巴彦淖尔市目前还未形成完善的农业服务体系，尤其在科技创新、质量安全、市场流通、动植物防疫保护等方面还存在较多问题，使农业的发展规模受到影响，经济效益难以提高。

任务一　了解农业生态工程

一、当代中国生态农业的内涵与特征

（一）当代中国生态农业的内涵

当代中国生态农业的主要任务是探索协调经济与生态环境保护，有效开发资源并保证资源的可持续利用，开发有市场优势的主导产业；重视产业结构从"种、养、加"扩大到第一、第二和第三产业的有效链接，健全与完善区域内生态良性循环的清洁生产系统，实现健康安全农产品生产；发展农村经济的同时要建设优美、文明的新农村环境，以满足人们不断增长的物质与文明的可持续发展需求。安全的有机、绿色农产品生产是当前生态农业的抓手，与此同时，安全农副产品的需求和"绿色战略"又推动了现代新型生态农业的快速发展与完善。

当代生态农业技术体系必然是以提高土地生产力、土地产值及增加收入的前提下保证农产品安全及实现资源可持续利用为目标的农业生态工程技术体系。生态农业也必然要走农业的产业化之路，而农业产业化只有建立在相应完善可行的生产技术规范、质量管理标准、产品生产控制与检验体系的前提下才有可能。当代生态农业也必须是一种能充分利用自然生态环境功能的同时，保护和培育自然资源的可再生能力，从而实现以较少的投入获得较多产出的农业资源配置和农业再生产循环。

（二）当代中国生态农业特征

在进一步对农村土地制度进行有突破性的改革的基础上明确市场对生态农业的产品和服务需求的定位，鼓励以市场为导向，土地向生产能手、经营能手集中，广大农村应以现代化、专业化、集约化经营、自负盈亏的家庭农场为主推行生态农业的模式。同时要根据社会需求进行宏观资源配置，依托本地生态资源，实行区域化布局、专业化生产、规模化建设、系列化加工、一体化经营、社会化服务、企业化管理，在区域范围内构建产前、产中、产后的社会协作分工体系，推进形成区域生态农业的适度经营规模，因此生态农业在运作机制上要有市场化特征。此外要通过可追溯的生产经营方式降低农户和企业的市场风险、自然风险以及食品安全风险，提高产业链中各个环节的生产效率和经济效益。

从内部微观资源配置入手，通过发挥适合当地生态、资源、文化与人力资源优势，强化具有竞争优势的主导产业，主要途径是规模化、专业化种植与养殖业复合系统，实现植物性生产、动物转化、微生物循环、系列加工增值，实现物质循环利用，减少废弃物排放。使农业和农村经济走上自我发展、自我积累、自我约束、自我调节、自我净化的良性循环轨道。因此，生态农业的生产具有区域内良性循环的特征。

随着技术创新的不断提高，农业发展的速度不仅显著加快，农副产品个性化的特点也越来越突出，在产品供给上形成了具有核心竞争力的品牌化特征。通过包括物联网、设施农业环境控制技术、农村生产流通信息化、农业生产管理、农村市场流通系统等在内的农村信息化高新技术产业逐步解决安全农副产品生产的环境条件控制及生产者与消费者之间的信任接口，达到效益最大化。通过生态、安全农产品商品基地建设，引导农户参与专业化、规模化大生产。

新型生态农业应以安全农产品生产为抓手，通过建立新的耕种流程、倡导生态消费文化；结合制定并实施规范的食品安全检验制度和企业通过品牌承诺责任的制度，培育诚信的生产者和完善的可靠性物流，使生态农业具有农副产品的优质、安全、可信的特征，塑造一种新的流通关系，让消费者和生产者相互信赖，让农户不再因为市场价格波动而受损失，也不再让农户因为利益的驱动而生产制造不健康的农产品，从而提升生态农业产品和服务的绿色科技含量。所以，当代生态农业是实现绿色安全农业生产的有效途径。

生态农业强调通过循环型畜禽养殖、新型肥料、环境友好的病虫害防控、农田残膜清理和再利用等技术及一系列低碳农业技术，在时间与空间上改善系统的结构、强化养分循环和强化对系统的综合管理，而不是仅仅依靠增加对系统的投入，因此，生态农业具有节能减排和低碳农业的特征。

通过景观多样化工程技术以及农村生活垃圾处理、农村生活污水处理等农业面源污染治理的技术集成；构建与经济技术水平相适应的"区域分异、良性循环、生物多样、整体优化"的农业景观格局，着力建设观光农庄、观光牧场和都市农业园，创建"田园风貌型""特色文化型""滨溪休闲型""生态旅游型""产业带动型"等不同类型的美丽乡村典型。

总之，生态农业能否成为主导农业类型，既不取决于现有的主导农业类型有多少缺陷，也不取决于生态农业有多少优点，而取决于它与其他农业类型相比是否具有更强的市场竞争力及比较利益以及产品之外对人类可持续发挥生态系统服务功能的能力。此外，生态农业将以何种速率替代现有的主导农业类型，主要取决于实现上述功能的生态农业技术的竞争力、适用性和可推广性，以及生态农业技术信息传播和推广体系的完善程度。

农业生产方式的变革与创新需要 3 个主观因素：即理解、意愿和能力。理解可通过知识传递，意愿的关键在于生产者的决策，有能力才可变为现实。实现农业系统的良性循环决定了必须以接口技术为突破口并进行多产业间的链接，发挥多目标的整体效应。其中，农业废弃物资源化利用技术及其能量多级传递利用的接口技术的产业化等的开发与推广是突破口。当代生态农业的发展还取决于能力建设及激励机制的创新：一是以制定包括生态补偿机制在内的促进生态农业发展的适宜政策，长期以来人们更多关注的是农业的商品生产功能，而对于其生态功能则是无偿享用。生态农业补偿就是对保护农村环境、保育资源、强化其上调系统服务功能的补偿。二是生态农业参与机制的创新，通过培训与学习引导管理、技术人员、农民们自愿参与建设；通过试验示范、培训和经验交流，促进生态农业知识和技术的传播。

二、农业生态环境的内涵

生态环境是一个复杂的生态系统，由于任何事物的生存都依托于生态环境，因此，人们对生态环境状况的关注度也越来越高。生态环境的保护决定农业的可持续发展，只有良好的农业生态环境才能不断推进农业的可持续发展。

（一）农业生态环境的内涵

中国是一个以农业为第一产业的国家，农业发展的好与坏直接影响到国民的生活水平、国家的稳定。然而农业的发展与农业生态环境存在着密切的内在联系，良好的农业生态环境是农民增收、农业增产、社会进步的动力源泉，它不仅影响人们的居住环境条件更决定着农业的发展，是农业可持续发展的保障。党的十六届五中全会明确提出了保护生态环境的具体要求。

在党的十八大会议上，保护农业生态环境又一次进入人们的视线，足以看出它对我国发展所具有的重要性。因此，在大力提倡构建经济社会与环境协调发展的今天，保护农业生态环境是建设社会主义新农村的关键。生态环境，是人们赖以生存的基本条件，也是经济可持续发展和社会不断进步的基础。

在信息科技不断飞跃发展的今天，一个良好的生态环境成为了各国不断努力的目标。如果没有良好的生态环境，农作物就不能茁壮成长；如果没有良好的生态环境，"黄灯"就会出现，人类的生活就会受到不良的影响；如果没有良好的生态环境，发展就是空谈。因此，良好的生态环境是我们努力建设的目标，它不仅对农业的可持续发展起到积极的促进作用，更是我们建设生态宜居环境的推动力量。

农业生态环境在广义上是指直接或者间接影响农业生产与可持续发展的水资源、土地资源、生物资源以及气候资源等要素的总称。它是人类生存必要的必要生活环境，它为农业生产与发展提供了有力的保障，为人类的生存与进步提供了物质源泉。我国农业生态环境的发展有着悠久的历史，经历了一个漫长的发展过程。正是这样的一个发展历程，让我们不得不意识到农业生态环境保护工作的重要性，农业生态环境保护的得当与否直接关系到农民的增产增收、农业的发展。因此，保护农业生态环境，是一项刻不容缓的工作，更是我国发展的基本国策。几十年来，我国农业的发展突飞猛进。但是，我们必须看到破坏生态环境的事例屡屡发生、破坏性的行为没有得到根治，致使农业生态环境在很大程度上被污染，整体形势很不乐观。

农业生态环境的日渐恶化状况严重影响着农作物的质量，进而影响着广大农民的生活条件和城市居民的生活水平，对农业发展造成了消极的影响和阻碍作用。

（二）农业生态环境的特征

人类的生存和农作物的生长依赖于农业生态环境。而农业生态环境自身又拥有其不同的特征，因此，研究农业生态环境的特征对于更好的利用、维护农业生态环境的意义重大。

1. 差异性。我国幅员辽阔，农村地区的土地面积占国有土地的大部分，各地区的自然条件存在明显差异，因此形成了各地区不尽相同的农业生态环境。同时，由于各个地区的人文水平和发达程度等存在的差异，导致了对农业生态环境保护程度的参差不齐,同时也在不断地反作用于生态环境。

2. 隐藏性。长期以来,由于人们环保知识的缺失,农药和化肥等化学试剂被大量地应用到农作物的耕作中。随着人口数量的逐年增加,废弃物的随意丢弃也成为了生态环境恶化的一个主要因素。由于人们长久的环保意识不高,这些因素对生态环境的影响表现出了一定的隐蔽性,只有经过长期的积累达到明显的质变以后,才会逐渐被人们所察觉。

3. 联系性。农业生态环境为人类生存与发展提供了基本条件,人类的行为在很大程度上影响着农业生态环境。在农作物的生产和销售过程中,一些农作物显示出了自己独特的优势,农民为了提高收入水平,而对某一种产量高的农作物情有独钟。为了获得较高的经济效益,过度的发展某一盈利性企业,造成某一资源的逐渐匮乏,导致了农业生态环境系统的不平衡。

任务二 生态农业与生态环境的可持续发展

一、可持续发展的相关理论

可持续发展是发展观的一种具体体现,它的产生是社会进步的必然选择。"可持续发展"概念的产生引起了世界的震惊和一致认同。可持续发展是指既满足现代人的需求也不损害后代人满足其需求的能力。它不仅指出了人类发展的要求更展示了实现可持续发展的美好状态,不仅提出了实现可持续发展的途径更对发展提出了美好的愿望。经济的可持续必须以自然资源的持续为前提,只有社会整体达到了可持续的状态,人类才能真正实现小康社会,人类的社会才能向更深的层次迈进。由于可持续发展系统构成的复杂性,决定了可持续发展的内涵十分丰富。可持续发展的触角延伸到发展的每个领域,对事物的发展提出相应的要求。一切事物的生存都必须建立在持续的自然生态环境中。根据布伦特兰委员会和联合国环境规划署对可持续发展的定义，可持续发展的核心内容是：经济发展应该建立在生态环境承载能力、社会公正民主和人民积极参与自身发展决策的基础之上。可持续发展是社会进步的不竭推动力，要想实现社会的进步与和谐，可持续发展是必然的选择。

经济可持续发展。可持续发展理念不是意味着以完全抑制经济的发展为代价来盲目地对环境进行保护，它的实质是强调经济增长的适度性。历史告诉我们，经济"零增长"只会加速环境的破坏、生态退化和自然资源的枯竭，影响人们的生产生活环境和生活水平，最终影响到社会进步的步伐。可持续发展是经济发展追求的目标。

生态可持续发展。生态环境的发展问题是一个关系到人类生存的关键问题。良好的生态环境是可持续发展得以实现的必要充分条件。这个结论就要求我们在日常生产和生活中，必须加强对整个自然生态系统的保护。生态环境的可持续发展是一个"绿色"向上的发展观，它是对生态环境保护目标的一个很好的诠释，它是事关整个社会得以持续化、经济得以循环化的重要战略内容。因此，在经济发展的同时兼顾生态环境的保护是可持续发展的客观要求，具有重要的意义。

社会可持续发展。可持续发展的最终目的不仅是指使人们的生活水平得到质的飞跃，更包括对人们合理"欲望"的实现。社会的可持续发展必须提高社会的整体质量指数，使公民生活在民主、平等的"大家庭"中，实现和谐的一种可持续发展。

二、农业可持续发展

保障资源、生态环境的持续发展是农业可持续发展的重要内容，先进的科技是农业可持续发展的有力手段，保护生态环境是农业可持续发展的基本要求。农业可持续发展是可持续发展概念延伸到农村及农村经济发展领域时形成的，它涉及面极为广泛，人口、农业、环境和社会等方面都是它所涉及的主要内容。提高粮食生产产量是农业可持续发展的主要内容，它为社会的稳定做出了巨大的保障。农业可持续发展不仅要体现可持续发展的观点和要求，而且还应体现国民经济基础产业自身的特殊规律。农业可持续发展的核心是保护生态环境，直接目标是发展，重要内容是提升农民的综合素质，最终目标是提高农业成产效率、促进社会的全面进步。农业可持续发展不是一味的盲目追求农作物产量的输出，而是从多方面提升我国农业的综合实力，从而最终实现社会不断发展的一种机制。

环境可持续性。人类的生存和经济的发展依赖自然资源的维护。可持续发展以生态环境的保护为前提，可持续发展是生态环境得以保护的保障。因此，农业可持续发展必须包含环境的可持续性。

资源可持续性。在农业可持续的内涵中，资源可持续性是其中的一项重要内容。由于自然资源在农作物的生长中所起的重要作用，可以看出资源可持续性的重要性。没有良好的资源环境，农作物就不能茁壮的成长。因此，有效地整合资源环境、坚决抵制非持续现象的发生，对于农业的可持续发展具有促进作用。

社会可持续性。实现社会的民主和公平以及生活水平质的飞跃是可持续发展的最终目标所在。同时，它还积极促进人与自然和谐相处，注重农村社会环境的发展。如社会公平性问题、人口素质提高等问题。

农业经济可持续性。发展经济，获得经济效益，维持和发展自我，保证生产的持续发展。农业经济可持续性有力的保障了生产的顺利高效和人类对物质的实现。

三、农业可持续发展的目标

作为发展中国家的我们，经济上与发达国家存在着一定的差距是很正常的。农业作为最基本的产业部门，是社会发展的基础，是推进一切事业不断发展的动力，是社会进步的保障。因此，农业的可持续发展不仅要考虑到农业生产、农村经济的发展，还要估计到农业生态环境保护与社会的稳定。

生态可持续性。生态环境是农作物生长的必要条件，是农业可持续发展的基本条件。如果农业实现了可持续发展，那么生态环境就会得到相应的促进。农村生态的可持续性依赖于我国生态环境的保护和完善，又为我国农业经济可持续性奠定坚实的基础。农村生态的可持续性就要求我们，有效地保护自然资源、保护环境的承载能力、维护生态系统的完整性。在生产建设过程中，减少环境的污染、提高环境保护的意识、增强生态环境的建设，努力为健康的生态可持续铺就一条平稳、快捷的高速发展的大道。

经济、社会可持续性。农业可持续发展要求切实维护农民的经济和社会利益，增加农民收益，逐渐减少贫困人口数量。为不断提高农民的收入，满足社会对农产品的需求，加快科技含量的投入、优化产业升级、保护农业生态环境等有效措施的应用是实现目标的重要手段。加深对农民的教育宣传工作的开展，逐步提升他们地位，使他们真正成为现代农民工人、城镇居民和社会公民。加大科技投入，加快农业建设的步伐，改善生态环境，全面推进社会的建设。

加快我国社会主义新农村建设步伐。社会主义新农村要求要有一个良好的自然环境，扎实有效地不断推进科技兴农战略，不断加大对农业生态环境、农业生产的管理，逐步实现农民的共同富裕。

四、农业生态环境与生态农业可持续之间的联系

生态农业的可持续必须建立在生态环境持续发展的层面上，这才能够称之为是具有现实意义的可持续。如果生态环境受到不断的破坏和威胁，那么生态农业的可持续发展就失去了基本的理

论根基。农业生态环境是经济发展的命脉，为生态农业生产提供保证。在我们探索自然寻求社会进步的同时，破坏生态环境的事件屡见不鲜，人类社会发展的经验与教训让我们清晰地认识到，发展生态农业与农业生态环境的保护是息息相关的。农业生态环境的破坏不仅危害人类健康，更对社会的发展起到极大的滞后作用。农业生态环境的保护也显示出它的必要性。

生态农业要想可持续，保护农业的生态环境是必要之举。农业的生态环境只有在生态农业可持续发展真正实现的基础上才能得到更有利的保障。可持续发展不仅涉及人们的生活和切身利益，其"触角"更延伸到全社会的各个产业和所有细节，为农业的发展提供支撑。生态农业可持续发展不仅要提高农业生产率增长，而且还要提高粮食生产的产量，这就强调了农业生产与资源利用和农业生态环境之间的彼此作用和影响。

只有农业生态环境得以真正的改善和整治，生态农业的发展才能够逐渐向可持续的进程迈进。与此同时，在农业的可持续性提高的同时又会反过来加快农业生态环境的改善，两者是辩证统一的关系。其间的关系主要表现如下。

（一）农业生态环境是生态农业生产的基本保障

生态农业的可持续发展是对农业的进一步发展和升华，如果没有生态农业就没有所谓的可持续发展。生态农业的生产依赖于阳光、水、土地等农业生态环境系统，如果没有这些自然生态环境，农作物就不能通过利用阳光、水、空气等自然环境和吸收土壤中的养分来最终合成对人类有帮助的植物和农作物等。因此，生态农业与这些看似平凡的农业生态环境有着不可分割的紧密联系，它们更是生态农业生产所必要的。生态农业要是没有农业生态环境做为"养料"它就不会"生长"。

（二）农业生态环境为生态农业的可持续发展提供"必要的能量供给"

可持续发展渗透于国家的每个角落，生态农业可持续发展思

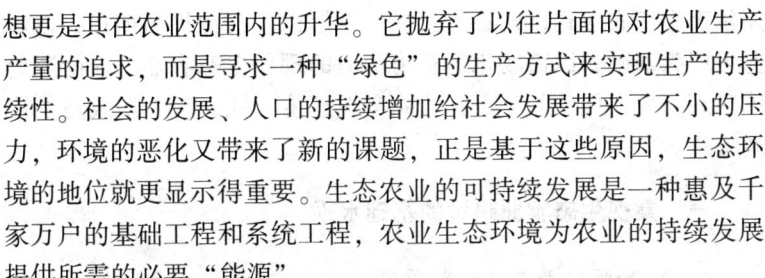

想更是其在农业范围内的升华。它抛弃了以往片面的对农业生产产量的追求，而是寻求一种"绿色"的生产方式来实现生产的持续性。社会的发展、人口的持续增加给社会发展带来了不小的压力，环境的恶化又带来了新的课题，正是基于这些原因，生态环境的地位就更显示得重要。生态农业的可持续发展是一种惠及千家万户的基础工程和系统工程，农业生态环境为农业的持续发展提供所需的必要"能源"。

（三）良好的农业生态环境与生态农业的可持续发展相互影响相互促进

良好的农业生态环境是生态农业可持续的本质要求和中心支柱，它不仅为其发展提供环境条件还为其提供养分供给，而农业的可持续发展又可反过来促进农业生态环境的改善。农业生态环境对生态农业可持续的影响就犹如树根对树一样，如果生态环境受到破坏发展便毫无根基、无从谈起；生态农业的可持续发展对农业生态环境的影响就像树叶对树一样，没有它，农业生态环境便会逐渐"恶化"直至"枯萎"。因此，两者相互促进相互制约，处在一个循环的大系统中。

【导学案例解析】

生态农业是如今巴彦淖尔市生态建设与农业经济可持续发展的基本途径，也是巩固生态建设成果，开拓后续产业的要求。生态农业发展模式的设计与开发是加强生态农业建设的关键环节。巴彦淖尔市拥有发展生态农业的优势条件，但在生态农业开发方面，至今仍缺乏系统有效的运行模式，直接影响生态农业的持续健康发展。统筹兼顾地合理设计并开发适合当地的生态农业发展模式，并通过农业产前、产中、产后各部门的有机联系，形成完整的生态产业链，高效地利用当地的农业资源，为国内外市场提供符合标准化要求的绿色农畜产品，对全市农村经济和农业的发展将起到很好的示范带动作用。推进生态农业产业化发展是巴彦淖尔市生态农业建设的必然选择。发展以生态保护为前提，以农业生产为基础，以市场化经营为动力的现代生态农业，才能充分体现其高效、优质的特点，才能实现经济、社会、生态效益的协调统一。

一、重视生态农业建设的基础水平

（一）加强农业基础设施建设

生态农业的快速发展必须有强有力的农业基础作为支撑，不断加强农业基础设施建设，才能有效改善生态农业发展条件，实现生态农业建设目标。巴彦淖尔市生态农业发展应当以资源合理利用为目标，加强农业基础设施建设。

（二）提高农业机械化水平

巴彦淖尔市受家庭联产承包责任制形成的小农经济影响，农业机械长期处于小农机、小马力、低档次、低水平的发展现状中，严重制约着生态农业建设。各级政府和相关部门应当积极落实国家农业机械购置补贴政策，鼓励农民和农业合作组织改善农机装备结构，提高农机装备档次水平；为农民提供"代耕、代种、代管、代收"等机械化作业服务，提高土地产出率和机械作业效率；同时要加强农机社会化服务组建设，创建农机产品经销大市场，全面提高农业机械化综合能力，有效改善生态农业发展条件。

（三）合理开发利用水资源

水资源的合理有效利用对生态农业建设影响重大。巴彦淖尔市水资源总量相对充足，但存在用水浪费且利用不合理等问题。河套灌区农业灌溉水利用系数仅 0.344，低于全国平均水平 0.45，主要粮食作物水分生产率 $0.54 \sim 0.93 kg/m^3$，低于全国平均水平 $1.1 kg/m^3$；同时，受黄河水流影响，存在着每年 5 月供水量充沛富余、每年 7—9 月供水量入不敷出的现象。因此，在生态农业发展中要不断加强节水工程建设，提高农业灌溉水的利用率和利用效率，降低河套灌区引黄水量，为生态农业发展奠定基础。

（四）做好配套设施建设

在推进生态农业产业化进程中做好生态农产品的加工、贮藏、保鲜、运销等配套设施建设，能够提高生态农业产业化水平，增强抵御风险的能力。

二、转变农业生产经营模式

（一）建立生态农业生产方式

巴彦淖尔市目前的农业生产方式，仍然是以增加劳动力、资金的投入来扩大生产规模为主，主要表现为重视短期效益、追求短期收益、不顾及生态及环境的恶化。一些农民甚至又回到通过增加化肥、农药的投入来保持农作物的增产，加重了对土壤微环境的破坏，同时也增加了农业生产成本，这与生态农业建设目标是背道而驰的。要解决这一问题，必须对这种恶性循环的农业生产模式加以引导，尽快转变农业生产方式，使之逐步走向可持续的生态农业发展道路。具体而言，可以在市场供应端，采用行政手段加大对有机肥、绿肥等生产厂家的扶持政策力度，将这类对生态环境无破坏的农资推广到广大农村地区，逐步减少对化肥、农药的依赖；在需求端，采用财政手段加大对绿色食品、有机农产品的投入力度，让农户感受到健康、无公害农产品的市场竞争力和创收能力，使之逐步抛弃传统的农业生产方式。

（二）建立组织化生产经营机制

巴彦淖尔市目前一家一户式的传统农业生产方式阻碍了生态农业产业化发展进程。逐步建立组织化生产经营机制，提高农民组织化程度。可以根据当地农牧业企业，尤其是龙头企业发展情况，结合产业基地建设，探索实行公司＋经纪人＋农户的"订单农业"、公司＋基地＋农户的"承包农业"、公司＋基地＋雇工的"企业农业"、合作社＋农户的"协作农业"等多种模式，鼓励农产品加工企业及科研单位投身生态农业建设，使企业和生态农业建设基地及农户形成共享利益、共担风险的经营机制，使生态农业生产由封闭式逐步转向市场化、规模化、产业化，不断提升农产品档次，同时把大批农民从传统农业和粗放经营中解放出来，从事其他生产经营，提高农业综合效益。

（三）提高生态农业产业化发展水平

生态农产品与其他农产品相比，具有生产成本较高、产业链过长的特殊性，存在较高的交易成本和风险，因此，价格偏高，不利于生态农产品的销售和市场的扩大，存在农户利益受损，生产积极性不高等诸多问题。推进生态农业产业化发展能够使生态农业与现代市场更好地对接，促进农业生产进一步延伸、循环，使自然资源得到充分利用，土地生产力进一步提高，农业生产环境不断改善，从而实现经济、社会、生态效益的统一。

（四）培育扶持龙头企业

培育和发展生态农业龙头企业，充分发挥其辐射带动作用，有利于生态农业产业化发展水平的提高。巴彦淖尔市农业龙头企业数量少、质量偏低，在政策、服务方面也与其他发达地区有较大差距。为此，当地政府必须高度重视，加大政策扶持力度，推动和引导企业加入到生态农业领域，积极开发系列产品，延长产业链条，发展农畜产品精深加工，培育名牌产品，提高产品附加值。重点扶持和培育在当地已具有一定特色和基础的粮油、蔬菜、瓜果、绒毛等农畜产品加工企业，实施绿色产品品牌战略，增强龙头企业和知名品牌在生态农业产业化发展过程中的带动能力。

（五）抓好优势特色产业发展，全力打造绿色农畜产品生产加工基地

生态农业产业化发展离不开产业基地建设。巴彦淖尔市可以围绕粮油、番茄、脱水蔬菜、瓜籽、乳制品、肉羊、绒纺等特色优势

产业，加强产业基地建设，逐步实现标准化、规模化发展。第一，稳定绿色小麦、玉米等粮食种植面积；第二，根据加工企业的产能，通过订单方式落实番茄、脱水蔬菜种植；第三，压缩食用向日葵种植面积，通过提高单产和品质，增加种植效益；第四，增加优质牧草种植面积，满足养殖业发展需求；第五，逐年增加奶牛存栏数量和肉羊饲养量，打造绿色农畜产品生产加工基地。

（六）大力发展设施农业，打造生态农产品品牌

设施农业是利用人工建造的设施，使传统农业逐步摆脱自然束缚，走向现代工厂化农业、环境安全型农业、无毒农业的必由之路，同时也是打破传统农业的季节性，实现农产品反季节上市，进一步满足多元化、多层次消费需求的有效方法，属于高投入高产出，资金、技术、劳动力密集型产业。大力发展设施农业可以积极推进生态农业产业化。因此要鼓励和引导农户、农民合作经济组织、企业、社会资金投资建设设施农业，以发展设施蔬菜、甜瓜为重点，积极发展食用菌、花卉和矮生果树等特色种植，提高设施农业利用率，打造安全、优质、绿色、有机的生态农产品品牌；积极开拓生态农产品销售市场，可以建设特色农畜产品连锁超市，积极发展"农超对接""场地挂钩"等产品直供模式，实现生产基地与大型超市、批发市场和餐厅、医院等集中消费群体的直接对接。

三、加强生态农业环境保护和能源利用

（一）重视并加强农业生态环境保护

加强河套平原农牧业生产环境，保护河套平原农区是巴彦淖尔市未来发展生态农业的重点区域，这一区域农牧业生产环境保护一要降低种植业生产中的面源污染量，可以通过节种、节肥、节水、节药等新技术，引导和鼓励农民科学施肥，合理使用生物农药或高效、低毒、低残留农药，推广病虫草害综合防治技术等

措施,实现降低污染目的;二要强化养殖业污染防治,科学规划养殖区域,建设适度规模的生态养殖场和健康养殖示范区,逐步实现养殖规模化、管理专业化、产品绿色化、粪便无害化的建设标准。

(二) 加大农畜产品加工污染防治力度

随着农畜产品加工业的不断壮大,由此产生的"三废"污染也制约着生态农业的发展。作为当地的农畜产品加工企业,必须积极引进工艺或进行内部挖潜,通过技术革新、改进生产工艺、实现污染的减量化、无害化和资源化。对工艺落后、设备简陋、污染严重的农畜产品加工企业,一定要限期治理或依法取缔。另外,要提高农畜产品加工项目的环保准入门槛,积极引导农畜产品加工业向工业园区集中,实行污染集中控制、集中处理、集中监管。

(三) 重视资源生态保护

巴彦淖尔市境内的乌拉特草原、乌兰布和沙区、阴山、乌梁素海等资源是河套农区重要的生态屏障,积极采取有力措施加大资源生态保护力度,才能为生态农业发展提供可靠的环境安全保障。

四、提升农村能源综合利用水平

(一) 转变农村能源利用方式

改变农村落后的能源利用方式,对加快生态农业发展,提高农民生活水平有重要作用。所以要提高优质能源、清洁能源在农村能源消费结构中的比重,加快城乡一体的电气化建设进程,重视农村天然气、液化气的充分合理利用,控制农村煤炭消费总量,提高煤炭消费质量,推行煤炭替代项目,逐步转变农村能源利用方式。

（二）大力发展新能源和可再生能源

巴彦淖尔市的常规能源资源日趋紧张，而且使用常规能源基础建设投资较大，广大农村地区经济相对落后、人口不断减少，不适应继续大规模开发利用常规能源。而当地的太阳能、地热能、风能比较丰富，大力开发利用太阳能、地热能等新能源是解决当前农村能源问题的有效途径。另外，巴彦淖尔市还利用本地的农业资源发展生物质等可再生能源，增加农业有机肥料，促进农村卫生清洁，实现农业和农村可持续发展。巴彦淖尔市光照强，温差大，有利于农作物糖分的积累，同时有较为丰富的盐碱地、沙地等边际土地资源，适合种植甜高粱、菊芋等能源作物。只要加快发展这类能源作物的种植与转化，加快沼气、秸秆气等生物质能源的开发，就能使农牧民家居更温暖清洁，农村牧区能源结构日趋合理，真正实现农业无害化生产。

（三）建立健全农村能源服务体系

提升农村能源利用水平，就必须加大人力、物力、财力的投入力度，推进农村能源建设的科技创新和技术进步，加强农村能源管理、技术推广、施工和建后服务，推进农村能源服务的市场化，为当地农村能源的可持续发展提供可靠支撑。

模块二　美丽乡村建设的意义

【案例导学】

位于浙江省江山市淤头镇的"永兴坞村"是浙江省著名的绿色生态示范村（图1-2-1）。坞村基本上是以农田耕地、林地、丘陵山地为主，自然环境优美，生态资源丰富。村庄四周被绿地包围，主要以农田、果园等经济作物为主，许多大小不一、形状各异的水塘点缀其中。村内植被条件好，树木葱郁，环绕老区有茂密的景观植被,并与西侧山体的植被相连,形成一条完整的生态景观带;村内竹林较多,原有的上木山村就是围绕着两大片竹林建设的,其余的主要是以小片种植的方式,布置在生态景观带的北侧。由于村庄地貌以丘陵山地为主,总体呈北高南低的态势,所以北侧沿路两侧多为草地。

图 1 - 2 - 1 永兴坞村环境

一、村落历史元素

村的来历——"缪姓来历";村子形态形成的传说——关于村里水渠和井的"燕窝"说法;传说永兴坞村是个"美女村",村落路网形态的说法;村里最大的姓氏为"缪"姓,其次是"毛""姜""周""叶""王"。因此,基本上永兴坞村是一个多姓氏混居的村庄,多元文化在此融合,永兴坞村在文化上更具有其包容性,有承载着村庄几百年历史的老区的街巷和各年代的建筑。这些元素增加了永兴坞村的历史文化感(图 1 - 2 -2)。

二、村庄建设用地布局

村庄规划范围内用地,现状以农田耕地、林地、丘陵山地以及住宅建设用地为主,用地内地势较复杂,建设布局比较零乱分散,住宅建设占地较多,宅基地闲置现象比较严重,现状用地由硬化的村级主干道自然分为四个部分,分别呈现以下几个特点。

新区——布局较整齐,建筑质量也较好,设施配套和外部环境方面优于老区,但在风貌特色上缺乏自身特点。

图1-2-2　永兴坞村历史元素

　　老区——在街道尺度和建筑风格方面都有一些有特色的空间、建筑，加上历史遗存和遗留，依稀能感觉到村庄发展的历史，但存在建筑年代跨度较大、新旧并存和过分拆建的问题。

　　两片过渡区——则呈现高差变化大，内部道路杂乱，建筑布局凌乱，建筑形式多样，质量良莠不齐的状况。

　　如何正确地利用和保护好村里的生态、人文资源？如何增强永兴坞村的凝聚力、认同感和归属感？怎样搞活村里的经济、提高广大村民的生活品质，建造充满人文和乡村传统特色，集"生态、休闲乡村旅游、特色文化"为一体的生态示范村？这些都是要营造"绿色乡村，生态家园"所迫切需要解决的问题。

任务一　理解生态文明

　　党的十八大提出，要把生态文明建设放在突出地位，融入经济建设、政治建设、文化建设、社会建设的各方面和全过程，努力建设美丽中国，实现中华民族的永续发展。如何加快推进生态文明，建设美丽乡村？是一个值得思考的问题。我们认为，真正的"美丽乡村"应该是外在美和内在美的有机结合，因此，"美丽乡村"的总体要求应该既包括能充分体现乡村外在美的"规划科学布局美和村庄整治环境美"，也涵盖了能充分展现乡村内在美的"创业增收生活美和乡风文明素质美"，同时，与之相对应的具体措施是"四个行动"，即"生态人居建设行动""生态环境提升行动""生态经济推进行动""生态文化培育行动"。通过"四个行动"的实施，达到"村村优美、家家创业、处处和谐、人人幸福"的目标。

建设生态文明，是党的十八大最显著的亮点。首先，确立了生态文明建设的突出地位，把生态文明建设纳入了"五位一体"的总布局；其次，明确了建设生态文明要构建资源节约型、环境友好型社会，努力走向社会主义生态文明新时代；最后，指明了建设生态文明的现实路径。这是我们党执政兴国理念的重要升华，是中国特色社会主义事业整体布局顶层设计的科学完善，因而意义重大而又深远。

一、生态文明建设的内涵

生态文明源于对历史的反思，同时也是对发展的提升。随着经济社会的不断发展，对生态文明的关注和认识也不断进入新的阶段。2002年，党的十六大报告在《全面建设小康社会的奋斗目标》一章中提出："可持续发展能力不断增强，生态环境得到改善，资源利用效率显著提高，推动整个社会走上生产发展、生活富裕、生态良好的文明发展道路。"2003年，《中共中央国务院关于加快林业发展的决定》中提出："建设山川秀美的生态文明社会"，生态文明一词开始出现在党的文件中。2007年，党的十七大报告将"建设生态文明"作为实现全面建设小康社会奋斗目标的五大新的更高要求之一，标志着我国生态文明建设进入了新阶段。而党的十八大报告，更是理论化和系统化地赋予了生态文明新的内涵。我们可以看到，十年来，生态文明建设理论的脉络日益清晰，对生态文明的理解和诠释也愈发深刻，生态文明的理念正逐步贯穿于社会主义经济建设、政治建设、文化建设、社会建设科学发展的全过程。

生态文明建设不是简单的生态建设。生态文明的核心就是人与自然和谐共生、经济社会与资源环境协调发展，是人类为了建设美好家园而取得的物质成果、精神成果和制度成果的总和。从物质成果上讲，贫穷不是生态文明。建设生态文明，并不是放弃对物质生活的追求，而是既要"青山郭外斜"，还得"仓廪俱丰实"。我们提倡的生态文明就是要转变粗放型的发展方式，提升全社会的文明理念和素质，使人类活动限制在自然环境可承受的范围内，走生产发展、生活富裕、生态良好的文明发展之路。从精神成果上讲，我们提倡以人为本，但人类中心主义、人定胜天并不是生态文明。建设生态文明，就要把握自然规律、尊重自然规律，以人与自然、人与社会、环境与经济、生态与发展和谐共生为前提，牢固树立保护生态环境就是保护生产力，改善生态环境就是发展生产力的理念，使生态文明成为中国特色社会主义的核心价值要素。从制度成果上讲，必须建立完善的生态文明的实现制度。即党的十八大报告要求的把资源消耗、环境损害、生态效益纳入经济社会发展评价体系，建立体现生态文明要求的目标体系、考核办法、奖惩机制。

我们必须清醒认识到，现在提倡生态文明建设，不是锦上添花式的自然递进，而是客观要求下的主动求变。中国生态问题的解决首先需要我们立足于中国自身问题，找到一条和中国国情相适应的有中国特色的生态文明建设道路。

二、准确把握农业生态文明建设的基础地位

农业是对自然资源的直接利用与再生产，是其他经济社会活动的前提和基础，农业生产与自然生态系统的联系最紧密、作用最直接、影响最广泛。农业的特质决定了农业生产和农业生态资源保护工作在整个生态文明建设中具有极其重要的地位。农业生态的现实状况以及农业面源污染的特点，也决定了生态文明建设的难点在农村。当前，农业发展正面临着资源约束趋紧、投入品过度消耗、环境污染加剧等严峻挑战，农业资源利用强度高、转化效率低的矛盾日益加剧，加快转变农业发展方式、促进农业可持续发展面临新的考验。可以说，过于倚重资源消耗的发展路子已难以为继，加快转变农业发展方式，加强农业生态文明建设刻不容缓。

但同时我们也要看到，农村的先天优势决定了生态文明建设的希望也在农村。相比城市，农村生态基础更好，地域更广阔，治理调整的空间更大。农业是国民经济的基础，乡村人口占到了中国总人口的半数左右，能够在农村树立生态文明的理念，改善农业农民的生产生活方式，对于中国这样一个人口大国走向低成本的生态文明，本身就是一个划时代的突破。农村有约 18 亿亩（15 亩 $=1\text{hm}^2$。全书同）耕地和大量可以开发的荒山、荒坡、盐碱地等边际土地，通过合理挖掘土地潜力，大力发展高效农业、生态农业，可以在发展经济、促进农民增收的同时，进一步增强农业资源和环境的承载能力，发挥农业的环保功能。

农村在新能源的使用开发上有得天独厚的优势，也在节能减排方面提升的空间很大。在全国的村落之中，还散落着丰富多彩的乡土民俗和大量尚未开发的文化资源，保护和传承好这些生态文化，是中华五千年文明薪火相传和实现伟大复兴的"中国梦"不容推卸的使命。可以说，农业生态文明建设的成效，不仅事关"三农"的未来，还直接关系到我国生态文明全面建设的进程。只有农业生态文明建设取得实际效果，我国的生态文明建设才会有根本性的改变和质的突破。

三、农业生态文明建设的实现路径

如何走上生态文明之路，不能只是流于喊口号、讲理念，还

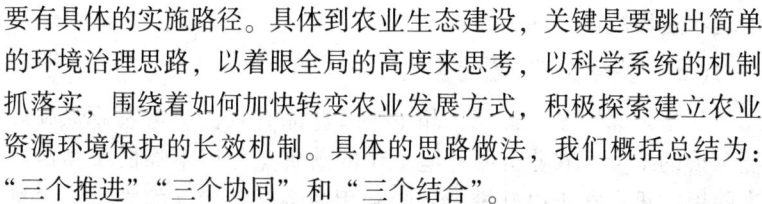

要有具体的实施路径。具体到农业生态建设，关键是要跳出简单的环境治理思路，以着眼全局的高度来思考，以科学系统的机制抓落实，围绕着如何加快转变农业发展方式，积极探索建立农业资源环境保护的长效机制。具体的思路做法，我们概括总结为："三个推进""三个协同"和"三个结合"。

（一）多措并举，大力统筹"三个推进"

一是生产、生活、生态三位一体统筹推进。农业生产场地与农民居住场所紧密相连，农村环境治理过程中必须把农业生产、农民生活、农村生态作为一个有机整体，统筹安排，实现生产、生活、生态相协调。二是资源产品再生资源循环推进。通过循环的方式，资源化利用农作物秸秆、畜禽粪便、生活垃圾和污水，把废弃物变为农民所需的肥料、燃料和饲料，从根本上解决污染物的去向问题，大大减少农业生产的外部投入，实现"资源—产品—再生资源"的循环农业发展。三是资源节约与清洁生产协同推进。推广节地、节水、节种、节肥等节约型技术使用，建立清洁的生产生活方式，从生产生活源头抓起，减少外部投入品使用量，减少污染物排放量，实现资源的节约和清洁生产。

（二）创新格局，努力做好"三个协同"

一是加强技术提升与协同应用。要鼓励和加强农村环境保护科学创新和技术提升，加强土壤重金属污染防治、水体净化、废弃物资源化利用、外来入侵物种综合防治等关键性、实用性技术的综合研发与应用。二是加强机制提升与协同配合。农业资源保护工作涉及范围广、链条长、环节多，治理农村环境污染必须依靠体系发动、机制带动和项目调动，充分发挥各方面的积极性，整合项目资源，形成工作合力，通过机制的创新与提升使现有资源实现集成放大。三是加强政策提升与协同推动。要根据环境问题的性质、农业活动与环境之间的关系以及由谁承担治理成本等因素，灵活选择有针对性的政策工具，进一步提升运用政策工具治理农业环境污染的工作水平。

（三）整合资源，着力实现"三个结合"

一是确保国家粮食安全和主要农产品有效供给与农业资源环境保护的结合。农业资源环境工作的落脚点需以不降低作物单产为前提，重点在于提升投入品的利用效率和替代品的应用。二是农业环境污染全程控制与重点治理的结合。把污染问题解决在农业生产生活单元内部，把农业环境保护寓于粮食增产、农业增效、农民增收之中，实施全程的、综合的控制措施。要重点解决突出问题，对部分农产品主产地及污染物实行重点治理。三是实施城市、工业与农村污染一体化防控的结合。严格控制"三废"向农村转移，严禁向主要农产品产地排放或倾倒废水、固体废物，严禁直接把城镇垃圾、污泥用作肥料，加强对重金属污染源的监管，逐步推行城乡污染物控制标准一致，实现城乡环境同治。

2015年，农业部大力开展"美丽乡村"创建活动。以科学发展观为指导，以促进农业生产发展、人居环境改善、文明新风培育、文化传承为目标，从全面、协调、可持续发展的角度，构建科学、量化的评价目标体系，重点推进生态农业建设、推广节能减排技术、节约和保护农业资源、改善农村人居环境，用3年的时间在全国选择产生1 000个"天蓝、地绿、水净，安居、乐业、增收"的"美丽乡村"创建试点，并通过树立不同类型、不同特点、不同发展水平的标杆模式，推动形成农业产业结构、农民生产生活方式与农业资源环境相互协调的发展模式，进一步加快我国农业农村生态文明建设进程。

任务二　农业生态环境可持续发展的关键途径

保护和改善生态环境，实现可持续发展，是中国现代化建设中必须坚持的一项基本方针。搞好农村环境保护工作，对于改善占国土面积90%以上的农村生态环境和提高占人口80%以上的农民的身体素质都具有重要的意义。

一、开展农村环境保护教育，提高群众的环境保护意识

深入开展多层次、全方位、多形式的农业环境保护教育，逐步在农村普及环境科学知识，提高全民农业环境保护意识，广泛动员公众参与农业环境保护活动。积极开展农业环境保护的在职教育和岗位培训，把环境保护和农业生态环境等知识作为农业中专、农民夜校及党校的主要课程，努力提高环境保护和农业部门的业务水平。合理利用土地资源，切实保护耕地动态平衡合理利用土地资源是中国农村社会与经济稳步发展的关键。在保护农村生态环境的前提下，全面实施土地利用总体规划，适当开发宜农土地后备资源，积极开展土地整理，加大废弃地的复垦，增加有效耕地面积，提高耕地质量，保护耕地动态平衡。

二、大力推广农业清洁生产技术，积极防治农业污染

农业清洁生产是指通过生产和使用绿色农药、绿色肥料和降解膜等，最大限度地减少污染物的产生，以达到保障农田的可持续利用和农产品质量的目的。因此，要积极开发高效低毒低残留的农药和易分解的薄膜，大力推广科学施肥和禽畜养殖场废弃物综合利用的技术。

三、调整产业结构，因地制宜的发展生态农业

要实施可持续发展战略，积极调整优化农业产业结构，大力推广生态农业，走高产优质高效低耗的农业发展道路。据调查，目前中国有国家级生态农业示范县150个，生态农业示范村及示范乡20多个，覆盖面积13.33万 km^2。"八五"期间，生态农业示范区粮食总产量年均增长8%，农民收入年均增长18%，治理水土流失面积近50%，治理沙化面积21%，秸秆还田率增

加 13% 。

因此，坚持植树造林，加强森林植被资源管理，提高森林植被覆盖率，要切实落实长江防护林工程、珠江上游防护林工程、长江水土保持重点防治区工程及退耕还林工程；严禁滥砍乱伐，注重封山育林、休养生息，大力营造薪炭林；在注意数量型增长的同时也应重视质量型增长的森林生态系统，使林种结构合理，森林生态系统趋于复杂化，从而提高森林的生态效应。

四、加强农村能源建设，减少空气环境污染

通过改善农村的能源结构，减少常规能源的使用量来降低资源的浪费及空气污染。大力开发利用生物质能资源，开发沼气池建设，推广生物质能炭化、气化技术；因地制宜开发农村风力、水力资源，解决农村生活用电，用水问题。

五、加强规划，合理布局

加强对乡镇企业的环境管理农村经济的振兴，离不开乡镇企业的发展，在发展乡镇企业的同时要结合农村城镇化的发展，加强规划，合理布局；节约资源能源，推广清洁生产技术；严格执行环境影响评价制度、"三同时"制度、排污收费制度。

六、完善法律法规，健全农业环境保护机构

加强农业环境管理各级地方政府要根据有关法律法规和国务院的要求，结合实际，制定相应的生态环境保护和农业环境保护法律法规，加强对本地区农村生态环境的监督管理，建立和健全农业环境保护机构，及时掌握农村生态环境动态变化，积极防治或减轻环境污染和生态破坏。

任务三　美丽乡村建设是实现农业现代化的有效途径

一、美丽乡村建设要以农业生产方式转型为突破口

美丽乡村建设的本质不仅仅是作为村庄建设的美丽外表。保护和培育"青山绿水"的核心关键是在于改善农村生态环境、提高农民的生活水平、生活质量及文化道德素质。

我国农业产业中种植业和养殖业是两大主导产业，其中，种植业所投入的大量化肥、农药等既是农民提高土地产出的途径也是农村面源污染的主要诱因；而目前日益发展的集约化畜禽养殖业，其过于集中的粪便已成为我国水环境的重要的污染源。环境治理与生态工程建设不能以牺牲经济为代价，否则在农村收入水平相对较低的实际情况下，违背农户的实际意愿，将变得很难实施。农民是美好乡村建设的主体，发展为载体，这样，农民在建设美好乡村时才更有积极性，兴业富民才能实现。"民富村强"始终是"美丽乡村"建设的核心。

二、发展生态农业是建设美丽乡村的有效途径

我国生态农业的兴起，是在 20 世纪 70 年代末开始的，80 年代生态农业的试点规模进一步扩大，90 年代全国性生态农业县建设试点工作在中央 8 部委的支持下全面展开。中国的生态农业是以协调人与自然关系为基础，以促进农业和农村经济、社会可持续发展为主攻目标，遵循"整体、协调、循环、再生"的基本原理，通过实现生态经济良性循环及资源高效利用，把农业生产、农村经济发展和保护环境融为一体的新型综合农业体系。

多年来生态农业建设实践已经证明，我国生态农业依据区域资源优势潜力，强化农业主导产业的同时，促进了农业生物种群多样化、农业产业多样化、提高了水土资源利用和废弃物循环利

用效率，达到经济、环境效益同步增长的目标。实践表明，生态农业是可以为美丽乡村提供了农业产业化转型，建设"青山绿水"的基础保障和有效途径，是优美乡村建设中不可替代的内容。

三、发展生态农业必须建立在生态化、规模化、产业化的基础上才有生命力

随着市场经济的发展，我国改革开放程度的深化，我国农村富余劳动力已到供求关系转折的临界点，农民工明显增长的务工收入刺激农民开始放弃传统农业生产方式的意愿。比如，近年来户用沼气池在农村正常运行的萎缩，这与农户家庭养猪剧减，农民进城打工，养殖方式与市场的变化所造成的户用沼气缺乏发酵原料及缺乏管理有直接原因，这也导致以沼气为纽带的一些生态农业模式的推广和运行受到影响。针对传统生态农业没有市场化、专业化和品牌化等经济特征，当代要倡导的生态农业必须适应市场化、专业化和品牌化的需求。生态农业发展必须充分考虑适应这种发展与转型的要求。

任务四　美丽乡村建设的内涵

一、新农村建设的内涵

"社会主义新农村"的概念在我国提出已久，最早是在 1956 年第一届全国人民代表大会第三次会议通过的《高级农业生产合作社示范章程》提出。这一时期的新农村建设的主要内容和目标是：通过发展农业生产以支持城市发、工业发展。1981 年，在《当前的经济形势和今后经济建设的方针》的报告中，中央再次提出"建设社会主义新农村"的概念。家庭联产承包责任制的实行，极大地促进了农村劳动力的解放。这一阶段的农村建设取得

了翻天覆地的变化，农业科技水平大幅度提高，农民人均纯收入大幅增加。但这一阶段农村的巨大变化主要来自于发展长期受到制度抑制的农业的增收，城乡二元结构仍然存在，农村发展机制问题、规划问题、组织管理问题及农村税费改革后乡村职能转变问题等一些事关农村长远发展的深层次矛盾依然存在。

在 2005 年召开的党的十六届五中全会上，党中央对新农村建设又赋予了新的内涵，提出了"生产发展、生活宽裕、乡风文明、村容整洁、管理民主"的指导方针。这一次新农村建设的提出是我国农村发展变革的新起点。对这 20 字指导方针我们可以从以下几个方面理解：

（一）生产发展

生产发展是新农村建设的物质保障，只有促进生产发展，提高农村整体实力，才能从根本上完成新农村建设的各项任务。近年来，我国加大了对"三农"事业的财政投入，出台了一系列惠农资金政策，但是，农村发展仅仅依靠政府的外部投入是远远不够的。解决农村发展问题必须从农村自身入手，增强农村自身发展动力。

这里的"生产"除农业生产外，还包括工业、服务业等农村非农产业生产经营活动。要加大现代农业建设实施力度，在促进农业增产、增收的同时，发展生态农业、绿色农业，提升农产品质量。加快农田水利基础设施建设，保障农业生产效率。充分调动农民生产积极性，以农业产业化、信息化、市场化、现代化水平的提升，增强农民参与竞争的信心和能力。不断调整农村产业结构，扩大第二、第三产业发展，构筑新农村建设的物质基础。

（二）生活宽裕

生产发展和生活宽裕是新农村建设中物质文明建设的目标，农民生活宽裕是新农村建设成果最直接的体现。生活宽裕要建立在生产发展的基础之上，以农村经济增长带动农民增收，加大社会事业投入，使农民教育、医疗、文化休闲等各项保障得到落实，提高农民的生活质量和生活水平。

（三）乡风文明

乡风文明是新农村建设中精神文明建设的目标。一方面要加大农村教育事业的投入力度，提高农村人口受教育程度，发展农村职业培训，培养新型农民。另一方面通过开展文化建设，传承和发扬良好的乡风乡俗，构建和谐、温馨的邻里氛围。文明乡风具有凝聚、整合、同化、规范农民行为和心理的功能。文明的乡风也是新农村建设软环境发展的目标，和谐的社会环境可以吸引更多的人才与投资，从而促进农村地区进一步的发展。

（四）村容整洁

村容整洁是新农村建设对村庄环境建设的要求。当前大部分地区农村环境质量堪忧，村庄排水系统不完善、垃圾处理设施设备不到位导致污水横流、垃圾堆放散乱。村容整洁的要求就是通过新农村建设，提高农民的居住环境，彻底改善农村自然生态环境。

（五）管理民主

管理民主是新农村建设的制度基础，旨在全面提高农民在新农村建设中的参与度和积极性。首先要完善基层民主制度，实施民主选举、村民自治和民众监督机制，切实解决好农民最关切的现实问题，促进农村社会和谐。其次是以民主理念充分保护和调动广大农民在农村建设中的首创精神，激发农村经济发展活力。

二、美丽乡村建设的内涵

从我国新农村建设发展历程来看，美丽乡村建设是新农村建设的补充和提升，是我国基于新的历史背景下对农村建设工作提出的新要求。党的"十八大"将"生态文明"置于与政治、经济、文化等建设同等地位，提出了"美丽中国"的建设构想，这是我国对于过去一段时间经济社会发展模式的反思和总结。将资

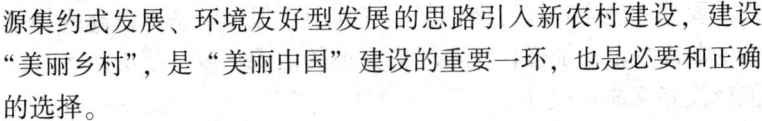

源集约式发展、环境友好型发展的思路引入新农村建设，建设"美丽乡村"，是"美丽中国"建设的重要一环，也是必要和正确的选择。

美丽乡村建设实际上就是生态文明建设在乡村地区的实践，在乡村构建起人与自然和谐、人与人和谐、人与社会和谐的文明秩序。美丽乡村的"美丽"包含了两层含义：一是村庄具有环境优美、生态良好、设施完备、规划合理的外在之美；二是指村庄具有产业发展、村民富足、社会和谐、文化繁荣的内涵之美。具体来说，美丽村庄的内涵主要包括以下几个方面：

(一) 尊重自然，创造乡村生态之美

传统村落往往是根据其周围的自然地理条件而布局发展，或依山傍水，或孕育于平原之中，拥有良好的自然景观和生态环境。与城市相比，农村发展系统的生活、生产过程与生态环境联系紧密。因此，美丽乡村的规划建设应充分尊重自然，注重与自然的融合共生，实现村庄发展的可持续性。在村庄产业布局和发展中，要实现集聚发展和集约发展。要以本地区优势资源的挖掘为基础，注重支柱产业的选择和培育，实现社会经济效益与生态环境效益的协调统一。不能为经济发展而让农村地区沦为城市落后、低效产业转移的集聚区。

(二) 完善建设管理，创造村庄环境之美

村庄中建筑、道路、路灯亮化、绿化、垃圾处理等设施设备的建设直接影响了人们对于村庄的直观空间感受，是人们对于村庄建设成绩最直接的评价标准。因此，在村庄建设规划过程中要坚持高起点、高标准。这并不意味着在村庄建设中要大拆大建，而是指在规划中要充分尊重村庄的自然环境和文化特色，把自然资源、人文资源和村庄融为一体。同时充分考虑村庄的发展空间。在建设中同时要注重细节的把握，充分了解建筑的现状，对各方面的建筑要素进行详细的指导控制，避免千村一面的情况出现。要建立健全长效管理机制，确立卫生保洁、基础设施维护方面的制度规范。加强村民对环境保护的认识程度，使美丽乡村既能建设好又能管理好。

（三）发展传统文化，创造乡村生活之美

传统文化、乡风民俗是农村发展的灵魂，与法律法规相比，传统文化、乡风民俗更贴近村民的生活、生产，更容易获得村民集体的认同感。加强乡村文化事业的投入，弘扬传统文化，保护和继承传统民居风貌，利于构建村民熟悉的传统生活交往空间，提高本地村民的归属感。同时，继承和发扬优秀的文化精神，能促进农民对于农村建设发展的积极性，调动起农村发展的自生力量，创造地方生活之美。

（四）坚持统筹发展，创造城乡和谐之美

城市和农村是两个开放且相互依存的系统，在建设美丽乡村的过程中，不能还停留在就农村论农村的阶段。应将农村建设置于城乡统筹发展的背景中，破除城乡协调发展的制度性障碍，实现城乡资源配置均等化，从而缩小城乡差距，实现城乡协调发展。美丽乡村建设是一项系统的、长期的任务，坚持城乡统筹，才能保证美丽乡村建设的长效性。

【导学案例解析】

一、做绿色和生态的文章

永兴坞村在规划的各个系统层面上，重点突出"凸显绿色、共享生态、感受乡情、共谋发展"的理念，充分利用良好的自然环境、丘陵地形、水景资源，做足山水和生态的文章，结合绿化现状和农居分布梳理成组团式布局，在结构方面体现"凸显绿色、共享生态"的理想，将"感受乡情、共谋发展"体现在规划布局和建筑整治的原则中（图1-2-3）。

图1-2-3　永兴坞村绿色环境

二、以改善村民生活环境，规范村庄建设为设计出发点

全村规划以绿化作背景，水塘作为中心，功能为线索，道路为构架铺叙全村的空间秩序。为村民营造了一个生活便利、充满和谐生活氛围、集历史记忆和优美生态环境为一体的永兴坞村的新景象。

三、勾画"绿色乡村，生态家园"的美好蓝图

充分的利用了地块的丘陵地形、良好的自然环境、周边及用地内散落的池塘和南侧溪水等水景资源，勾勒了一幅欣欣向荣的农家风情画卷（图1-2-4）。同时也为村民们营造了一个风景优美、恬静自然、舒适宜居的安乐环境，这种环境里无不体现着美丽坞村的新风貌。

图 1 - 2 - 4　永兴坞村整体鸟瞰

四、营造"绿色基础好，保护意识强"的理念

永兴坞村的村庄建设规划及地理环境特点和村庄特色可用"生态、示范、文化"来全面概括。以"充分体现历史、生态、原来的风貌，同时强调其可实施性、可操作性"为规划建设宗旨，在满足合并自然村安置的有关规定要求的前提下，充分利用村内原有自然环境和历史遗存的建筑景观，创造功能合理、用地经济，体现山地生态环境特点与老村历史文化风貌景观相结合的特色生态示范村。

五、整合资源

我们力求建造一个充满人文和乡村传统特色的，集"生态、休闲乡村旅游、特色文化"为一体的生态示范村，规划抓住此地块绿色生态基础好、村民文明、纯朴的保护意识强等特点。

注重以老区传统文化和传统街巷的梳理和改造以及村内公建中心的建造为契机，并结合村庄合并搬迁，梳理村庄建设的脉络，塑造良好的绿色生态示范村的形象。

模块三　乡村建设的典型模式

【案例导学】

　　温江区永宁镇位于成都市西郊10km，毗邻青羊、高新、郫县3个区县，幅员面积23.5km²，辖7个社区居委会，总人口达2.1万人（未含企业务工人员及楼盘入住业主）。永宁镇先后荣获了"全国文明镇""全国环境优美乡镇"等殊荣。永宁镇处在温郫都国家级生态示范区内，环境优美，空气清新，水系网络分布合理，清水河流经全镇，且全镇沟渠沿线遍植芙蓉花，形成了"清水河临足，芙蓉花拂面"的人与自然和谐的画面。镇内著名楼盘"芙蓉古城"与城武街、芙蓉家苑遥相呼应，其鲜明的民居建筑风格，形成了"中国风民居大观园"景观带，被成都市民评为"成都十大魅力城镇"之一。为了实现永宁镇的进一步发展，其乡村建设将何去何从，则必须探索对其发展切实有效的模式。

任务一　国内外乡村建设模式

　　建设现代化的美丽乡村，是世界上所有国家或地区由传统社会向现代社会转型过程中的一个必经阶段。发达国家和我国一些先进地区已经经历了这个历史阶段，且取得了巨大成就，也积累了一些很好的经验，只有对其进行总结和分析，才可以使其在进行美丽乡村建设时少走些弯路。

　　费孝通曾提出"模式"的概念，即"在一定地区，一定历史条件下，具有特色的发展路子"。乡村发展模式最终都体现在地域上，即在特定的自然、经济条件下，由于产业结构、技术构成、生产强度、要素组合等类型的不同而形成了特殊地区经济发展模式。

一、国外乡村建设模式

发达国家在城市化初期，由于城市的快速扩张导致城乡发展不平衡而出现一系列问题，如农村普遍出现劳动力老化、农村景观丧失等问题。随后，发达国家进入调整阶段，乡村建设日益受到重视。

（一）韩国的"新村运动"

韩国位于朝鲜半岛北部，国土面积仅 9.92 万 km^2，而耕地仅占国土面积的22%，平均每户只有 $1hm^2$ 多，人口密度每平方米约480人。20世纪60年代，韩国迅速推进城市化，出现了城乡发展严重不平衡，农村问题十分突出。农民收入低，80%的农民连解决温饱都成问题，农民意识也存在消极懒惰。在这样的历史背景下，时任总统的朴正熙提出了以农民、相关机构、指导者之间合作为前提的"新村培养运动"的建议，之后称为新农村运动。通过10年的努力，韩国农村最终改变了其落后面貌。

1. 主要内容及实施。韩国"新农村运动"的主要内容包括这3个方面：一是改善居住环境。韩国政府以实验的性质提出了改善基础环境的十大事业，即拓宽修缮围墙、挖井引水、改良屋顶、架设桥梁和整治溪流等，改变农村面貌。二是增加农民所得。通过耕地整治、河流整理、道路修建、改善农业基础条件；新建新乡村工厂，吸纳农民尤其是妇女就业，来增加农业以外收入。三是发展公益事业。修建乡村会馆，为村民提供经常使用的公用设施和活动场所。

具体实施分为4个阶段。第一阶段（1971—1973年），主要任务是改造基础村落。通过修建进村公路、治理河流等，改善村民的基础条件、生存条件和环境质量。第二阶段（1974—1976年），主要任务是改造自助村落。通过提高农村社区的自助能力，扩大农民的收入来源，继续改善生产和生活条件，开展新村教育，传播新村运动的概念和思想。第三阶段（1977—1981年），主要任务是改造自立村落。主要是通过进一步提高区域自立能力，改造农村地域社会结构，完善自立的基础条件，持续地扩大农民收入水平，发展文化、福利等社会事业，积极推进订报村精神文明建设。第四阶段是 1980 年到现在，主要任务是建设自营村落和福利村落。通过进一步提高农民的收入水平，改善农村居住环境，大力建设福利设施，从而发展福利事业。

2. 主要成效和问题。经过 30 年的努力，韩国新农村运动取得了全面成功，农村公共设施建设和农业生产条件得到了明显加强，乡村环境和面貌显著改善。并在以后增加农民所得的事业取得了惊人成效，国民收入由人均 85 美元跃升为 2004 年人均 14 000 美元；城乡收入比缩小到 1.06∶1，世界领先；农村人口由近 70% 减少到 7%。"新村运动"一词已列入《大不列颠》大辞典，被世界公认为"汉江奇迹"。有 70 多个国家和地区赴韩学习新农村运动，韩国发展模式成为世界认可的区域开发典范。当然，这个过程中由于政府过度干预也产生了一些负面效应，比如在住房和村庄设计上过分强调统一，致使村庄缺乏特色，"千房一面、千村一面"的现象比较突出；由于韩国农业的小规模经营的固有弱点，严重制约着农业劳动生产率的提高。尽管"新农村运动"存在一些问题，但它为韩国的现代化发展立下了汗马功劳，为发展中国家提供了宝贵经验，因而功不可没。

（二）日本的"造村运动"

日本是一个资源匮乏的国家，因此在农村建设过程中，注重农业、农村、农民的共同发展。比较有名的就是日本的"造村运动"。日本的造村运动中最具知名度且影响力扩及全日本乃至亚洲各国的开展形式就是由大分县前知事平松守彦于 1979 年开始提倡的"一村一品"运动。所谓"一村一品"运动，就是一种在政府引导和扶持下，以行政区和地方特色产品为基础形成的区域经济发展模式。它要求一个地方（县、乡、村）根据自身的条件和优势，发展出一种或几种有特色的、在一定的销售半径内名列前茅的拳头产品，以振兴"1.5次产业"。

1. 主要做法。

一是以开发农特产品为目标，培育各具优势的产业基地。在培育农特产品上抓住产地建设、培育名牌两大重点环节。尽管农业所占比重逐渐下降，但日本政府并未放松对农业和农村的支持，始终把农业和农村的发展放在重要的位置。

二是以突破1.5次产业为重点，增加产品的附加价值。所谓1.5次产业，是以农、林、牧、渔产品及其加工品为原料所进行的工业生产活动，通过这个生产活动增加农产品的附加值。地方产业振兴的重点在于1.5级产业，这是因为要把农产品生产的一次产业直接提高到加工业的二次产业是相对困难的，但是把农产品略作加工，提高一次产品的附加值则是可行的。

三是以开发农产品市场为手段，促进农产品的流通。日本农协在推动农产品市场化的进程中发挥了很大作用，农协通过兴办各种服务事业，把分散经营的农户与全国统一的市场紧密联结起来，有效地解决了小生产与大市场的矛盾。在农产品销售时，根据农民与农协签订的协议，收获季节农产品由农协上门收取，销售渠道为生产者—农协—批发市场—零售店—消费者。

四是以培养人才为动力，开展多元化的农民教育。开设各级农业科技教育培训中心、高中等农业院校、企业与民间的各类培训服务机构、各级农民协会和各级农业技术推广服务体系和农业改良普及系统。这些讲习班自1983年开设以来，到2002年已经有1991名学员结业。

五是以创设合理的融资制度为途径，提供农业低息贷款。农村产业的振兴需要完善的金融体系的支撑，日本的农村金融体系由政策性金融与农协金融组成。

2. 主要成效与不足。从总体上看，日本经过20多年的造村运动，使农村发生了巨大的变化。不仅消除了城乡差别，增加了农民收入，还为非农产业开拓了农村市场，刺激了农村多元化的消费。但也存在着某些不足。首先，农业从业人口减少和农村老龄化的问题依然突出。以"一村一品"运动开展得比较突出的大山町为例，1960 年总人口为 6 186 人，1975 年减为 4 701 人，至 2005 年只剩 3 817 人。其次，耕地面积锐减，农产品自给率严重不足。1960—2000 年期间，日本耕地面积由 607 万 hm^2 减少到 490 万 hm^2；粮食自给率由 80% 降到 28%，食物热量自给率由 79% 降到 40%。为此，日本须大量进口粮食、蔬菜和畜产品。最后，造村运动对生态环境有一定影响。在一个有限的自然环境与社会水准之下，要持续经济的成长是不可能的。为了大量种植农作物，必须兴建水库等硬件设施，结果破坏了自然生态，使"一村一品"变成了"一村一损"。

（三）德国的"村庄更新"模式

德国的"村庄更新"模式主要内容为：对老的建筑物进行修缮、改造、保护和加固；改善和增加村内公共设施；对闲置的旧房屋进行修缮改造；对山区和低洼易涝区增设防洪设施；修建人行道、步行区，改善村内交通状况。德国村庄更新具有一定的程序。首先，由当地的村民提出申请，然后由当地政府进行审核；其次，在确认申请具有可行性和必要性之后将它纳入更新计划；最后，由土地所有者组成团体并聘用规划师和建筑师在对村落的基础资料进行详细研究的基础上进行设计，包括人文条件的资料以及自然条件的资料。因此，德国的村落更新计划中的实施依赖于村民的参与与政府的支援，不仅建立在科学严谨的调查和分析的基础之上，它也充分吸取了广大村民的意见，因此易于操作和实施。同时，更新计划对传统的理解已经从单纯的建筑形式的继承扩大到对村落结构、村庄原有肌理、风貌和文化特色以及其所在社会文化背景的延续等更为广大的范畴。

德国村庄更新模式的主要特点：一是政府财政支持，加大对公共设施建设投入力度，增强农村综合功能；二是重视老旧建筑的重新利用，对旧房进行修缮、改造，提高使用率；三是更新计划比较完善，充分考虑村落结构、文化特色等因素，体现了对人的关怀。该模式最值得借鉴之处在于村庄建设中注重节约，审视一切具有利用价值的建筑，同时从农民的切身利益出发，致力于改善农民生产生活条件，又不刻意改变农村闲适的田园生活环境。

（四）总结国外乡村建设的成功经验

1. 政府主导，规划先行。综合以上国家，其发动乡村建设的主体是政府，只有政府主导才能开展大范围的乡村建设运动。此外，发达国家对乡村建设规划的制订非常重视，特别是欧洲国家。规划的编制可以更好的减少未来建设中的不确定因素，提高公众参与率，同时又能尊重当地居民的意愿，让村民主动参与到乡村建设中来，对乡村建设的顺利实施打下基础。

2. 重视公共基础设施建设。农村与城市的主要差距之一就是农村地区公共基础设施的不完善。建设基础设施是改善农村生活条件的基本措施。因此发达国家不惜投入大量资金建设农村公共基础设施来缩小城乡之间的差距。

3. 生活条件改善与产业发展并重。产业是农村经济兴旺与持续的根本。在改善农民居民生活条件的同时，各地方都重视农村产业的发展，振兴乡村经济的主要措施有增加农业的科技投入、开辟休闲旅游业、发展绿色农业等。

4. 完善制度，法规保障。发达国家高度重视制度建设，在农村建设方面也出台了有关的法律法规，如日本先后出台了《町村合并法》《过疏法》等系列法规政策来保证乡村建设的合法性和有序性。

二、国内美丽乡村建设模式

对于美丽乡村建设，国内目前还没有统一的界定。一些地方针对本地实际，针对美丽乡村建设概念的不同理解，摸索出了风格各异的建设实践模式。

（一）安吉模式

浙江省安吉县是美丽乡村建设探索的成功例子。安吉县为典型山区县，在经历了工业污染之痛后，该县最终决定，于1998年放弃工业立县之路，并在2001年提出生态立县发展战略。2003年，结合浙江省委"千村示范、万村整治"工程，安吉县在全县范围内开展以"双十村示范、双百村整治"为内容的"两双工程"，多形式、多渠道推进农村环境整治，并于2008年在浙江省率先提出"中国美丽乡村"建设，同时将其作为新一轮发展的载体。安吉县计划用10年时间，通过"产业提升、环境提升、素质提升、服务提升"，努力把全县打造成"村村优美、家家创业、处处和谐、人人幸福"的美丽乡村。

自2003年以来，安吉县通过"两双工程"和美丽乡村创建，极大改善了社会经济面貌，拥有"全国首个国家生态县""中国竹地板之都""中国椅业之乡""中国白茶之乡""中国人居环境范例奖""全国新农村与生态县建设互促共建示范区""全国林业推进社会主义新农村建设示范县""长三角地区最具投资价值县市（特别奖）"等头衔。

安吉县美丽乡村建设的基本定位是：立足县域抓提升，着眼全省建试点，面向全国做示范，明确了"政府主导、农民主体、政策推动、机制创新"的工作导向，逐步推进创建工作。安吉模式的重要经验是要突出生态建设、开展绿色发展；要坚守农业产业、推进内生发展；要经营生态资源、提高生态效益；要坚守统筹发展、强化农村建设；要注重协调发展、带动全面进步。

（二）永嘉模式

浙江省永嘉县以"环境综合整治、产业转型升级、文化旅游开发、机制体制创新"为主要内容开展了美丽乡村建设。

1. 以环境综合整治助推美丽乡村建设。永嘉县全力推进"四边三化""三改一拆"、青山白化治理、"双清"等专项行动，通过实施垃圾处理、卫生改厕、污水处理、村庄绿化、村道硬化等基础设施建设，大力开展田园风光打造、广告牌治理、立面改造、高速路口景观提升等工程，农村人居环境显著改善。

2. 以产业转型升级支撑美丽乡村建设。永嘉县以都市农业理念引领农业业态转型升级，大力发展生态农业、效益农业、休闲农业、观光农业、体验农业等"六次产业"，实现农业功能多元化和农业现代化。同时着力提升旅游产业品质，积极引导农户保护景区和利用旅游资源，尤其是古村落保护和利用，围绕"吃住行游购娱"需求，引导发展民宿业，大力延伸旅游产业链，强化旅游服务，丰富旅游产品，提升旅游收入。

3. 以文化旅游基因植入美丽乡村建设。文化就是温州的名片，许多冠以永嘉名字的文化，其实都是温州文化，永嘉县也就承担了温州文化建设的相当一部分的责任。目前，永嘉县正全力以赴筹备2015年申报世界双遗产，为楠溪江文旅融合实现跨越发展。搭建文旅产业平台，打造楠溪江文化园。把楠溪江文化创意园建设成集古村落保护、非物质文化资源传承、二代产业创意研究等为一体的"文化创意产业园"。永嘉县通过以生态旅游开发为主线扎实推进农村产业发展，精心打造美丽乡村生态旅游，加快农村产业发展。

4. 以体制机制创新保障美丽乡村建设。永嘉县成立了由县委书记和县长担任组长的美丽乡村建设工作领导小组，建立了"九联系"制度。创新实行了"身份证"式管理，把"四边"区域环境整治点放入目标任务库，实行动态管理和完成销号制度，实行创新要素保障机制。2013年，县财政投入1.6亿元建设美丽乡村。永嘉县美丽乡村建设的主要特点是通过人文资源开发，促进城乡要素自由流动，实现城乡资源、人口和土地的最优化配置和利用。

（三）高淳模式

江苏省南京市高淳区美丽乡村建设以打造"长江之滨最美丽

的乡村"为目标,以"村强民富生活美、村容整洁环境美、村风文明和谐美"为主要建设内容。

1. 鼓励发展农村特色产业,达到村强民富生活美的目标。高淳县将"一村一品、一村一业、一村一景"定位为工作思路,针对村庄产业和生活环境进行个性化塑造和特色化提升,逐步形成古村保护型、生态田园型、山水风光型、休闲旅游型等多特色、多形态的美丽乡村建设,基本上实现村庄公园化。同时,通过跨区域联合开发、整合土地资源、以股份制形式合作开发等多种方式,大力实施深加工联营、产供销共建、种养植一体等产业化项目;深入开展村企结对等活动,建设一批高效农业、商贸服务业、特色旅游业项目,让农民就地就近创业就业。

2. 努力改善农村环境面貌,实现村容整洁环境美的目标。以"绿色、生态、人文、宜居"为基调,高淳区自 2010 年以来集中开展"靓村、清水、丰田、畅路、绿林"五位一体的美丽乡村建设。同时,结合美丽乡村建设,扎实开展动迁、拆违、治乱、整破专项行动,城乡环境面貌得到优化。

3. 建立健全农村公共服务,达到村风文明和谐美的目标。高淳县着力完善公共服务体系建设,深入推进农村社区服务中心和综合用房建设,健全以公共服务设施为主体、以专项服务设施为配套、以服务站点为补充的服务设施网络,加快农村通信、宽带覆盖和信息综合服务平台建设,不断提高公共服务水平。采取切合农村实际、贴近农民群众和群众喜闻乐见的形式,深入开展形式多样的乡风文明创建活动,推动农民生活方式向科学、文明、健康方向持续提升。

(四)江宁模式

江宁区作为南京市的近郊,积极探索具有大都市近郊区特色的农业农村现代化之路。该区从 2011 年开始打造金花村(生态旅游村),通过 1 年多建设,该村取得了良好的经济社会效益。2012 年,"五朵金花"实现经营收入突破 1 亿元,农家乐经营户月收入约 4 万元，户均月利润约为 1.5 万元，并带动劳动力近千人就业，人均收入 25 000 元，周村被评为中国最美乡村。

1. 精心谋划建设蓝图。江宁区结合区情实际，提出了"三化五美"的奋斗目标，即农民生活方式城市化、农业生产方式现代化、农村生态环境田园化。山青水碧生态美、科学规划形态美、乡风文明素质美、村强民富生活美、管理民主和谐美，把建设重点放在城镇规划外的农村地区。通过加快推进土地综合整治、以现代农业和都市生态休闲农业为主攻方向、加强自然环境和人居环境的生态保护和整治、推进公共服务一体化发展等形式，不断营造和谐文明的社会风尚。

2. 系统部署建设内容。江宁区围绕建设目标，以"核心产业集聚发展工程、公共服务完善并轨工程、生态环境改善巩固工程、土地综合整治利用工程、基础设施优化提升工程、农村综合改革深化工程、农村社会管理创新工程"等七大工程为抓手，部署推进美丽乡村建设。

3. 积极探索建设模式。江宁区采取点面结合、重点推进的方式，面上确定 430km² 美丽乡村示范区建设，以江宁交建平台和街道为主，通过市场化运作加快示范区整体开发建设，实现乡村间串珠成链、无缝对接。除区街两级和村社区投资外，对一些重大基础设施和单体投资额较大的项目采取国企主导、街道配合的建设路径；对一些能够吸引社会资本进入的项目鼓励街道吸引社会资本进入；对于一些适合农民自主建设的项目积极引导农民参与建设。目前，示范区道路框架全部成形，重点景观节点建设逐步推进，黄龙岘、大塘金、大福村等生态旅游村及特色村建设初具雏形。

4. 建立健全推进机制。该区成立了区街两级美丽乡村示范区建设领导小组，成员单位近 30 个部门。强化美丽乡村建设资金保障，整合涉农项目资金，集中向美丽乡村倾斜，2013 年涉农项目安排用于美丽乡村示范区和创建对象超过 70%。建立环境保洁长效机制，围绕建成后的长效管理和巩固建设成效，提出区街村3级统筹解决保洁资金的具体细则。实施村居分类考核，将全区200个村居划分为农村型、城镇型和过渡型三大类型。建立3套村居考核评价体系，对不同类型的村居提出不同的考核重点，对农业生态型重点考核农业现代化水平和都市生态休闲农业发展，对城镇物业型重点考核村级发展能力，对过渡服务型重点考核服务承载保障功能，突出考核的导向作用。江宁区美丽乡村建设的主要特色是积极鼓励交建集团等国企参与美丽乡村建设，以市场化机制开发乡村生态资源，吸引社会资本打造乡村生态休闲旅游，形成都市休闲型美丽乡村建设模式。江宁模式带来的启示如下。

第一，美丽乡村建设必须走城乡一体化的道路，采取一二三产业统筹发展的模式，统一规划，一起推进，统筹发展。"三农"问题的解决，并非只有依靠工业化和城市化。从"江宁模式"我们可以看到，江宁通过开发内源改变了农业弱质本性，使农民可以不离开自己的故土，也能做到安居乐业，生活在清新的自然风光中，享受着城市的现代文明，这不能不说是一种具有创新意义的"三农"解决方案。

第二，美丽乡村建设没有统一的模式可循，但必须有统一的发展思路。每个地方都有自己不同的区位条件、地缘优势、产业优势，应该准确定位，科学决策，选择符合自身特点的发展道路。农业资源可以转化为农业资本，山区的生态、环境和文化作为重要的资源同样可以转化为资本。只有着力拓展生态、文化的功能，向休闲、观光、旅游、环保等方面转移，才能实现农村的良性循环，才能拓展农业的多种功能。永嘉县的实践告诉我们，山区县的资源在山水，潜力在山水，山区县的发展完全可以摒弃常规模式，走出一条通过优化生态环境带动经济发展的全新道路。

第三，美丽乡村建设必须统筹经济和社会的全面发展，包含环境建设、节能减排、传承农耕文化、发展休闲农业等丰富内容。老百姓的幸福感并不一定与 GDP 的增长成正比，在人们解决了温饱问题，生活水平达到小康后，生产环境和生活环境是影响人们幸福感的直接因素，他们需要绿色 GDP、务实 GDP；农民收入与财政收入的增长并无必然的关联，富民与强县并非完全是同一个概念。

任务二　当前乡村建设的模式

一、美丽乡村建设需处理的关系

（一）乡村建设与新型城市化的关系

结构转换型和人口转移型这两种模式是城市化的发展形态。国内外实践表明，我们要走的是城、镇、村和谐发展的新型城市化道路。在美丽乡村建设过程中，我们要将新型城市化和新农村建设进行有机结合，走城乡统筹综合发展的新型城市化道路。一方面，要根据农村人口向城镇转移的趋势，有针对性地对进城进镇农民研究制定相应政策，探索合理的集体资产产权保障、承包地流转机制、宅基地自愿退出机制等机制，让农民成为真正意义上的城镇居民。另一方面，要着力提升新农村建设水平，开展农房改造集聚建设，通过中心村培育等方式，提高农村人口的居住集聚度，并通过改善居住条件、配套基础设施、完善公务服务、发展农村产业、盘活要素资源等，让农民享受现代文明。

（二）依规建设与科学规划的关系

规划是美丽乡村建设的基础。因而，规划必须要科学。在规划编制过程中，要深入分析区域的发展潜力、切实尊重经济发展规律、充分听取当地群众意见、破解规划对接难题，努力做到优化空间布局、合理功能定位、有序梯次衔接。规划必须切实可

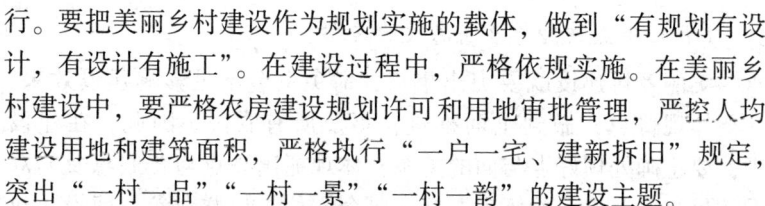

行。要把美丽乡村建设作为规划实施的载体，做到"有规划有设计，有设计有施工"。在建设过程中，严格依规实施。在美丽乡村建设中，要严格农房建设规划许可和用地审批管理，严控人均建设用地和建筑面积，严格执行"一户一宅、建新拆旧"规定，突出"一村一品""一村一景""一村一韵"的建设主题。

（三）生态环境与产业发展的关系

产业发展是美丽乡村建设的基础和根本，只有产业发展了，农民才会富起来。要积极开展农村劳动力素质培训，引导农民学习和掌握科技知识，建设现代化农业；要充分利用农村现有资源和市场需求发展农村第二第三产业，拓展农民增收渠道。在农村产业发展中，必须要保护好当地生态环境，不能以环境来换经济发展，不能以破坏生态平衡的代价来获取短期利益，更不能殃及下一代，要使经济发展与环境保护从真正意义上相得益彰。对当前还不同程度存在的农业、农村、农民各类污染源要进一步加大整治力度，该搬的搬、该禁的禁、该治的治，使之真正成为美丽乡村。

（四）传统风貌与现代居住的关系

美丽乡村建设既要满足农民居住要求，又要凸显瑞安传统特色乡村风貌。在美丽乡村创建过程中，要注重村庄个性体现，避免"千村一面"，要精心开展村庄规划建设设计，使建设的村庄与山水有机交融，乡村特色、文化韵味得到充分体现。要抓好历史文化村落保护利用，加强对古建筑、古民居、古树名木的保护，让它们古韵长存。要根据各地自然条件，做好"山水"文章，强化环境治理，推进"四边三化"，重新展示独具匠心的江南风情。要深入挖掘悠久的乡村传统人文典故、民俗文化、耕读文化、宗教文化和地域风情等文化遗产，打造特色文化品牌，让优秀传统文化和现代文明在美丽乡村建设的过程中实现完美融合。

（五）重点扶持与普遍惠及的关系

美丽乡村建设既要突出重点，避免资金不足影响建设效果，又要体现普惠，做到全面推进，惠及所有农民。因此，在建设中，要正确处理好点与面的关系，体现抓出亮点与普遍惠及的双重效果。普遍惠及的体现：规划要全方位，让群众参与建设，建设发展方向群众心里有数；服务要全覆盖，让群众共享城乡一体化的公共服务；设施要全享受，农村基础设施要具备满足农民生产生活的基本条件。重点扶持：项目建设上，要重点培育个性鲜明的精品村，并以精品村为点，以精品线为轴，结合"千百工程"的整乡整镇项目建设，串点成线、连线成片、整体推进；方法上，要坚持统筹兼顾以及加大资源整合力度。

（六）持续发展与建设投入的关系

增强村庄的可持续发展能力是开展美丽乡村建设的重中之重。要通过开展美丽乡村建设，充分挖掘村庄的发展潜力，将改变村庄面貌和促进村庄长远发展结合起来。要因地制宜，根据村庄定位，围绕宜农则农、宜工则工、宜居则居、宜游则游的原则，突破制约美丽乡村建设的各种因素，做大做强做优做精乡村特色产业。要充分利用土地流转契机，拓展村庄发展空间，留下发展余地，全面优化村域产业结构布局。要把村庄环境整治和发展村级集体经济有机结合，利用农房盖章集聚建设带来的收益和空间，规划建设一批村级集体物业，增加村级集体经济收入来源。要紧跟城市居民向往农村、回归大自然的趋势，经营好美丽乡村，吸引更多的社会资本参与乡村旅游开发。

（七）模式多种与目标一致的关系

开展美丽乡村建设是全市上下明确的目标，但各镇街由于自然资源禀赋、文化认知和经济发展水平上的差异性，各地要从实际出发，特别是优势特点要真正体现。如：荣祥村创办了温州市首个农耕文化馆，作为平原地区的典型村庄，应以村庄主要的种

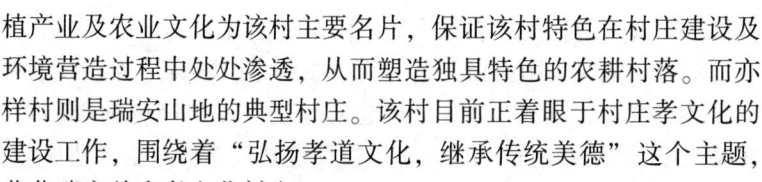

植产业及农业文化为该村主要名片，保证该村特色在村庄建设及环境营造过程中处处渗透，从而塑造独具特色的农耕村落。而亦样村则是瑞安山地的典型村庄。该村目前正着眼于村庄孝文化的建设工作，围绕着"弘扬孝道文化，继承传统美德"这个主题，荣获瑞安首个孝文化村庄。

二、当前美丽乡村建设的有效模式

农业部启动"美丽乡村"创建工作，至 2013 年 11 月，全国已经有 1 100 个乡村被确定为"美丽乡村"创建试点村，根据这 1 100 个村的特点，根据不同类型地区的自然资源禀赋、社会经济发展水平、产业发展特点以及民俗文化传承差异，坚持因地制宜、分类指导的原则，美丽乡村创建的内容因村施策、各有侧重、突出重点、整体推进。按照美丽乡村创建重点和目标，分为以下几种主要模式，具体如下。

（一）产业发展型模式

主要在东部沿海等经济相对发达地区，其特点是产业优势和特色明显，农民专业合作社、龙头企业发展基础好，产业化水平高，初步形成"一村一品""一乡一业"，实现了农业生产聚集、农业规模经营，农业产业链条不断延伸，产业带动效果明显。

典型案例　江苏省张家港市南丰镇永联村曾经被称为"江苏最穷最小村庄"。就是这个村，创造了一个发展奇迹：现有集体总资产 350 多亿元，村办企业永钢集团实现销售收入 380 亿元，利税达 23 亿元，村民年人均纯收入 28 766 多元，经济综合实力位居全国行政村前三名。永联村不仅富裕，而且是"全国文明村"，先后获得 30 多项省级、国家级荣誉称号。

以企带村集体经济实力强，永联的实践则证明，村集体有了经济实力，就可以为新农村建设"加油扩能"。近 10 年来，永联在村建设中累计投入了数亿元。村里的基础设施及社会公共事业建设都得到快速发展。村里投资 10 多亿元建设了拥有小学、幼儿园、医院、商业街、农贸市场、休闲公园等系列配套工程。投资500万元建成集图书馆、健身房、棋牌室、歌舞厅为一体的社区服务中心。投资5 000万元建起篮球场、文化广场和影剧院。2006年，永联村投资10亿元，为村民建现代新村，全部建成后，8 000多村民都可以入住公寓式楼房，同时节约土地53hm²。对购买新村住房者，村里每平方米直接或间接补贴1 400元，实际购价为每平方米500多元，远低于建设成本。

在给村民造福的同时，村党委还千方百计为村民"造血"。永联经过数次并村后，村民过万，解决村民就业成为村里的一项重头工作。村党委利用永钢集团的产业优势，创办了制钉厂等劳动密集型企业，有效吸纳了村里剩余劳动力。村里还开辟2.7hm²土地建设了个私工业园，统一建造生产厂房，廉价租给本村各私业主。他们还利用本村多达两万人的外来流动人口的条件，鼓励和引导村民发展餐饮、卫生、娱乐、房屋出租等服务业。

随着集体经济实力的壮大，永联村不断以工业反哺农业，强化农业产业化经营。2000年，村里投巨资成立了"永联苗木公司"，将全村313hm²可耕地全部实行流转，对土地进行集约化经营（图1-3-1）。这一举措，被永联村民称作"富民福民工程"，获得了巨大的经济和社会效益：苗木公司对外承接绿化工程，出售绿化树木，每年可获得上千万元的效益；村民每亩土地每年可以获得1 200元的土地流转费；100多名农民就地转化为苗木公司的"工人"，扩大了农民就业渠道；而苗木基地本身则成为永钢集团的绿色防护林和村庄的"绿肺"。

目前，永联村正在规划建设200hm²高效农业示范区，设立农业发展基金，并提供农业项目启动资金，对发展特色养殖业予以补助，促进高效农业加快发展（图1-3-2）。如此美好的新农村，其发展的基石就在于有一个强大的集体经济。

永联集体经济发展的最成功经验就是村企合一。在村党委的领导下，村民委员会与永钢集团之间形成了"三个统一"：村企

图 1 - 3 - 1　永联村现代农业基地

图 1 - 3 - 2　永联村整体风貌

重大项目统一决策和规划；村企资源统一共享；村企干部统一调配使用、报酬待遇统一考核发放。这一机制，使村与企的目标合一，发展集体企业是手段，富民强村是目标。永联村长期以来坚持共建共享、共同富裕的原则，积极探索和实践了从计划经济时代的集体生产向商品经济时代的集体经济转变、继而向市场经济条件下的集体资本跨越的发展路径，闯出了既充分体现社会主义优越性，又充分尊重市场经济规律的中国特色社会主义新农村模式，正在以新的居住、生活、生产、组织和收入等方式，实现着农村、农业、农民存在方式的转变。

（二）生态保护型模式

生态保护型美丽乡村模式主要是在生态优美、环境污染少的地区，其特点是自然条件优越，水资源和森林资源丰富，具有传统的田园风光和乡村特色，生态环境优势明显，把生态环境优势变为经济优势的潜力大，适宜发展生态旅游。

　　典型案例　浙江省安吉县山川乡高家堂村位于全国首个环境优美乡山川乡境内，全村区域面积7km²，其中山林面积649hm²，水田面积26hm²，是一个竹林资源丰富、自然环境保护良好的浙北山区村（图1-3-3）。区位优势明显，东邻余杭，南界临安，西北与天荒坪接壤，距县城20km，距省会杭州50km，萧山国际机场80km，是安吉接轨杭州的桥头堡。该村先后被评为"省级全面小康建设示范村""省级绿化示范村""省级文明村""全国绿色建筑创新（二等奖）"等称号。高家堂村自然环境优美，该村利用其有利特色，发展生态旅游，同时也离不开正确的规划指导。高家堂村的发展特色主要为以下3个方面。

图1-3-3　高家堂入口村标

　　1. 科学规划，合理布局。高家堂村以休闲经济发展为主线，注重经济发展规划先行，聘请有关专家总体策划，由设计院设计，完成了高家堂村庄建设规划，把村现有产业通过节点串联，形成了"一园一谷一湖一街一中心"的村休闲产业带。目前已完成七星谷、水墨农庄、环湖观光带等建设，东篱农业观光园、竹

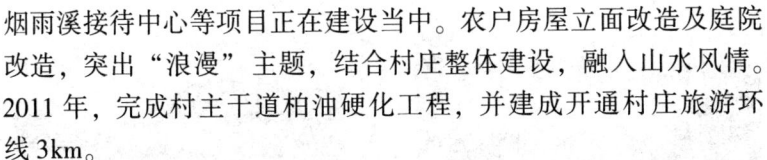

第一单元 农业生态环境的可持续发展

烟雨溪接待中心等项目正在建设当中。农户房屋立面改造及庭院改造，突出"浪漫"主题，结合村庄整体建设，融入山水风情。2011年，完成村主干道柏油硬化工程，并建成开通村庄旅游环线3km。

2. 生态产业，特色明显

高家堂村始终把创建作为加快经济发展、带动村民致富的落脚点。根据当地实际，突出发展林业产业和生态休闲产业。建设高效毛竹林现代园区和世界银行毛竹林阔叶林树套种项目，成立竹笋专业合作社，流转全村253hm^{2}毛竹林，从零散销售到规模经营，为广大农户拓展了创收渠道。兴林富民高效林业基地、有机竹笋生产关键技术推广应用示范林的建设，极大地提高了林业单产。高家堂村的建设以仙龙湖水库为辐射点，向周边扩散。2011年，高家堂村成立安吉蝶兰风情旅游公司，正式作为乡村经营主体对外运营，同时海博休闲山庄项目等的建成，使高家堂村休闲产业不断发展。近年来游客接待率不断上升，走上了一条集休闲、度假、观光、娱乐为一体的村庄经营可持续发展之路。2012年度农民人均纯收入19 625元。

3. 乡风文明，村容整洁

高家堂村全村共计农户210户，辖9个村民小组，总人口853人。高家堂村注重生态文明建设，民风淳朴，村民安居乐业。全村积极保护生态环境，保持生态原貌与建设的融合（图1-3-4）。实行卫生保洁等长效精细化管理，垃圾实行户收集后分类管理，进一步提升环境质量。村内建有阿科蔓污水处理池和湿地污水处理池，对全村农户的生活污水进行集中处理，达到标准排放（图1-3-5）。全村卫生厕所覆盖率100%。村女子腰鼓队、球操队等文化队伍经常性开展群众性文化娱乐活动，村民还自主学习舞蹈，每天傍晚自发进行如排舞等活动，活跃了山村业余文化生活。

图 1 - 3 - 4 高家堂生态风貌

图 1 - 3 - 5 高家堂整洁的村容

（三）城郊集约型模式

城郊集约型美丽乡村模式主要是在大中城市郊区，其特点是经济条件较好，公共设施和基础设施较为完善，交通便捷，农业集约化、规模化经营水平高，土地产出率高，农民收入水平相对较高，是大中城市重要的"菜篮子"基地。

典型案例 上海市松江区泖港镇位于松江区西南、黄浦江南岸，东北距上海市中心50km，北距松江区中心10km，地处浦南地区三镇中心，域内有"中国斜拉桥之母"之称的泖港大桥。2007年被列为上海市"三农"工作综合试点区，已获评国家级生态镇、国家卫生镇、农业部"美丽乡村"、上海市文明镇、上海市市容环境市级市容环境达标责任区。根据发展绿色现代农业的产业定位，秉持"生态兴镇"理念，将生态资源转化为经济优势。泖港地处长江三角洲，地势平坦，土壤肥沃，水资源丰富，主种农作物粮棉油及各种蔬菜、瓜果，主养各类家畜家禽及河鲜，素有"鱼米之乡"之称。

2011年，农业总产值 53 373 万元，比 2010 年增长 6.5%。农作物总播种面积 4 093hm²，粮食总产量 15 133t。林地面积 1 068 hm²，其中果园 153.35hm²，水果总产量 2 245t。年内农业设施投资总额 409 万元。淡水产品养殖面积 233.77hm²，水产品总产量 966t。集市贸易市场 3 个，成交额 2 106 万元。建筑企业总产值

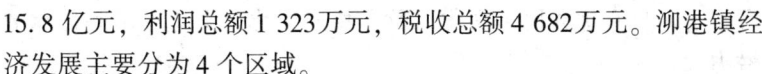

15.8 亿元，利润总额 1 323 万元，税收总额 4 682 万元。泖港镇经济发展主要分为 4 个区域。

一是工业区——位于同三高速与叶新公路交汇处，规划总面积近 667hm²，重点发展 IT 产业和生物保健品制造业。

二是休闲度假区——位于黄浦江南岸，规划总面积近 1 333 hm²，重点发展生态涵养林和林业综合开发项目。

三是现代农业区——重点发展无公害绿色食品。

四是集镇居住区——重点发展各类商贸、娱乐项目。

经过几年的规划建设，依托浑然天成的自然风光及"水净、气净、土净"的生态优势，泖港镇初步形成了集生态农业示范、科普展示、观光休闲、会务餐饮、实践体验于一体的农业观光旅游区，该景区分六大功能特色如下。

第一，文化游览区。主要展示江南农耕特色文化，推动青少年传统文化教育和科普教育，如上海农业科普展示馆、万亩优质水稻示范基地。

第二，农业种养区。主要展示科技化、标准化保健蔬果种植及特种水产养殖，如蓝莓园、黄桥绿叶菜基地、三泖水产等。

第三，花卉观光园。以上海市都市农业实训基地为代表，集中展示高科技产业的高效性。

第四，体游憩区。集休闲娱乐、会务餐宿、理疗康体于一体，主要有渔夫农庄、格林乡村和在建的西泖圩、浦江源农庄等。

第五，民俗风情区。以展示体验江南农家民俗民风为主体的茹塘村农家苑，辅以蒙、苗等风情风貌的民俗农村。

第六，自然风光区。展示泖港水乡秀丽的自然风光、田园风情、村情风貌的黄浦江涵养林、黄桥生态村及曹家浜生态村。

（四）文化传承型模式

文化传承型美丽乡村模式是在具有特殊人文景观，包括古村落、古建筑、古民居以及传统文化的地区，其特点是乡村文化资源丰富，具有优秀民俗文化以及非物质文化，文化展示和传承的潜力大。

典型案例 河南省洛阳市孟津县平乐镇平乐村位于河南省孟津县，自东汉明帝永平五年（公元62年）为迎西域入贡的飞廉、铜马筑平乐观取名至今，一直享负盛名，被誉为物华天宝，人杰地灵的一方圣地，素有"金平乐""小洛阳"之美称。平乐村位于平乐镇南部，南邻白马寺，距洛阳市12km，交通便利，地理位置优越，且历史悠久、文化底蕴深厚，素有"书画之村"的美称（图1-3-6）。

图1-3-6 平乐村牡丹画

孟津县平乐镇平乐村是全国唯一的牡丹画生产基地，被誉为"农民牡丹画创作第一村"。该县充分利用洛阳牡丹的社会影响力，张扬自身优势，明确发展目标，采取多种措施，拓展销售渠道，把平乐村打造成中国牡丹画产业发展中心，建成全国最大的生产销售牡丹画基地，实现平乐牡丹画经济效益和社会效益的双丰收。

主要做法有以下几个方面。

1. 加强领导，成立协会。平乐牡丹画产业工作顺利实施，平乐镇成立了发展牡丹画产业领导小组，成立了平乐牡丹书画院，以协会的形式进行统一管理，把大家的牡丹画创作与市场需求有机结合（图1-3-7）。

2. 加强宣传，举办画展

图1-3-7　平乐村书画培训

宣传力度，营造牡丹文化氛围，在进村路口至平乐中心街道路两侧刷写绘制宣传标语和牡丹图案，在牡丹画商贸城设置大型宣传广告牌。围绕牡丹画市场策划各种宣传活动，吸引新闻媒体前来采访，加强对外宣传，提高知名度。充分利用网站资源，开辟平乐牡丹画专栏。每年洛阳牡丹花会期间举办一次平乐牡丹书画展和牡丹产品博览会，并邀请市、县美协专业人员评选"优秀牡丹画师"和"牡丹画新秀"各10名，扩大平乐牡丹画对外影响，提升其市场价值（图1-3-8）。

3. 加强培训，壮大队伍。加强书画艺术的普及工作，制订人才培训计划，对书画从业者定期进行培训，提高从业者绘画技能，培养书画后继人才。充分发挥平乐牡丹书画院的组织引导作用，聘请全镇优秀画家举办牡丹画培训班，每年由书画院组织举办3~4次牡丹画培训班，培训人次每年不少于150~200人次。充分发挥现有画家的"传、帮、带"作用，每名画家每年帮带10~15名新学员。加强牡丹画梯队建设，引导全镇中小学校增设牡丹画法、画技内容，各中小学积极创造条件，加强师资力量建

图1-3-8　平乐村画展

设，还聘请画家作为学校兼职教师。组织师生牡丹画展并评选"优秀教师"和"牡丹小画家"，激发学生爱牡丹、画牡丹的兴趣。多次邀请洛阳画院院长文柳川等知名画家进村入户，现场指导，给村民讲解绘画技巧和专业技术，提高创作水平。

4. 加强引导，资金扶持。镇政府每年设立专项培训资金给予支持。培养一批能拓展市场的牡丹画销售经纪人，每年对在牡丹画对外销售中做出突出贡献的销售能人给予重奖。启动牡丹画一条街和牡丹书画市场建设，鼓励牡丹画家到平乐中心街或牡丹商贸城创办牡丹画创作室和展厅，对创办面积不小于30m² 的牡丹画创作室和展厅的商户给予1 000元资金扶持。引导促进牡丹画及关联产品上档次、上规模，组织画家外出考察市场，发展写意牡丹画和工笔牡丹画，吸引更多群众参与。

（五）休闲旅游型模式

休闲旅游型美丽乡村模式主要是在适宜发展乡村旅游的地区，其特点是旅游资源丰富，住宿、餐饮、休闲娱乐设施完善齐备，交通便捷，距离城市较近，适合休闲度假，发展乡村旅游潜力大。

典型案例　江西省婺源县江湾镇位于江西省婺源县东部，距婺源县城 28km，是国家 AAAAA 级旅游景区，属于国家级文化与生态旅游景区。该镇把旅游产业作为"第一产业"、核心产业来打造，不断提升旅游品质，加快旅游转型升级步伐，着力构建集观光、度假、休闲、体验为一体的旅游体系。

1. 探索古村落保护机制。加大古村落保护力度，对江湾村、晓起村进行环境风貌大整治，再现"青砖小瓦马头墙，回廊挂落花格窗"风貌（图 1-3-9）。

图 1-3-9　江湾镇村容特色

2. 深入挖掘民俗旅游。将特色节庆习俗、饮食习俗等以民俗表演的形式展现出来，形成乡村旅游的新亮点。

3. 初步建成篁岭民俗文化村。该景区的建成营业标志着江湾旅游从单一观光型向休闲度假、文化娱乐、民俗体验、旅游会展等综合配套型转变。

（六）高效农业型模式

高效农业型美丽乡村模式主要在我国的农业主产区，其特点是以发展农业作物生产为主，农田水利等农业基础设施相对完善，农产品商品化率和农业机械化水平高，人均耕地资源丰富，农作物秸秆产量大。

典型案例 福建省漳州市平和县三坪村全村共有山地 4 024 hm², 毛竹 1 200 hm², 种植蜜柚 833hm², 耕地 146hm² (图 1 - 3 - 10)。该村在创建美丽乡村过程中, 充分发挥林地资源优势, 采用"林药模式"打造金线莲、铁皮石斛、蕨菜种植基地, 以玫瑰园建设带动花卉产业发展, 壮大兰花种植基地, 做大做强现代高效农业 (图 1 - 3 - 11)。同时, 整合资源, 建立千亩柚园、万亩竹海、玫瑰花海等特色观光旅游, 和国家 4A 级旅游区三平风景区有效对接, 提高旅游吸纳能力。同时, 县纪委监察部门在美丽乡村建设过程中融入廉政文化一条街, 县、镇计生部门设立人口文化一条街等建设, 促进多种文化元素的融合展示。

图 1 - 3 - 10 三坪村自然风貌

图 1 - 3 - 11 三坪村药材基地

三坪村是全县美丽乡村建设的一个示范窗口（图1-3-12）。多年来，平和共开展22个美丽乡村示范村建设项目，在建设中，各村因地制宜，充分挖掘当地资源，打造符合本土特色的美丽乡村。这既改善了当地群众的生产生活环境，又为全县的乡村旅游发展增添了魅力，也为今后平和的美丽乡村建设起到了示范带动作用。

图1-3-12　三坪村入口

【导学案例解析】

一、永宁镇规划发展模式

永宁镇位于成都市西郊10km处，紧邻省会城市，交通便利，往来人流量较大，在整体规划设计中，根据永宁镇的地理位置以及原有生产背景，设计者推出了以健康为理念的农业生产到健康旅游一系列的联动产业机制，其中不仅包括农产品生产，科技支持、销售运营，还包括各类以手工、饮食、美容、集市、观光为目的的健康休闲旅游，同时，在发展多种产业时，仍以自然的田园风光为主要景观展现，并以不破坏当地的生态环境、生产环境为宗旨，很好的保护了当地的自然风光美，因此，永宁镇的整体规划综合了多种发展模式，包括产业发展型模式、生态保护型模式和休闲旅游模式（图1-3-13）。

图1-3-13　永宁镇自然风貌

　　永宁镇整体发展定位为健康医疗、健康商务、健康旅游、健康田园。其定位依据为现代农业的产业化生产，市场经济促进生产方式转变，包括内容特色经营、产业联动、有机农业；而生产方式的转变提升了人们的生存方式，出现农村城镇化，包括内容城乡统筹、集约发展、生态小镇；生存方式的提升同时缩小了城乡差别，使农民自身市民化，包括内容集体经济、休闲旅游、健康农庄。其项目构成包括唯美的自然山水，以景观花海、麦浪、大尺度果林等乡土资源为特色，在不增加成本的前提下，以创意性的思维加艺术性手法形成具有震撼力的景观效果。

　　奇趣的观光农艺，亲近自然、唤醒对农耕文明的记忆是人们参与乡村旅游的主要契机，乡村的原始性就自然而然的成为了乡村景观的本质特征。景观生态化以生态和谐为特点、达到生态美、艺术美和功能性的统一。

　　精致的有机农业，在行走中体验美景，增强参与性、增加乡村游乐活动的动感，将传统农耕文化的静态展示游客参与农事劳动的动感体验相结合，使游客能更深切地体会传统农业精耕细作的特点（图1-3-14）。

　　绿色的康旅庄园文化元素注入使产品的档次和品位得到提升。以原始性和田园性为最基本的要求，挖掘和凸显原生态文化作为乡村旅游产品的本质特征。规划内容如图1-3-15所示。

图1－3－14　永宁镇精农业体验

图1－3－15　永宁镇绿色庄园文化

（一）创新基地建设机制

包括栗米园（玉米、小麦、稻谷）、菜根苑（番茄、黄瓜、扁豆等）、鲜果馓（桃、李、葡萄等）、花间境（玫瑰、海棠、樱花等）。主要宗旨是追求自然有机；严格遵循自然发展规律生态循环；循环经济生态效益显著系统种植、系统种植；系统化的农业生产体系科学发展；可持续发展的科学技术、标准统一；统一的标准化生产体系、高效产出；附加值高、利润高、价格高。

（二）创新配套服务机制

配合基地建设，搭建创新农业科技推广体系、构建科技人才培养体系、强化农业科技研发体系的科技平台；整合物流配送链条，搭建系统物流平台；依托三联担保公司，搭建寻求社会资本广泛参与建设的金融平台；集中打造农耕文化展示区的展示平台。

（三）创新产业联动机制

推出以有机健康为宗旨的各项产业，包括天工坊－养心，以天然农作物作为工艺素材，发挥想象力，以自然的方式表现生活的幸福感。提供 DIY 制作模式，让人们体验纯手工的乐趣；齐民阁－养胃，将科学健康食谱与绿色无公害食材结合，打造出天然纯朴至真美食；四时集－养行，根据不同季节、不同节气的农作物成熟情况，打造特色生态集市。游走于此，体验有机农产品的魅力，选购原生态创意绿色产品，乐意逍遥；花篱舍－养神，田园阡陌，风光独特。以原生态田园为沿途景观，打造独特的绿色养生农庄，充满特色主题风情乡舍，或赏花、或品茗、或静坐小憩，乐天知命，自在悠闲；百谷逸－养身，萃取生态作物之精华，提供养生美容之法，与生态零距离接触。

乡村风景规划及配套服务设施。利用当地原有地形地貌，设计符合其规划理念的田园风光，如自然景观（图 1 - 3 - 16）。

图 1 - 3 - 16　自然景观

在实体农场的道路间隙，穿插一些可供租赁客户以及游客休息的木结构景观建筑，体现原始、生态性（图 1 – 3 – 17 和图 1 – 3 – 18）和水系景观、服务性建筑景观。

　　为了方便游人和增加趣味性，在园区设置一些服务性景观，如路灯、指示牌、垃圾桶、公告栏、公共椅子等。精心设计也能成为整个观光园中的闪光点，体现出"于细微处见精神"的设计（图 1 – 3 – 19）、乡村酒店景观（图 1 – 3 – 20）和高端餐饮配套景观（图 1 – 3 – 21）。

图 1 – 3 – 17　原始、生态性木结构景观

图 1 – 3 – 18　水系景观

图 1 - 3 - 19　服务型建筑

图 1 - 3 - 20　乡村酒店景观

图 1 - 3 - 21　高端餐饮配套景观

第二单元　美丽乡村建设的综合策略

模块一　美丽乡村建设的相关理论和原理

【案例导学】

在苏州地区的众多乡村中，千年历史古村"明月湾"是以风貌原真型文化传承模式为传承特色的典型美丽乡村。

一、乡村概况

明月湾古村地处于太湖西山岛，有着几千年的悠久历史，传说2 500多年前的春秋时期，吴王夫差携美女西施在明月湾一起赏月，因而乡村得名明月湾。明月湾古村内有两条主要的街道，南北向横穿古村，从这两条主要的街道延伸出很多条细窄的横巷，井然有序，这被称之为是棋盘街。村内的街面是用花岗岩铺设的石板街，石板之下是最早的排水系统，这在很多乡村是没有的，因此，自古就有"明湾石板街，雨后穿绣鞋"的古谚。街区两旁的建筑大部分都建于明清时期，风貌统一，有着浓郁的历史气息。村民们喜欢在自己的房前屋后栽种花草树木，果树等，清代诗人沈德潜曾作诗曰"人烟鸡犬在花林中"，凌如焕也称赞明月湾古村拥有"水抱青山山抱花，花光深处有人家"的世外桃源美景。

2000 年，西山镇成为江苏省历史文化名镇，也开始重视西山一些古村的发展，于是便对明月湾古村开始保护和整治。2005 年6 月，苏州市人民政府公布明月湾为苏州市首批控制保护古村落之一。在对明月湾古村的整治和保护中，对于一些与明月湾古村风貌不协调的建筑进行了拆除，对一些破损的历史建筑、历史环境要素进行了修缮，此外，还重视明月湾古村的自然景观风貌，恢复了村口别具特色的生态丛林。在目前所有古建筑群落中，明月湾的古建筑群落比较完整，历史遗存较多，可以说是保存比较完好（图2-1-1）。

图2-1-1　自然环境风貌

二、文化资源特色

丰富的自然环境资源：南临太湖，隔水相望。自然生态，环境优美，依山傍湖，三面有峦峰环绕，终年郁郁葱葱，美景忽隐忽现，有"柳暗花明又一村"之意境。明月湾所在的西山是洞庭山的简称，物产资源丰富，盛产果树，柑橘、白果、枇杷、杨梅、茶叶等，太湖又是天然的淡水鱼场，水产的种类也是相当的丰富，有"太湖三宝"（银鱼、梅鲚、白虾）等美味佳肴享有盛誉（图2-1-2）。明月湾，处在湖光环抱之中，是品赏湖光，遍尝湖鲜的绝佳地。

图2-1-2　丰富的自然资源

空间肌理特征：棋盘式街道，石板排水系统（图2-1-3）。

图2-1-3 空间肌理特征：棋盘式街道，石板排水系统

历史文化遗迹资源：历代文人的笔墨、吴王与西施的典故，都给明月湾赋予了浓厚的文化底蕴。此外，明月湾还有丰富多采的历史遗存（图2-1-4）。

图2-1-4 明月湾历史文化遗存

古码头、明月寺、敦伦堂、明月桥、石板街、裕耕堂、礼和堂、邓家祠堂、更楼、黄氏宗祠、茶楼和土地庙，还有千年古樟，这些都历史建筑和场所都是对村民居住、生活的真实记录。也正是这些丰富的文化遗存，把一幕幕水乡山村田园生活的生动场景串联起来，展现在现代人们的面前。

风俗民情：明月湾古村面积约 $9hm^2$，现有常住居民 100 多户、人口约 400 人，村民们大都是依靠农耕为生，种植茶叶花果、或者太湖捕捞养殖，明月湾是有着千年生活的历史古村，自然村民的生活、生产方式，风俗民情都有着自己的地域特色，是典型的江南水乡古老的乡村，有着千年奇遇，有着美丽传说，有着很多文人的笔墨记录，有着最淳朴的美丽乡村的风情。

传说 2 500 多年前，吴王夫差曾携美女西施在明月湾古村共赏明月。直至唐代时期，明月湾已非常闻名，大诗人白居易、陆龟蒙、皮日休等，都来过明月湾，流连忘返，被明月湾所吸引，还留下了很多赞美明月湾的诗作。

南宋金兵南侵，大批高官贵族到西山隐居，有谏官邓肃、抗金名将四川宣抚使吴璘的儿子吴挺等到明月湾定居。明朝和清朝时期，当时有着"钻天洞庭"称号的洞庭商帮很是闻名，大批明月湾村民也加入了经商的行列，商贾文化发展迅速，很多人靠外出经商发家致富。清乾隆、嘉庆年间，明月湾的经济、社会发展达到了鼎盛时期，于是大批精美的宅第也在那时产生，祠堂、河埠、石板街、码头等很多公共建筑也有着那段时期的风貌色彩。这些古宅建筑、祠堂等都有精致的砖雕、木雕、石雕等建筑文化的符号，极富地域文化特色。明月湾村在下一步发展的过程中将运用什么样的思路呢？

任务一 生态学相关理论

一、系统论原理

（一）系统论原理概述

"系统"一词，来源于古希腊语，是由部分构成整体的意思。按贝塔朗菲的观点，系统论包括普通系统论、控制论、信息论等。系统被定义为："是处于一定的相互关系中并与环境发生关系的各组成部分的总体"。我国著名科学家钱学森也对系统的概念进行了界定，"什么是系统?""系统就是由许多部分所组成的整体，所以系统的概念就是要强调整体，强调整体是由相互关联、相互制约的各个部分所组成的。"系统定义中包括了要素、结构、功能等概念，表明了要素与要素、要素与系统、系统与环境三方面的关系。系统论将对象看作是各要素以一定的联系组成结构与功能的统一整体，着重考察各部分之间的相互关系与变动的规律。面对越来越多的复杂现象，传统的将事物分解成局部要素的分析方法已经难以胜任，系统论的出现使人们改变了以往的认知与分析习惯，提供了有效的思维方式，我们被迫在一切知识领域中运用整体或系统概念来处理复杂性问题。这就意味着科学思维基本方向的转变。以系统论、信息论、控制论为代表的三大理论与方法形成了系统科学的基础。

从认识上来说，乡村景观是由自然生态、经济生产、聚落生活等三大子系统组成的具有一定结构和功能的系统整体。每个系统下又划分为若干子系统，乡村景观与子系统要素之间形成一定的等级结构，要素之间彼此相互关联、相互作用，并在时间之下具有动态演化的特征。景观系统整体的运行与演进并非是各功能系统性质的简单相加，而是各要素间相互影响、各子系统相互作用的整体结果。

（二）系统论的运用

首先，我们要运用整体或系统概念来认识乡村景观，对景观的认识不是停留在外在形式的表现上，而更着重考察景观的深层含义，即包括了景观各要素、景观系统的层级结构、景观形成各部分之间的相互关系、对景观的作用关系以及变动的规律，而后者对于景观的形成更为重要。例如，对于乡村民居的认识，对于村民而言，民居根本不是什么形式、色彩、尺度、比例的组成，而是意味着对周围自然环境、生产方式、以及村民的观念、传统风俗、生活生产方式、以及村民建造习惯等方式的直接应对。专业人员以及管理者只有从这些角度展开认知，才真正把握乡村民居背后形成的规律，真正了解最适合村民的需求的景观。

其次，乡村景观是个动态的系统，景观与其他要素之间存在着随时间纬度变化的相互作用，并从一个平衡走向下一个平衡。如乡村生活方式的改变，会要求聚落格局、住宅模式适应生活的需求而改变，因此，相应的设计不应局限于对传统居住格局的全盘保留，而应在继承的基础上对相关要素进行调整、提升、改进。这也要求专业人员与管理者在规划、决策、实施时需要采用更灵活、富有弹性的方式，考虑昨天、今天以及明天的发展。

二、控制论原理

研究系统的最大意义，不仅在于认识系统的特点和规律，更重要地还在于利用这些特点和规律对系统进行去控制、管理、或改造，使其不断优化发展。因此我们需要转向与系统论密切相关的控制论原理。

（一）控制论原理概述

简单地说，控制论就是关于控制的理论。1948 年，美国的诺伯特·维纳发表了著名的《控制论——关于在动物和机器中控制和通讯的科学》一书，将其定义为："控制论是研究包括人在内的实物系统和包括工程在内的非生物系统等各种系统中控制过程的共同特点与规律，即信息交换过程的规律。更具体地说，是研究动态系统在变化的环境条件下如何保持平衡状态或稳定状态的科学"。他特意创造"Cybernetics"这个英语新词来命名这门科学。

控制论一词原意为"操舵术"，就是掌舵的方法和技术的意思。贝朗塔菲认为，控制论是系统和环境之间及系统内部的通信（信息传递），以系统对环境的功能的控制（反馈）为基础的一种控制系统理论，总的来看在控制论中，"控制"的含义是指为了"改善"某个或某些受控对象的功能或发展，需要获得并使用信

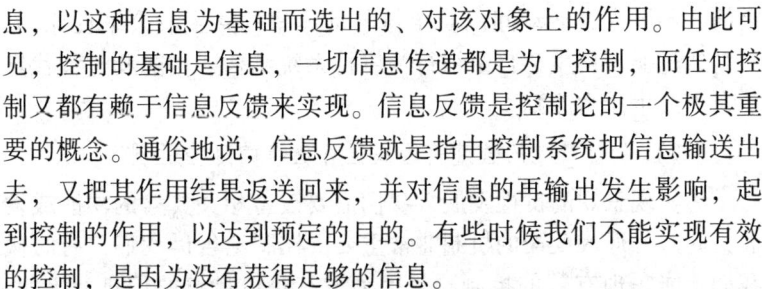

息，以这种信息为基础而选出的、对该对象上的作用。由此可见，控制的基础是信息，一切信息传递都是为了控制，而任何控制又都有赖于信息反馈来实现。信息反馈是控制论的一个极其重要的概念。通俗地说，信息反馈就是指由控制系统把信息输送出去，又把其作用结果返送回来，并对信息的再输出发生影响，起到控制的作用，以达到预定的目的。有些时候我们不能实现有效的控制，是因为没有获得足够的信息。

（二）正、负反馈机制

反馈是控制论中最重要的原理。在控制论中，包括了随机控制、有记忆力的控制、正反馈控制、负反馈控制等方法。其中，负反馈是增强人类控制能力的重要方法。负反馈调节的本质在于设计一个目标差不断减少的过程，通过系统不断将自己控制后果与目标作比较，使得目标在一次一次控制中慢慢减少，最后达到控制目的。因而，负反馈机制所必须两个环节：首先，系统一旦出现目标差，便自动出现某种减少目标差的反应；其次，减少目标差的调节要一次次地发挥，使对目标的逼近逐渐积累起来。

正反馈是一个目标差不断扩大的过程，从控制目标的偏离来说，它与负反馈正好相反。因此，它往往标志着预定目标的控制过程的破坏。而若正反馈发展到达了极端，系统状态会大大超出稳定状态，就会导致组织的崩溃和事物的爆炸。正、负反馈对于系统结构的演化都非常重要，通过对事物作用方式的调整，正反馈和负反馈之间可以相互转化。

（三）其他控制论原理

王如松在对各类自然和人工生态系统的考察中，提出了十大控制论原理，即胜汰原理、拓适原理、生克原理、反馈原理、乘补原理、瓶颈原理、循环原理、多样性和主导性原理、生态发展原理、机巧原理。总结以上原理它们可以归结为3条原则：一是对有效资源及可利用的生态位的竞争或效率原则；二是人与自然之间、不同人类活动间以及个体与整体间的共生或公平性原则；三是通过循环再生与自组织行为维持系统结构、功能和过程稳定的自生或生命力原则。

(四) 乡村景观的营建需形成循环反馈的可控机制

为实现景观的良性发展，我们需要改善相关要素的功能或发展，此时，形成反馈的机制非常重要。控制论告诉我们，有时候我们不能实现有效的控制，是因为没有获得足够的信息。比如，在乡村景观的营建中，专业技术人员是否能及时获得村民、管理者，尤其是村民的信息反馈，并将之重新纳入营建的机制之中，能否获得村民认同，调动村民积极性，是实现景观和谐的关键。其次，对于乡村而言，作为生活的环境与空间，乡村景观的营建是一个长期、动态的过程，系统的平衡有赖于组织与自组织机制的长期作用，而村民自身的"参与"本身就是发挥景观系统自组织功能的内在机制。只有通过村民自身的参与，在专业人员的帮助下，村民将自己的理解作用于景观的塑造，才能获得真正属于村民自己的、满足自身生活需要的景观。

三、景观生态学原理

景观生态学最初是在 1939 年由德国地理学家 C·特罗尔，在利用航拍研究东非土地时提出来。他将景观的概念引入生态学，是希望将地理学家采用的表示空间的"水平"分析方法和生态学家使用的表示功能的"垂直"分析方法结合起来。一般来说，景观生态学是研究景观空间结构与形态特征对生物活动与人类活动影响的科学，是地理学和生态学交叉的一门综合性学科。景观生态学研究的对象和主要内容可以概括为 3 个基本方面：景观结构、景观功能和景观动态。

多学科综合是景观生态学的发展动力，关于景观生态学的一般原理，许多学者曾分别提出过相近的表述。这些原理中与乡村景观营建有密切关系的，概括起来有以下几个方面。

（一）"斑块—廊道—基质"原理

这一原理反映了组成景观的结构单元模式。"斑块—廊道—基质"理论是景观生态学用来解释景观结构的基本模式，普遍适用于各类景观，包括荒漠、森林、农业，草原、郊区和建成区景观。其中，斑块是指依赖于尺度的、与周围环境（基质）在性质上或者外观上不同，表现出较明显边界，并具有一定内部均质性的空间实体。

斑块是在外观上不同于周围环境的非线性地表区域，其外在表现形式主要是沿绿道两侧和两端分布，根据斑块的主要成因机制或起源，可以将其分为干扰斑块、残存斑块、环境资源斑块和引进斑块等几个类型。景观斑块之间的廊道连通性、宽度大小等因素影响斑块间生态稳定。

廊道是景观中重要的线性要素，它既可以呈隔离的条状，如公路、河道；也可以说与周围基质呈过渡性连续分布，如某些更新过程中的带状采伐迹地；也可以将其看作带状的斑块，它能把景观内部之间的生态流、物质流、信息流相互传达，在各斑块之间起到桥梁的作用。

基质是景观中面积最大、分布最广、连接性最好的景观要素类型，对景观动态具有控制作用，影响物流、能流和物种流。基质的判定标准主要有 3 个：①相对面积。当景观的某一要素所占的面积比其他要素大很多时，这种要素类型就可能是基质，它控制着景观中主要的流。②连接度。如果景观中的某一要素连接度较好，并环绕所有其他现存的景观要素，则可以认为是基质。③动态控制。如果景观中的某一要素对景观动态控制程度比其他要素类型要大，则也可以认为是基质。

该模式为具体而形象的描述景观结构、功能和动态提供了一种"空间语言"。其中，斑块泛指与周围环境在外貌或性质上不同，并具有一定内部均质性的空间单元。如植物群落、湖泊、草原、农田或居民区等。廊道是指景观中与相邻两边环境不同的线性或带状结构。常见的包括农田间的防风林带、河流、道路、峡谷及输电线路等。基质则是指景观中分布最广、连续性最大的背景结构。常见的有森林、草原、农田等。由于观察尺度的不同，斑块—廊道—基质的区分往往是相对的。

（二）整体性理论

景观系统的整体性是景观生态学得以整合的理论基础。一个健康的景观系统具有功能上的整体性和连续性。景观生态学不是去研究单一的景观组分（地貌、土壤、植物、动物），而是强调研究作为自然综合体或自然、文化综合体的景观的整体及其空间异质性。景观生态学研究不是去分别寻求景观的经济价值（生物生产力、区位）、生态价值和文化（美学）价值，而是致力于发挥其综合价值。

（三）干扰与异质性理论

干扰是自然界中无时无处不存在的一种现象，直接影响着生态系统的演变过程。生态系统在空间的分布可用斑块—廊道—基质的模式来表达，异质性是景观系统的基本特点和研究出发点，在一定意义上，景观异质性可以说是不同时空尺度上频繁发生干扰的结果。景观异质性是景观的结构特性，指景观组分和要素在景观中总是不相关和不相似的。景观异质性主要体现在空间结构以及时间的两个层面。时间异质性主要体现在生物的演替；空间异质性主要包括生态学过程和格局在空间分布上的不均匀性和复杂性，一般可理解为是空间斑块性（Patchness）和梯度（Gradie-ni）的总和。在该意义上可以说，景观的空间格局就是景观异质性的具体表现。景观异质性能提高景观的抗干扰能力、恢复能力、系统稳定性和生物多样性，并有助于物种的共生。

（四）景观结构镶嵌理论

景观和区域空间异质性有两种表现形式，即梯度与镶嵌。镶嵌的特征是对象被聚集成清楚的边界，且连续空间发生中断和突变。土地镶嵌性是景观的基本特征。

（五）源—汇系统理论

源—汇景观是针对生态过程而言的，源景观是指那些能促进生态过程发展的景观类型；汇景观是指那些能阻止、延缓生态过程发展的景观类型。对于非点源污染来说，一些景观类型起到了"源"的作用，如山区的坡耕地、化肥施用量较高的农田等；一些景观类型起到了汇的作用，如位于源景观下游方向的草地、林地、湿地景观等。对于生物多样性保护来说，能为目标物种提供栖息环境、满足种群生存基本条件，以及利于物种向外扩散的资源斑块，可以成为源景观；不利于种群生存与栖息以及生存有目标物种天敌的斑块可以称之为汇景观。

源—汇系统理论的提出主要是基于生态学中的生态平衡理论，从格局和过程出发，将常规意义上的景观赋予一定的过程含义，通过分析源—汇景观在空间上的平衡，来探讨有利于调控生态过程的途径和方法。

（六）景观连接度理论

对景观空间结构单元相互之间连续度的量度，侧重于反映景观的功能。景观连接度研究景观要素在功能和生态学过程上的有机联系，这种联系可能是生物群体间的物种流，也可能是景观要素间直接的物流、能流与信息流。将景观连接度的度量归纳为廊道是否存在、斑块间的距离、景观中的生境数量等 10 类要素相关。欧洲启动贯穿欧洲大陆的生态网络工程"自然 2000"，其方法就是通过建立运动廊道提高整个区域的景观连续性。

（七）不可替代格局

景观规划中作为第一优先考虑保护或建成的格局是：几个大型的自然植被斑块作为水源涵养所必需的自然地；有足够宽的廊道用以保护水系和满足物种空间运动的需要；而在开发区或建成区里有一些小的自然斑块和廊道，用以保证景观的异质性。这一优先格局在生态功能上不可替代性的理由已阐明。它应作为任何景观规划的一个基础格局。根据这一基础格局，又发展了最优景观格局"集聚间有离析"被认为是生态学意义上最优的景观格局（Forman，1995）。这一模式强调规划师应将土地利用分类集聚，并在开发区和建成区内保留小的自然斑块，同时沿主要的自然边界地带分布一些人类活动的"飞地"。集聚间有离析的景观格局有许多生态优越性，同时能满足人类活动的需要。包括边界地带的"飞地"可为城市居民提供游憩度假和隐居机会；在细质地的景观局部是就业、居住和商业活动的集中区；高效的交通廊道连接建成区和作为生产或资源基地的大型斑块，这一理想景观格局还能提供丰富的视觉空间。这一模式同样适用于任何类型的景观，从干旱荒漠和森林景观，到城市和农田景观。

（八）共生原理

共生原理源于生物学，19 世纪末德国生物学家德贝里（Ahtonde Bary）首次提出共生概念，并将其定义为不同种属按某种物质维系长期生活在一起。20 世纪 50—60 年代以来，经过长期的发展，共生理论的研究已经越来越完善，并且已广延到生态、社会、经济的各个领域，并显示出蓬勃的生命力。在中国，学者袁纯清最早利用共生原理与方法，从经济学的角度对共生理论进行了系统解析，并进行小型经济的研究。

共生有三要素，由共生单元（U）、共生模式（M）和共生环境（E）构成。任何共生关系都是以上三要素的组合，在共生关系的三要素中，共生模式是关键，共生单元是基础，共生环境是重要的外部条件。

共生单元是构成共生体或共生关系的基本能量生产和交换单位，是形成共生体的基本物质条件。共生单元是相对的，共生单元随分析的层次变化而有所差异。例如在企业共生体中，每一个企业员工都是共生单元，在整个企业系统中，员工、设备、资本都是共生单元，在一个行业中，每个企业都是共生单元。

　　共生模式，也称共生关系，是指共生单元相互作用的方式或相互结合的形式。它既反映共生单元之间作用的方式、强度，也反映它们之间的物质、能量和信息交互关系。共生关系在行为方式上，可分为寄生关系、偏利关系、对称互惠共生关系和非对称共生互惠关系。在组织化程度上，它们又可被分为点共生、间歇共生、连续共生和一体化共生。不同的共生模式有着不同的模式特征，随共生单元、共生环境的变化而变化，各种模式之间可以互相转化。

　　乡村景观的营建需要共生原理的指导，乡村景观中的共生关系包括了人与自然的互利共生，生态、社会、经济效益的一体化共生，实现共生共荣是景观营建的最终目标。根据共生原理，共生过程是一种自组织过程，它既具有自组织过程的一般特征，又具有共生过程的独特个性。

　　合作是共生现象的本质特征之一，共生并不排除竞争，而是指共生单元之间的吸引和合作。不是共生单元自身性质和状态的丧失，而是继承和保留；不是共生单元的相互替代，而是相互补充和促进，是通过共生单元内部结构和功能的创新，促进其竞争能力的提高。其次，共生过程是共生单元的共同进化过程，共同适应、共同发展是共生的深刻本质，共生为共生单元提供理想的进化路径，这种进化路径使单元之间共同进化。共生反映了组织之间的一种相互依存关系，这种关系的产生和发展，能使组织向更有生命力的方向演化。进化是共生系统发展的总趋势。尽管共生系统存在多种模式，但对称互惠共生是系统进化的一致方向，是生物界和人类社会进化的根本法则。所有共生系统中对称性互惠共生系统是最有效，也是最稳定的系统，任何具有对称互惠共生系统特征的系统在同种共生模式中具有最大的共生能量。

　　在景观的营建中，我们要运用共生原理，加强、整合并协调乡村景观的生态、生产、生活三大系统、系统要素之间的关系，科学的引导一些共生关系向预定的方向发展如在景观要素中生产与生活之间，传统产业与旅游业之间的建立起合作、竞争关系，通过相互补充、促进，共同进化，通过各要素自身结构和功能的创新，促进竞争能力的提高，也同时增强系统的稳定性与抗干扰能力，从而推动景观的良性优化发展。乡村景观的营建涉及自然、社会、经济等很多方面，涉及的相关学科理论也比较多。其中，系统原理是其景观营建的总理论，控制论原理、景观生态学原理、共生原理等是实现各景观子系统、要素之间的协调与整合理论。

随着人为活动的日益加剧，区域景观破碎化、以及建设用地的肆意蔓延等现越来越突出，乡村景观格局的整体性与连续性下降，干扰了正常的景观生态过程和生态调控能力。景观生态学的相关原理可以指导区域的景观空间配置，优化景观结构和功能，从而提高景观的稳定性，因此相关理论已广泛的应用于发达国家的生态环境建设中，如生态廊道的建设、在乡村景观中注重增加景观的异质性来创建新的景观格局等。

景观生态学理论主要应用于自然景观的规划建设，而忽略或低估了人类活动对于景观系统的巨大影响。一些景观生态学家已经注意到了这一问题。Neill（1999）就指出，人类经济活动是景观格局及其变化的决策者，并建议景观生态学应利用发展完备的经济地理学理论。而对于人类复杂活动参与的乡村景观，由于存在多元主体的经济利益问题，景观生态学尚不足以解决乡村景观营建中的所有问题，且还需要共生理论的指导。

当下，乡村景观正处于向现代乡村景观转型的过程中，全球化、城市化、商业化的冲击，使景观系统的环境以及要素都发生了变化，打破了前原本的平衡状态，在如此背景下，迫切需要建立一套整体的方法，加强要素之间的关联、协调各系统因子关系，以实现乡村景观系统的平衡稳定进化，实现社会、经济、环境的平衡与可持续发展。以上原理从整体、综合的科学思维出发，为景观的整体优化提出了发展方向。

四、循环经济理论

循环经济本质上是一种生态经济，以"低开采、高利用、低消耗、低排放"为核心理念，按照自然生态系统的能量转化和物质循环规律重构经济系统，使得经济系统和谐地纳入到自然生态系统的物质循环过程中，建立起一种新形态的、可持续发展的经济。

发展的组织层面：循环经济是基于对生态资源保护的角度出发，以生态系统为基础的综合发展经济体系，从资源流动的组织层面和点、线、面的原理可以将循环经济分为微观、中观、宏观3个层面：

（一）以个体企业或生产基地为主体的经济体系微观层面

通过科技创新、工艺改进等措施，实现资源再利用、减少废物排放，达到"节能、低耗、减污、增效"的目标，实现经济效益和生态效益的双向协调。

（二）以产业区块内的企业集群为主体的经济体系中观层面

通过片区内的物质循环为载体，通过产业的合理组织，建立企业间能量、信息、物质的循环网络体系，加强片区内企业间的交流与协作，形成循环型产业集群。

（三）以整个社会的生产、生活为主体的经济体系宏观层面

建立城镇与乡村、人类与自然之间的循环经济网络体系，统筹城乡发展，在整个社会内部建立生产、流通、消费、还原和调控等环节的循环体系，构建资源节约型、环境友好型社会。

任务二　城乡规划学综合理论

城乡规划学是从城乡关系的角度出发，把城市与乡村、城镇居民与农村居民、工业与农业等作为一个整体，通过系统规划、

综合研究，促进城乡规划建设、产业发展、体制保障、生态保护等方面的均衡发展，改变长期形成的城乡二元结构，使整个城乡社会全面、协调、可持续发展。规划学者从城乡空间的角度出发，对城乡发展做出统一规划，即对具有一定内在关联的城乡交融地域上各物质与精神要素进行系统安排；生态、环境学者从生态保护角度上出发，对城乡生态资源、绿地空间进行有机整合，保证自然生态过程畅通有序，促进城乡协调发展。

一、城乡空间生态耦合理论

城市复合生态系统理论是"城乡建设是一个复杂的生态耦合体系，它以环境为体，经济为用，生态为纲，文化为常，其社会、经济、自然子系统间是相互耦合、相互制约，各自功能不同，却相辅相成、缺一不可"。运用生态学的基本理论，城乡空间是城乡一体化建设的存在载体，是承载城市与乡村物质关系的动态场所，即是城乡互动的直接作用空间和各种物质流、生态流、能量流相互作用的总体概念表述。

城乡空间生态耦合理论是一种动态理论，是以城乡空间的整体性为基础，以生态学理论为核心，建立城乡之间的稳定、协调、良性互动的共同生长耦合关系。通过某种链接将不同的耦合元素在特定的条件下互相连通，使各个元素转化成一个整体，即使城市、乡村、生态环境相互联系，在这种动态的耦合关系中促进城乡一体化的建设。

二、城乡绿地系统规划理论

城乡绿地系统规划理论是在整个城乡区域范围内，将城市中心和各级乡镇、乡村的各类绿地系统进行分级分区保护、利用，通过土地优化布局，形成具有合理结构的绿地空间系统，构成城乡一体化、空间区域化、生态网络化的绿化空间大格局，使生态系统充分发挥生态效应，城乡绿地发挥生态、文化、游憩、景观、保护等各项功能，促进城乡协调发展，形成一个完善的人居环境网络系统。

三、农业产业集聚理论

农业产业集聚是产业集聚在农业领域中的应用，是指在某一特定区域内，基于当地优越的自然条件和独特的人文环境，围绕某一主导产业的相关农业生产活动，相当数量的联系密切的企业和相关支撑机构（如组织机构、专业协会、科研院校等）高度集中，来共同推动农村经济发展的现象。其基本特征如下。

（一）地域性强，优势突出

农业产业集聚的形成是依托当地的特色资源、地理区位、基础产业等条件发展起来的，存在一定的区位优势、资源优势和市场竞争优势。

（二）以农户为基础主体

农业产业集聚是产业集聚应用于农业领域的表现，农户是农业生产活动中最基本的组织单元。通过产业集聚，把传统的一家一户的小农经济转化为具有系统规模的产业区块，农户既可以是劳动者，也可以是创业者，在产业链中扮演着重要的角色。

（三）以龙头企业为核心

龙头企业在产业链中具有影响深度大、辐射面广、号召力强和一定的示范引导、开拓市场、带动农户的作用，从而促进农业产、供、销的有机结合，并扩宽与周围片区产业的联通，带动农业产业集群健康持续的发展。

（四）产业链较长

农业产业集群的基本格局是"市场＋龙头企业＋基地＋农户"，因此，农业产业链也就包含了农产品的生产、加工、流通、销售各个环节，具有较长的产业价值链。

（五）空间集聚性

农业产业集群的空间集聚性特征表现在农产品生产基地与农业关联产业在一定地理空间内集中而形成的一个有机群体，从而加强各个产业之间的信息、物质、能量之间的关联。

任务三　现代景观规划设计理论

基于国际景观规划设计理论与实践的发展，刘滨谊教授认为，现代景观规划设计实践的基本方面均蕴含有 3 个不同层面的追求以及与之相对应的理论研究：

首先，景观感受层面，基于视觉的所有自然与人工形态及其感受的设计，即狭义景观设计。其次，环境、生态、资源层面，包括土地利用、地形、水体、动植物、气候、光照等自然资源在内的调查、分析、评估、规划、保护，即大地景观规划；最后是人类行为以及与之相关的文化历史与艺术层面，包括潜在于园林环境中的历史文化、风土民情、风俗习惯等与人们精神生活世界息息相关的文明，即行为精神景观规划设计。最后，经过他的高度概括和提炼，引出了现代景观规划设计的三大方面，即景观环境形象、环境生态绿化、大众行为心理，这三大方面称为现代景观规划设计的三元（或三元素），简称"景观三元论"。

一、景观环境形象

景观环境形象指的是能被人们所描述的，从感官上所能反映的生存环境中的客体，它是承接客观自然和个体本身思维之间联系的载体，人们意识所寄托的对象。景观美学是景观环境形象研究的基础。景观美学包括景观本质特性与景观感知过程两个方面内容，其研究目的在于解释美好风景的本质以及人们参与其中的方式。

二、环境生态绿化

环境生态绿化主要是从人类的生理感受要求出发，根据自然界生物学原理，利用阳光、气候、动物、植物、土壤、水体等自然和人工材料，研究如何保护或创造令人舒适的良好物质环境。环境生态绿化是随着现代环境意识运动的发展而成为现代景观规划设计内容的重要组成部分。

三、大众行为心理

大众行为心理主要是从人类的心理精神感受需求出发，根据人类在环境中的行为心理乃至精神生活的规律，利用心理、文化的引导，研究如何创造使人赏心悦目、浮想联翩、积极向上的精神环境。与其相对应的理论研究主要是环境心理学和游憩学理论。环境心理学重点讨论人工环境，尤其是建筑环境与行为的关系，游憩学理论主要反映在游憩体验和游憩满意度等方面，即以人为中心构建的一种人与环境互动的体验过程，包括生理、心理、知识、社交、自我实现体验五大方面。

任务四　文化传承理论

一、"文化"和"乡村文化"

文化是各种风貌综合动态的人文积累，并以传承的方式反哺、化育民众，让民众通过传统文化，再创新文明、展现新辉煌。它是人类在社会发展过程中所创造的可代代相传的物质财富和精神财富的总和。人类文化学家马林诺夫斯基将文化分为三个层次：首先是器物层次，包括生产、生活工具和生产方式；其次，是组织层次，包括社会、经济、政治组织；最后是精神层次，指的是人的伦理、价值取向等。

乡村文化是乡村居民与乡村自然相互作用过程中所创造出来的所有事物和现象的总和。乡村文化与城市文化的概念是相对的，文化都包括"显性"和"隐性"两种，前者一般包括传统工艺、民俗风情、文化艺术和涉及村民衣食住行等物质层面的可视性文化，后者则是指融入到农村社会和村民思想中的宗族观念、道德观念、宗教信仰、审美观念、价值观念、村规民约、村落氛围等。根据不同的划分标准，文化又分为物质文化和非物质文化，乡村文化中的物质文化指为了满足乡村生存和发展所创造出来的物质产品所表现出来的文化，包括自然景观、空间肌理、乡村建筑、生产工具；乡村文化中的非物质文化就是指人类在社会历史实践过程中所创造的各种精神文化，包括节庆民俗、传统工艺、民间艺术、村规民约、宗族观念、宗教信仰、道德观念、审美观念、价值观念以及古朴闲适的村落氛围等。

二、乡村文化传承的意义

新中国成立以来，我国新农村建设规划与设计技术严重缺失，关于整治建设过程中的文化传承理论技术更是缺乏。由于对村庄的研究不多，认识不够深入，村庄在规划中成了附属品。研究乡村文化有利于完善乡村文化传承理论体系，推进新农村建设技术研究。探索乡村规划的新范式，对完善乡村文化传承理论体系，推进新农村建设技术研究有重大意义。

（一）美丽乡村建设中的文化传承是确保我国乡土文明延续的主要渠道

任何地域的城市或乡村，都是人在文化的指引下改造自然的产物，是在地域文化土壤中培育出来的历史化与人文化的景观；城市化把城市中的地域文明基本荡涤一空；保留在乡村中的乡土地域文明和民族生存文化成为最后火种。仅仅依靠少量古村落的保护是不够的，必须要全面在所有乡村中推进，将经济建设、文化建设、生态文明建设成为"三位一体"的规划格局。

美丽乡村建设是新农村建设转型升级的主要载体，而美丽乡村建设中的文化传承是确保我国乡土文明延续的主要渠道，把非物质文化遗产在村落中的保护和传承落实到其物质要素和与之相关的场所、文化空间等的保护和改造方面，有利于非物质文化遗产在村落中的活态传承，有利于真正实现美丽乡村建设的根本目的，即改善人居环境，传承乡土文明。

（二）文化传承是美丽乡村繁荣的根基之一

纵观西方乡村地区的发展历史，乡村往往依靠优美的自然环境和独特的历史文化而在现代化初期出现衰退之后而迅速复兴，例如日本，山村田园的风光是绝大多数日本人内心的向往和归宿，日本的新农村建设在第二次世界大战后经历了不断探索、循序渐进的过程，时至今日已经进入到以文化复兴为核心的阶段，以日本文化中的"原风景"概念为切入点，通过不断努力，以创建文化景观带动衰落农村的活力发展。实践证明，乡村已经成为不可或缺的人居、游憩、农业和文化传承载体，那些丢失了文化的乡村不可能是美丽的。

三、国外乡村建设中文化保护和传承的实践研究

国外发达国家对于乡村的保护以及乡村文化的保护工作相对成熟，从乡村风貌的保护到乡村文化的传承都有着比较成功的做法，传承重点都在乡村的自然环境风貌、乡村的聚落形态、历史建筑以及基础设施的完善等，通过政府的相关法规政策的大力支持来保障乡村文化的传承。不仅成立了保护传统文化的组织，还针对不同的文化传承和保护工作通过立法保障，一系列的国际公约和宣言对乡村文化遗产的保护提供了措施和条款。例如日本和韩国传统文化传承就有着共性，政府承担传统文化保护的主体作用，注重传统文化与商业文明的有机融合，鼓励全方位公众参与，国家、政府乃至个人都有权利和义务共同遵循相关的文化传承政策和制度，从而促进良好的传统文化传承机制的形成。发达国家在发展的进程中都遇到了城市乡村建设与传统文化传承如何相协调的问题，一些国家在新农村建设中关于文化的保护和传承的实践取得了成功的经验，这些成功的经验可以给我们在新农村建设中的文化传承模式一些启迪。

（一）瑞士：原真性传承老城镇风貌，浓缩历史文化

瑞士本就是一个拥有得天独厚风景的美丽欧洲国家。雄浑的阿尔卑斯山、星罗棋布的高山湖泊、茂密的原始森林总是让人觉得很是欣喜，但是瑞士之所以能发展的如此好，还要归功于历史老城的原真性保护，使得瑞士的城镇成为了一座座"内外兼美"的美丽古城。瑞士的城镇一般都由两部分组成，一部分是古色古香的老城区，一部分是现代化的新城，老城区尽一切的努力去完整的保留着历史遗留下的珍贵财富。例如，中世纪的城墙、历史建筑、还有古罗马的文物古迹；例如，在瑞士北方的沙夫豪森市和圣加仑市，对这两座老城区进行了原真性的保护，至今保存着风格独特的中世纪的凸肚悬窗；又例如穆尔滕市，采用了整体性的保存方式，几百年过去了，古老的历史城墙、石子街面仍然保存着原样，这种原真性保存下的风貌特色忠实的反映出穆尔滕市千百年前的民风特色。对瑞士老城原真性的风貌的保护，使得瑞士不仅拥有了秀美的自然景观的外在美，也成了拥有地域特色的具有文化内涵的美丽城镇，保存下来的老城折射出多角度的人文色彩。

瑞士的每个州都会设置一个文物保护专家协会，负责调查本州的文物古迹，定期向州政府汇报。他们深刻的认识到，文物古迹就是传承历史的纽带，文物是不能再生的，不能因为"现代化进程"而中断历史。还出台了一些关于文化传承与保护的相关规定，严格区分了民宅建筑用地、工业和商业用地及农业用地范畴，并规定，在文物周边的建筑、环境等"不能破坏文物的整体观赏效果"。

（二）意大利：乡村"生态博物馆"使古文化永葆青春

从 2000 年开始，意大利的学者、文化协会和相关部门一起对意大利乡村"生态博物馆"进行了设计和研究，"生态博物馆"的概念也由此产生，人们都称为是没有门墙的博物馆。"生态博物馆"将当地的自然景观特征、历史文化、村民的民俗风情、生产生活方式作为一个整体进行文化的传承和保护，通过把这个整体充分地展示在所有人的面前，能够起到文化的可持续保护，或者是进行文化的教育。

生态博物馆是无形的博物馆，乡村生活的整体环境、生产生活方式的场景、乡村中有历史价值的建筑、作坊、传统的工艺品、制作工具等，都是"生态博物馆"的重要组成部分，把它整体的、原样的保存下来，如果对一些有破损的历史建筑需要修缮，那也要按照标准进行"修旧如旧"。根据不同的乡村特点，还可以增加一些特色的地域文化场景，例如"战争博物馆""工艺园"（Crafts park）等。

意大利的乡村生态博物馆理念使得意大利很多乡村，都较好的保存了当地的乡村风貌、历史遗迹和民俗风情，这也给各个乡村带来了旅游业的发展，旅游业也成为这些乡村主要的收入来源，村民从这种生态博物馆方式的旅游中获益很多。意大利的生态博物馆理念，不单单是给乡村带来了乡村旅游的新经济发展模式，更重要的是生态博物馆本身文化传承和教育功能。生态博物馆唤起了人们对乡村文化和历史的记忆，通过一个个天然的博物馆，让更多孩子、学生、学者也知道家乡的文化历史，了解先人们千百年来创造的物质和精神财富。意大利人因拥有这些历史文化遗产而自豪。

（三）德国：村镇"旧瓶新酒"更新建设理念

德国的乡村不仅风景优美，还具有浓厚的传统文化气息，充满着乡村发展活力，德国的乡村建设面临着保护传统和开发发展两个方面的问题，几乎每个乡镇都会有一个具有历史文化的核心区，既需要对历史区内的景观风貌和建筑进行风貌的保护和更新，又要给乡镇的发展提供空间。这就使得德国的村镇建设有着传统和现代并重的创新理念，在传统文化的保护和传承方面有很多可以借鉴的地方。经历了战后的大拆大建，德国提出了可持续发展理念，乡村规划更多考虑的是通过有机更新的方式推进，会考虑各种生态因素和环境质量等，进行一种局部持续的改良，把历史片区看做整体尽力保留注入新的功能或用处，这种方式是一种"旧瓶新酒"的更新模式，可以通过融入现代化的技术或者生产生活方式，而使乡村的历史风貌得到了活的延续，同时又获得了巨大的发展空间和财富。

例如：德国斯图加特地区的科尔恩塔尔—明欣根（Korntal - Münchingen），该地区的乡村依托周边两座中心城市，有着良好的发展势头，也产生了新的建设需要。由于土地空间和价格的优势使基础设施转向周边地带建设，但这同时使得这个市镇面临着中心区空心化的危险。为了解决中心区的空心化问题，经过研究，地方政府决定采取紧凑式发展，通过限制无序扩张的住宅用地和商业用地，来复兴中心区域。这就要求做好新老建筑的协调，维护乡镇的风貌特征等。通过调查发现，镇子中存有大量空置的仓储建筑，这些有着木桁架结构的建筑原本用于农业用途，非常富有地方传统特色（图2-1-5）。

为了获得足够的居住、商业空间，可以通过改造更新这些特色建筑，改造的时候要注重传统风貌的保护，这样便既能满足市镇的现代发展需求，又得以保护和传承这些宝贵的传统建筑文化风貌。之后，当地政府组织了"仓库节"活动，又通过3D场景的模拟，政府向市民展现了实施后的景观面貌。并且，当地还不断的完善相关的法律法规，确定其相关的用途和文化传承和保留的模式。以后一切相关的建设活动都必须依法实行。

图 2 - 1 - 5　具有典型德国传统特色的建筑

（四）日本：文化原风景振兴新农村建设

21 世纪以来，由于日本在物质条件方面相对富足，人们的生理需求已基本得到满足，根据马斯洛需求理论，人们开始追求较高层次精神层面的需求。与此同时，人口负增长现象的出现使华灯璀璨的大都市与人口量减的农村之间的对比更加强烈。这种现象致使农村的文化风景建设取代自然风景改造成为发展主流，用农村文化风景建设来激发农村活力、维系城市和乡村沟通纽带的呼声越来越高。保护的相关规定，严格区分民宅建筑用地、工业和商业用地及农业用地范畴，并规定，在文物周边的建筑、环境等"不能破坏文物的整体观赏效果"。瑞士对传统文化的保护和传承十分重视，瑞士的老城原风貌保护是成功的，原真性的保护对于文化传承有直接作用。

经济发展的全球化和城镇化对发达国家的乡村及城镇文明在一定程度上都有着影响，快速推进的城镇化必然把城镇化率作为富民强国的目标，这就会引起对自然资源的掠夺浪费、历史遗迹的损毁，以及乡村风貌、地方民俗文化的毁灭性的破坏。虽然国外发达国家在发展中，乡村文化、乡村风貌、文化遗迹遭到破坏、风貌变异巨大，但是乡村风貌是在传承中发展的，文脉依然清晰可见。而东方文化则不然，是在近现代受到多元文化融合，这种融合过程，使得东方本土文化逐渐式微化，并且在改良中逐渐丧失民族文化的魂。

国外发达国家研究和实践总结出来的乡村建设中的文化传承，在很多时候是吸取了一些乡村建设中的经验和教训的，一些发达国家是由于强盛的民族自发的文化保护意识，以及坚强的政府后盾、系统的文化传承机制和文化保护政策等，才使得乡村的风貌和文化得到良好的传承。在对国外新农村建设中文化传承的实践研究中，对乡村风貌的原真性文化传承、"生态博物馆"的传承模式、"旧瓶新酒"的功能更新模式的文化传承以及原风景的文化振兴，都是典型的乡村文化传承的模式和路径，我国的美丽乡村建设也应该站在巨人的肩膀上，吸取国外发达国家的经验和教训，在乡村文化的传承上少走弯路，较好的减少新农村建设中文化破坏问题。

四、国内乡村建设中文化传承理论与实践研究

文化传承不是简单的对文化要素进行传递，文化传承包括继承和发展两个方面的内涵，在文化传承传递的过程中，各类文化与文化主体是紧密相结合的，文化有一定的孕育背景，还需要适应其孕育背景的改变，外部环境的变化使得文化自身，也要进行适应和创新，在这个过程中，实现着文化它自身的发展。

文化传承的过程是一个纵横交错、错综复杂的过程。文化分为物质文化和非物质文化，在乡村文化中，物质文化体现的是为了满足先人们生存和发展需要的自然景观，乡村的空间肌理，与人们的衣食住行息息相关的物质要素，以及生产工具等；而乡村

文化中的非物质文化体现的是乡村的理念文化、民俗风情、长久来形成的生产生活方式以及宗教制度文化、地方行为标准等精神层面的。物质文化传承和非物质文化传承有着共性，也有着本质的差异性。

关于物质文化的传承和保护的研究，我国的建筑学者、规划学者在此方面成果较多，反映了建筑学科和规划学科对物质文化保护的关注。国内学者经过多年不懈的努力，在历史遗产保护评价研究方面取得了可喜的研究成果，如对古村落的评价标准、对传统建筑的评估体系研究、对历史文化名城的综合评价体系的研究、建筑遗产可利用性评估标准、对城乡历史地段综合价值模糊综合评价、以及对历史遗产管理评价等。

此外，建筑学家们对单个的建筑文化的保护和传承研究也是比较多的，后文会对乡村建筑文化的传承的理论研究做详细的综述。非物质文化的传承一般是以口头讲述的方式或者是亲身行为等动态的方式来进行表现和传承的，我国关于传统非物质文化保护和传承的研究主要关注的是民族文化、民俗文化的保护和传承、传统手工艺文化保护以及一些文化景观等方面，这反映了国内研究的基础上较注重自身实际问题的解决。

我国人类学、社会学和民俗学者在非物质文化的传承和保护方面做了很多的研究，也取得了一些重要的研究成果。随着经济全球化、现代化、信息化的发展，对乡村的文化也产生了巨大的影响，而关于乡村文化传承的方法和模式也有了很多创新和突破，笔者将总结和探讨学者们已有的一些相关的乡村文化的传承方向的研究，希望能对本书的文化传承模式和方向有指引作用。

（一）乡村物质文化传承

长久以来，我国关于历史文化名城、名镇（村）以及古村落的研究比较多，而对于一般乡村地区的物质遗产文化的保护和传承工作没有得到足够的重视。关于各类不同的乡村物质文化的传承，阮仪三提出，要从保护现状、保护分级与范围、遗产保护原真性等方面进行了多角度深入的探讨，不能"一刀切"。张松提出，这类物质文化遗产，有着世界性的文化价值，认为历史城镇的文化保护和传承，不是仅仅为了过去，而是为了这种物质遗产文化能够更好的传承，为了现在和未来而去尊重历史，因此，要传承历史环境的延续性和历时性，从而传承物质遗产文化，使之不会衰老和衰败。田化在研究土家村落文化的传承与保护的途径和方法时提出，要传承乡村文化，首先要对乡村的各类文化进行挖掘和整理，用建立民族文化生态保护区的方式实行整体性的保护，传承乡村的文化基因。建立民族文化生态保护区的方式是传承乡村文化的一个重要的途径，对乡村的自然景观特质、空间肌理以及遗存的物质文化遗产的都有直接保护和传承的效果。阳建强在对常熟市古村李市进行文化传承和保护时指出，水乡特色的保护和传承，要主动完善古村的传统风貌的整体保护体系，要注重古村历史空间环境和村民的生活形态、内涵的原真性传承。杨雪吟从保护文化空间角度提出，对传统文化保护的思考，认为保护文化空间可以采取多种形式，如生态博物馆、民族传统文化保护区和民族文化生态村等。

谱系学，是一种考古式的研究方法，把这种研究方法运用在乡村的传统历史风貌的保护和传承上，可以及时的探索人们的意识活动思想、观念等的转变，唐长春构建了基于历史文化谱系的村镇风貌保护指标体系，运用这种历史文化谱系学的研究角度，可以去探索乡村文化的起源和发展问题。

王克修认为，文化保护与传承可以从 4 个方面努力：一是树立精细化管理文化理念，建立健全法律法规体系；二是塑造整体形象；三是形成个性标识；四是彰显建筑风格。桑轶菲认为，乡村历史文化遗存科学保护的对策应该从规划、法规保障加强管理，村民参与发展乡村旅游 3 个方面为重点。

（二）产业化的文化传承方向综述

项桂娥认为，在城镇化的推进过程中，产业化开发是对历史文化资源保护和传承的最佳路径。在产业化的过程中，通过创意，将无形的文化要素有形化进行文化的传承，这也能够完成很多精神层面的非物质形态的文化与物质形态的文化相互弥补和转化，使得文化在产业化的理念中得到传承和发展。丁丽瑛认为，相对于物质文化，非物质文化遗产更是存在于活态文化的表征，非物质文化的存在和传承模式与文化的产业化或者产品密切相关但是，在文化的产业化中，对文化的传承也会产生比较多的问题，必须正确的处理好文化传承和市场作用的关系。而保护非物质文化遗产要和开发传统文化产业相结合，包括市场准入、文化传承要与产品相协调，还有产业的公私权管理等。其中，文化传承与产品创新的结合中强调，首先要正确认识非物质文化遗产传承与创新、保护与利用的关系，再通过开发优秀的传统文化传承带动非物质的文化传承，最终，培育出文化传承产品的市场，使得文化产业与文化传承、文化欣赏和消费创新有效的得到结合。

现阶段，文化的产业化传承模式有了很多的产业化方向，例如旅游的开发，和近几年兴起的休闲经济的开发，谭宏认为当下，要使文化遗产得到保护和传承，发展休闲经济也是重要的手段，休闲经济的发展让文化处于"活态"的氛围之中，这样既可以更好的保护和传承文化遗产，也可以使人们感受到文化独特的价值和感染力，唤起文化传承的记忆和热情，增加文化认同，形成文化传承的自觉认知。

（三）旅游开发的文化传承方向综述

国内关于乡村文化传承产业化的研究，讨论最多的是通过发展乡村旅游传承文化，乡村旅游的产业化来取得乡村的文化品味的提升，发掘乡村优秀旅游资源，创造文化品牌，提高乡村文化知名度。发展乡村旅游一方面可以增加村民收入，为文化的传承和保护提供资金的支持和积累，另一方面，通过旅游使得地域文化得以传播和延续。

葛宏在论传统草原文化保护与草原旅游发展的文章中讨论民

族文化与旅游发展的关系，提到要把握好旅游开发的"度"的问题，要找到既能发展旅游业又能保护传统文化的平衡点，使旅游既能够从优秀的乡村传统文化中吸取营养，同时取得经济的发展又能够反哺于乡村文化传承。

其实，纵观国内旅游开发保护文化的经验证实，乡村地区旅游业的发展对乡村文化的传承与发展是一把双刃剑。一些乡村通过发展乡村文化旅游，虽然使村民增强了文化认同感，使文化恢复了些许活力，也获得了经济的受益，但同时在旅游业开发中，有许多乡村文化出现了传统文化的变异，这对文化传承产生了负面影响。虽然旅游开发对文化传承有利也有弊，但乡村文化旅游的开发，对于一些濒临消失的乡间传统文化仍是一剂救命良药，我们需要更深入的研究如何才能最大化乡村文化旅游的积极影响，同时降低其负面影响，这也是研究旅游对乡村文化传承影响的根本出发点。

要发挥乡村文化旅游积极影响的最大化，文化传承、旅游开发的主体都是人，要是文化在活态的环境中不断的发展，文化需要适应当代阶段的经济社会环境，还需要得到文化主体的认可。文化的传承性是本质的属性，在乡村进行文化旅游开发培育传统文化的孕育氛围，例如价值观念、思维方式、生产生活方式等，从而能够使文化传承更水到渠成，文化传承机制也更全面、顺畅和人性化，从而，使乡村旅游业的开发与和乡村文化传承更好的融合。

（四）文化符号强化的文化传承方向综述

对乡村中文化符号的提取和强化，对乡村文化传承有直接作用，胡立辉认为，乡村文化的传承需要挖掘出人们对乡土的原始意识，唤起人们对乡土生产生活方式的记忆，最终将其积淀为一种文化的认知符号。对于当代的设计师和规划师，在对乡村文化传承的安排中更应该提取乡土文化符号，并在文化景观、建筑中加以强化，使传统乡村文化脉络和基因得到传承和延续。

要从根本上理解文化因子与文化脉络，就需要对传统文化中的文化基因进行研究。王海宁认为，保护传统聚落风貌的关键是在物质空间中保留和展示城镇文化基因。文化传承的方式有很多，比如对文化基因进行鉴别与升华以及对文化基因进行巩固强化等。我们可以站在文化基因的角度去审视各类乡村文化形态以及多元文化因子在乡村的影响程度，从而可以在建设乡村的过程中，通过强化各文化因子使乡村文化得到良好传承。王媛钦从文化基因的角度对村庄的聚落形态进行剖析，研究在快速全球化和快速城市化进程中对村庄文化进行合理规划和广泛传播文化基因，以此来传承和发扬乡村文化和乡村风貌。认为进行乡村聚落规划要以利用文化基因相关理论深层次分析乡村聚落的形态根源为基本前提。

（五）乡村建筑文化传承综述

在我国，也是建筑师们更早的承担起了文化传承的重任，建筑文化的传承，可以通过外在的形式和空间的表达来传承建筑文化，传统的建筑文化符号与现代的理念的融合来传承建筑文化等，都在一些著名的建筑大师的作品上得到体现。

刘艳认为，传统建筑文化的表达应从地域建筑空间的特色，尊重建筑所处的自然与文化环境，地域性建筑语言的更新等方面传承地域建筑文化基因。传统的建筑文化，具有象征性、结构性和形式主义的特点，汝军红等对其特征进行了研究，并认为，建筑文化的传承，需要意识审美、建筑技巧和功能以及宗教制度和空间关系表达等相互间进行转化。

当代，在城市化进程中，城市的现代化与城市中传统建筑的保护与开发的矛盾日益明显，很多学者已经开始关注传统建筑文化之于城市的意义。

关于我国传统建筑文化的研究有很多，但不难看出这些研究存在着问题：①研究对象多是著名的古城、历史街区或者是旅游城市，对散见于小城镇甚至农村的传统建筑文化的保护与开发未有过多关注，忽视了一般性的传统建筑的保护和开发利用，而普遍这一般形式的建筑在数量上占很大比重。②从规划的角度对城镇化建设过程中的传统建筑开发意见，然而却忽视了本土居民的意见和看法。须知，当地居民的自主性与能动性对城镇建设与传统建筑的保护都是至关重要的影响因子。③现有的研究多从城市规划、旅游开发等视角枯燥的研究，缺乏考虑更多的环境因素，例如社会经济文化背景、乡村的社会结构、人际互动关系等。

（六）乡村非物质文化传承研究综述

非物质文化主要是通过口头讲述、亲身行为等来进行文化传承和文化表现，因此，刘焱将非物质文化的传承称之为"活态文化传承"。例如："蔡李佛拳"非物质文化遗产的传承，汤立许提出，需要当地政府领头，相关职能部门对其制定一系列保护传承措施，还需要充分借用多元化的效应和媒介来扩大文化的影响力，或者通过学术和文化交流展示文化内涵和精神；承办一系列活动提升其自身的品牌和知名度等。辛儒认为方言是非物质文化遗产的重要存在形式，保护方言有利于保护地域文化多样性。刘坚认为要对传统文化进行传承和发展，首先要清楚文化资源，对文化资源进行摸底，再按照"分类分层"的原则采取保护和传承措施，要把文化传承列入相关规划中，要强调政府的作用，即立法保护、财政投入，以及建立一系列保护和管理机制，最后是要重视教育和舆论的导向作用，增强民众的保护意识，为民族文化的生成提供社会条件。

民俗文化，是依附在人民的生活、习惯、社会行为准则、信仰而产生的文化。黄涛认为，想要弘扬和传承民俗文化可以通过对传统节日的创新来完成，传统节日的复兴对文化保护、以及美好社会构建有促进的作用，也是进行文化传承的重要契机。王彦达等也认为，民族节日是传承民族文化的重要载体。各类乡村文化、传统民族文化、民俗文化都能够通过节日节庆的方式来展现，节庆活动能够集中的展示文化的底蕴，因此民俗节日节庆活动能够传承优秀传统文化的精神，振奋文化繁荣。

教育是文化传承的根本途径，在外来多元文化相互碰撞的时代要求下，文化传承也体现为文化相融合的过程。孙杰远强调，教育对少数民族文化的传承的根本作用，学校教育、家庭教育、社会教育和自我教育都是文化传承的重要途径。谢婷婷从桂剧的传承开发探索中提出，将特色文化纳入一些职业教育，例如设置相关专业培养专门人才；开设文化选修课程，让所有学生都能够学习乡村地域文化；邀请地域文化的传承人，或者是相应文化的艺术家，来学校授课或者开讲座进行传艺，保证高质量、原风貌的教学。

传统手工艺，与我国悠久的文化传统密不可分，目前我国正在经历的全球化、城市化发展历程。在经济迅速发展的过程中，传统手工艺曾一定程度被忽视，甚至被遗忘，传统手工艺不仅与我们的传统联系在一起，也与当代生活息息相关，作为活态的文化传承于民间，和我们最原始的乡村生活状况、生产生活息息相关，在某种意义上，传统手工艺是传统文化的根本。传统手工艺文化是生活化的文化形式，在当代也有着不寻常的作用。

人们普遍认为，保护培养传承人与传习人是非物质文化传承的核心。刘锡诚对于非物质文化传承这样说，"传承人是非物质文化遗产的重要承载者，是活的宝库，又是非物质文化代代相传的传递者。"中国民间文艺家协会主席冯骥才说："民间文化的传承人每分钟都在逝去，民间文化每一分钟都在消亡"。因此，对非物质文化的传承以及传承人的保护，要创造一个有利于文化传承的环境或者活动，也就是杨广敏所说的，在当下要建立一个是以文化保护和传承的空间，在尊重文化的观念下进行文化传承。在这样的文化空间中，传承人要发挥文化传承的主体作用，可以采用带徒传艺的方式进行技艺传承。因此，在手工技艺的传承过程中，树立对文化尊重的生产观念、建立一个保护性为主的文化空间、发挥传承人的主体作用以及带徒传艺的方式是应该提倡和选择的传承途径。

【导学案例解析】

明月湾有着古代遗存的建筑群落，有着在此生活的当地居民，是一个活着的历史文化乡村，地理环境又决定了它悠然宁静自成一方土地的特性，这里远离了喧嚣远离了人群，而村落的古建筑也彰显了它在一个个年代后特有的一种宁心而古朴的生活方式，更因为这里生活着世代的村民，他们代代在此生活，有一种特定的自己的不同于城市的生活方式。明月湾的文化传承，注重了保护和传承明月湾的自然环境特质、空间格局、丰富的历史遗产遗迹，以及这种淳朴的、土生土长的、返璞归真的生产、生活方式。传承明月湾的原真性，通过适当的旅游、养生体验，找到一种与恬静古朴生活的对话，对明月湾的乡村文化进行原真性的传承。所以其发展的模式主要采用文化的传承方式。

一、原生态村保护模式

保护和传承明月湾古村的自然环境、整体的传统空间格局、古村的建筑以及各类历史文化环境要素。强化历史古村的空间配置，对丰富的历史遗存要进行原真性的传承和保护，以求如实的反映历史遗存的状况，对文物点以及沿河沿街的传统风貌保存较好的建筑，建筑质量和建筑风貌较好的地段，保护其原真性，原真性的生活方式、生产方式的体现，如果需要对个别的构件进行修缮，要修故如故。历史建筑原有的结构保持不动，局部的修缮和相关的整治美化工作，传承建筑的历史格局和建筑历史风貌，最外部的环境进行"修旧如旧"的同时，要对建筑的内部进行更新、改造或者是调整，配置功能性的厨房、卫生间等设施，提高了村民的生活质量。对明清传统建筑比较集中的成片的建筑群区域，要整体保护。

关于相关的历史文化，依托吴王西施赏月画眉的历史典故，加上充满历史沧桑感的古码头更楼等古建筑，与湖光山色、千年古樟所创造出来的绝佳意境，补充渔趣，以水的柔美、沉静之感，古樟的历史感，创造一种追寻古人足迹的气氛。让人体验到历史文化氛围。以独特的石板街为串联主线，加强明清古建所创造的历史气息。丰富湛然驿站、茶楼功能，是整个景区更显灵动，以固态静止的永恒画面为游客娓娓道来明月湾古村的故事，吴文化的故事，展现明月湾的文化底蕴。

二、原住民民俗风情、田园养生体验

把原住民集中居住的片区，以及历史建筑保存较好的建筑群片区，保持原汁原味的原住民生活气息，维护沿街沿河的民俗地域特征，完善基础设施等，整体性的原真性的传承明月湾的民俗风情文化。明月湾依山傍水，三面群山环绕，全年树木郁郁葱葱，区位隐蔽，深得世外桃源的美好意境，环境优美，居住在这里人身心愉悦，忘记城市的嘈杂与喧闹。古时，就有人闻名而迁居明月湾，南宋金兵南侵，大批高官贵族到西山隐居，有谏官邓肃、抗金名将四川宣抚使吴璘的儿子吴挺等到明月湾定居。可见，明月湾的田园养生开发来传承明月湾的文化是一个好的途径。苏州的人们可以来这里定居，或者是跟大自然零距离接触，深入这里的原住民家，体验采橘、采茶、采白果等的乐趣，品尝明月湾的绿色养生美食，如碧螺春、杨梅、枇杷、太湖湖鲜等。

三、根植血缘基础

用有苏州地域文化特色的手法，在与周边环境不冲突，不违和的情况下，根植彰显文化特色的文化要素，例如，生态环境文化的植入，对乡村中一些不美观的建筑等，进行苏州地域文化的植入（图2-1-6）。

例如，瞻瑞堂位于明月湾村东南部，始建于清乾隆年间，现存

图 2 – 1 – 6　建筑文化的植入

的建筑面积有 900m²，纵向有两进，明月湾的保护规划中，将瞻瑞堂作为一个民俗博物馆进行整修开放，第一层用作民俗场景（如会宾客、婚嫁、祭祀等重大节日庆典）的展示和少量的管理用房，二层则用作传统生活用品的展示和成列，以及关于瞻瑞堂的历史、建筑的文字和图片介绍，摄影作品展览等（图 2 – 1 – 7）。

图 2 – 1 – 7　瞻瑞堂历史文化的植入

模块二　乡村景观意象与格局

【案例导学】

川西林盘是成都平原上所独有的传统乡村地域文化景观，作为集生产、生活和景观一体的复合性农村居住风貌，它在特定的地域环境与文化背景下形成并留存至今，成为川西传统农耕时代文明的结晶。由民居院落、竹树木、渠塘和外围的耕地等自然环境共同组成的林盘，像一颗颗翡翠星罗棋布的洒落在乡间田野，形成一个个优美和谐、形如田间绿岛的农村居住环境形态。当走在川西平坝上，远远就能看见一丛丛竹树林突现在一望无际田野中，顺着蜿蜒的田埂路走进，并延伸到密林深处可看到数户人家，林里人家闲时会在自家的林荫宅院里休憩纳凉，忙时在林边的田野上辛勤劳作，过着与世无争的世外桃源生活。那么，林盘的景观意象都有哪些元素呢？

任务一　乡村景观意象的构成元素

一、乡村景观意象概述

土地是有生命的，乡村作为世界上出现最早、分布最广泛的地域类型，在漫长的历史进程中孕育了各具特色的地域文化，形成并留传了众多独特的人文景观风貌。通常在乡村地域范围内，农田，村落，道路，河流等不同类型的景观相互组合，呈现出独特的景观特征和格局，被称之为乡村景观。乡村景观是地理、经济、人文、自然等多种现象的综合表现，是集合聚落景观、经济文化景观和自然景观特色为一体的地域综合体；它包含着美丽的田园风景，浓厚的地方生活气息和丰富的精神文化内容，经过了千百年的演化传承，成为大地景观的一个重要组成部分。

由于地域性的不同，乡村景观在景观和文化特征上又有所差异，表现出典型的地方性和文化性，著名学者孙艺珍认为：传统乡村地域文化景观是存在于特定的乡村地域范围内的文化景观类型，它在特定的地域文化背景下形成并留存至今，成为纪录乡村地域人类活动的历史和传承乡村传统地域文化的载体。其显著的特点是保存了大量的物质形态历史景观和非物质形态传统习俗，与其所依存的景观环境以及人们综合感知而形成的景观意向，共同形成较为完整的传统文化景观体系。在地球上广阔的乡村空间孕育了丰富的乡村文化景观类型，例如菲律宾吕宋岛的水稻梯田景观、荷兰扎达姆风车村的田园牧歌景观、中国皖南的风水古村落景观、德国新天鹅堡景观、法国普罗旺斯薰衣草庄园景观和捷克克鲁姆洛夫农业景观等，这些美丽的地域性乡村文化景观是人类共同的文化遗产和景观财富。

乡村景观意象，是指人们对乡村景观的认知过程中，在信仰、思想和感受等多方面形成的一个具有个性化特征的景观意境图模式。根据景观意象的形成、来源和过程，将乡村景观意象划分为原生景观意象和引致景观意象两大类，原生乡村景观意象是通过对乡村的亲身感知后获得的景观意象，而引致景观意象是通过一切媒介所获得的景观意象，获得引致景观意象的途径很多。在历史时期，人们可以通过小说、诗歌、风景画等，获得某一乡村的景观意象。随着现代科学技术的发展，人们在通过传统手段的同时，通过影像技术、信息技术等获得引致景观意象。

二、乡村景观意象的构成

随着市场经济的发展，在意象逐步成为产品形象塑造的关键环节和超越价格、质量竞争的商誉的历史时期，宣传形象的各种形式的广告，成为了诱导景观意象的重要的最直接的途径（图 2 - 2 - 1）。乡村景观意象是乡村景观规划的基础，同时，适当、准确、标示性强的乡村景观，又是乡村景观规划所追求的目标。在乡村景观意象明确和具有特殊保护价值的乡村景观规划中，继承和保持传统景观和景观意象是景观规划的最高原则；而在缺乏地方性和以现代景观为主体的乡村景观规划中，是以充分发挥人的景观创造性，规划最具有时代性、先进性、生态性和较高美学价值的乡村人居环境景观为原则。乡村景观意象是乡村景观规划的控制核心。日本美学家今道友信说，它是一种"浮游于形态和意义之间的姿态"。

图 2-2-1　乡村聚落景观

乡村景观意象的组成系统即乡村意象的载体展现体系，主要包括：乡村聚落景观意象，乡村建筑景观意象和乡村环境景观意象。

（一）乡村聚落景观意象

聚落实质上体现的是一种关系，不同的环境孕育出不同的人与地关系，以及在此之上的所生长的社会、经济、文化关系。乡村聚落是千百年来，我们的祖先们在与其所生活的环境之间形成的一种顺应自然的依附关系，而又因为各地实际情况的不同而表现出来的不同的聚落形态。乡村聚落景观规划首先也必须是在尊重这种和谐的人与地关系的基础之上的规划。这是因为，中国乡村聚落是我们的祖先遵从"天人合一"朴素生态观的体现。我们的乡村聚落强调自然为根本，关注人与环境的关系。人类只有选择合适的自然环境，才有利于自身的生存与发展。人们通过赋予住所及其周围的地景一定的人文意义，才使住所与自然环境结为有机整体，形成"天人合一""天人互补"的意象。这是人与自然和谐相处的典范。它比现代的生态思想以及可持续发展的思想提前了数千年之久，是我们乡村聚落的精神和本质之"精华"所在。

　　然而，一些问题也逐渐暴露出来：我们现今的建设往往将乡村按城市的模样"打造"成同一面孔，也象城市一样强调功能、风格、装饰和艺术手法，而很少考虑栖居于其间的人的精神本质与需求。这种过分的文明割裂了人与自然的遗传关系，人们越是处于被粉饰和精致技术文明的繁荣假象中，就越感到远离了居住的精神本质。现在我们的乡村已经丧失了本地区、本民族的乡村话语，甚至让人们感到传统的家园感正在"城市化"的浪潮中日渐消失。所以，尊重传统乡村聚落意象，尊重当地聚落空间形态，保持乡村文化的连续性和持续性，这是人本性的一种回归。也是时间、空间轴上的"根基"，它使我们找到栖居的家园，心灵的归宿，生活的原点。而不至于萌发空虚、孤独和失落感。同时也表现出了对人的本性的深刻了解和自信感。

　　乡村聚落景观形态相对于城镇聚落而言，因不受统一的形制约束，而表现出相对的自由灵活，不拘一格。但这并不是说，乡村聚落景观的表现形式就是随意而杂乱的，相反，它来源于本来就不同的风土环境、文脉传统、生活习俗等。受到宗法观念、宗族礼制、风俗民情以及文化心理等因素的影响。所以，呈现出丰富多彩的乡村聚落景观意象。

　　对于不同地域的乡土聚落而言，其形态的诸多变化是经过长期历史时期演变而成的，受到自然因素和社会因素的多元影响。它既反映景观的自然属性，也反映景观的文化属性。其中，自然环境对空间形态的影响与人类社会生产力的发展水平密切相关。尤其当人们还处在对自然界顺应依附的封建时代，产生的聚落对周边环境就有着很强的适应性，而这种适应性表现在聚落形态的空间布局上就是所谓的民族地域特色。因而，不同的自然环境，造就不同的空间布局，形成变化丰富、灵活自由的格局。比如：山地聚落或沿等高线的变化呈内凹的弯曲形式，借助山势作屏障，多位于山坳，具有向心、内聚的感觉，具有更多的安全感；或沿等高线呈外凸的弯曲形式，多位于山脊，具有离心、发散的感觉，视野开阔，利于自然通风。平原村落很多因受自然地势的制约较少，表现出比较规整方正的布局，出现了城墙、街道、店铺、院落等。如山西省的平遥等。

乡村聚落景观的规划，需要我们对传统乡村聚落进行深入的调查了解。乡村景观意象是反映独特地方性景观特征的遗存，它本身的复杂性，造就了它的唯一性。它们承载着丰厚民族历史文化沉淀，而正是这种具有强烈地域特色的文化沉淀吸引着世人前往一探究竟。尊重传统聚落形态，尊重和谐的地缘关系，寻求它们内在的精神和本质，是现存聚落景观意象识别、塑造和形成鲜明形象特征的基础和根本。

（二）乡村建筑景观意象

乡村建筑景观意象在中国不同的地区，不同的民族，都有自己的民居建筑形式。具有鲜明的地方特色和民族风格。这些特色由多方面相互影响的因素构成，如地理环境、生产方式、区域文化、经济发展程度、价值取向和审美趣味，还有有限的可供选择的地方建筑材料以及建造技术等。

中国广袤土地上的乡土建筑是我们民族最珍贵的遗产，它是构成乡村整体意象的关键部分，是影响和决定乡村特色的基本要素。乡土建筑风貌不仅要展示地方特色、体现品格、传递信息，而且也在反映着情感的传递。研究乡村意象，抢救有价值的乡土建筑，是新农村建设工作的重要组成部分。我们必须对传统乡村建筑进行深刻研究，吸取它内在的精神和本质，创造现代的乡村建筑景观意象。

乡土建筑的营造，从来就不仅是一个视觉形象的问题，同时也是人与自然沟通，以及人在自己居住世界中的位置问题，是一种适应与变化的精神和本质的体现与表达。我国受儒道思想影响，崇尚"天人合一""以天道质人事""以人事观天道"的哲学思想。因而乡土建筑在建造中，非常注重人与自然的沟通，建立了朴素的环境观、生态观。体现在乡土建筑的选址与因地制宜布局、营造中。乡土建筑往往选择在依山傍水的地方，受良好自然环境的护佑，有山的挡风聚气，有水的滋养浇灌。布局中避阴朝阳，错落有致，以利采光、采暖和通风。如湘西地区、湖北省、重庆市、四川省等地的吊脚楼。这些干栏式住宅建筑，因地就势，既不破坏地貌，建造方便、经济，同时又因高低错落，而极富层次和变化之美。例如，"福建的土楼"就是当时为了防御外敌，聚族而居的独特圆型建筑形式，这种用夯土建造的群体楼房住宅，特别是一座楼便是一个村庄和庞大的防御工事，被称为："世界建筑之瑰宝"（图2-2-2）。

图2-2-2　福建土楼

另外，在建筑形式上，不同地区因气候条件，地区资源以及生活方式的不同，产生不同的地方建筑形式。如南方多雨地带，形成深挑檐的大屋顶。

乡土建筑一般具有可延伸性，这也是乡土建筑为适应而形成的一大特色。随家庭成员的增加，大多乡土建筑都可向四周延伸，从三合院到四合院，再到院落的组合，院院相连，可形成一个族居家族，一个村落等庞大的建筑体系。这些，与现代建筑的静态规划理念相比，乡土建筑的动态理性法则显得更为先进。

　　乡土建筑的可延伸性还表现在良好的通用性上，这也是中国木结构建筑的营造特点，将预先加工好的构件进行拼装连接，形成规模化生产，这与现代建筑如出一辙。这些都是乡土建筑精神和本质的精髓。

　　但是，在乡土建筑的变化方面，为了适应不同的客观条件，也逐渐发展形成了丰富多彩的变化体系。可谓"麻雀虽小，五脏俱全"，发展出丰富多彩建筑体系。首先，常见的有：①居住建筑体系，如各类街巷、堡子等；②宗法建筑体系，如宗祠、表坊等；③交通类建筑体系，如各类桥梁等；④社会公益建筑体系，如义仓、义学、社仓等。其次，乡土建筑具有丰富多彩的建筑形式，同样的四合院结合不同的地域特色产生不同的形态。例如：北方的四合院，坐北朝南，布局规整，由四面房屋围合起一个庭院为基本单元组成，整体上显得严谨有序（图2-2-3）。

图2-2-3　北方四合院

　　江南的天井院清秀灵致，或成排连片，纵横交错；或山墙起伏，庭院深深（图2-2-4）。显示出这一地区建筑的特色。

　　另外，为适应环境，乡土建筑在式样上也产生了不同的变化。比如同样的坡屋顶，山西民居与川西民居的坡型，倾斜度不同；山墙功能相同，但不同的民居，样式也迥异。建筑材料方面

图 2 - 2 - 4 福建天井院落

也因地区资源差异，一木、一竹、一石、一砖都会显出丰富多彩的变化。这些不同地域乡土建筑独特的印记，形成了当地特有的地域风情和人文意象，成为我们乡村意象得以展现的重要组成部分。

（三）乡村环境景观意象

乡村环境景观意象中的乡村环境是人类借以生存和活动的客观实体背景，与人们形影相随，共时共存。在乡村意象的载体展现体系中，乡村环境是乡村意象最直接的物质基石，往往以借景的对象出现；在影响乡村意象的诸多因素之中，是相对稳定的元素。这些都是它最显著的特点。乡村环境景观主要包括乡村自然景观和农业生产景观。

首先，乡村自然景观自古作为传统农业的基础和"本底"，在人们心目中，是神灵护佑的理想空间，历来受到人们的尊重和保护。在人类经历"人定胜天"的狂想，并且遭到了自然的报复之后。现在人类又重新认识乡村自然景观，予以自然环境重新评价。人们发现，乡村自然环境不仅仅提供了优美的视觉、精神享受，更重要的是，它是人们生存的必要条件，是赖以生存的农业生产系统中的庇护者。对于乡村自然景观，进行生态建设规划是一项重要的工作。我们需要对区域自然生态系统特征与功能机制深入研究，构建符合该地区自然生态的安全生态格局。并对于维持景观改变中生态过程特别重要的景观单元，如水源涵养区、农田生态防护带予以保护和加强。景观安全格局的应用是乡村环境意象规划的基础工作。

其次，农业生产景观中，农田生产系统是农业耕种的场所，是经过几千年劳动人民的辛勤开垦，在地球上产生的乡村重要的经济地域单元。农田生产系统由于自然资源、农业技术和耕作方式等因素的差异，不同地域的农业生产景观呈现不同农耕面貌。有北方大漠的"逐水草而居"的游牧农业生产系统；云南哈尼富于诗意的梯田农业生产系统；江南水乡纵横交错的渔米农业生产系统等。这些不同的农业生产景观呈现在人们眼前，使人不由的联想起丰富而深厚的地域农耕文明，它们也是构成了乡村景观意象的有机组成部分。另外，农业生产景观还包括现代农业设施景观。随着社会经济形态以及乡村资源利用方式转变，建立高效的人工农业生态系统是农村发展的必然趋势。它们也是构成了乡村生产景观的重要内容。

任务二　乡村空间形态与图式语言

景观的"图式语言"是景观语言理论的有机构成。图式表现特定概念、事物或事件的认知结构，它影响相关信息的加工过程。瑞士著名心理学家、教育家皮亚杰认为："图式只是具有动态结构的机能形式，而不是物质形式"。图式就是主体对于某类活动的相对稳定的行为模式或认识结构。图式语言是运用图形作为事物的基本范式表达的语言形式。景观生态化设计的图式语言就是以图式为表达形式，构建起以生态过程为依据，由景观要素、空间单元、空间组合依次耦合形成的具有尺度、秩序、语法、意义等功能的生态景观的语汇体系。

传统地域文化景观所具有的地方性特征深刻反映在生活、生产和生态环境等物质空间中，并形成独特的图式语言，呈现出不同的物质空间形态和组合特征，构成独特的文化景观格局。这种格局具有典型性和模式化特点，成为文化景观表达的图式语言。

建筑与聚落是传统地域文化景观中的居住生活景观类型，而土地利用是在人的作用下产生的景观。土地利用是居民从事农业生产和农耕文明的直接反映，又是在农业生产过程中认识自然和利用自然的具体形式。从整体人文生态系统理论来看，由于农业活动属于半自然、半技术生态系统类型，土地利用景观则综合表达出自然与文化景观的综合特征。同时，由于土地利用受到地形、水体、耕作方式、农业类型、人口规模等因素的具体影响，不同自然环境的土地利用类型不同，形成的土地利用形态也不同。

从典型地区的土地利用肌理对比来看，江南水乡的土地利用形成了边界极为不规则、类似于细胞结构的土地利用形态；珠江三角洲平原的土地利用，则形成了形态极为规则的"基+塘"结构的土地利用形态；皖南徽州文化地区因地处低山丘陵，形成了依势而走的"坝地+梯田"相结合的土地利用形态；而在北方中原地区因属土地平坦的旱作农业，土地利用多呈现出以长方形为基本形态且规则分布的土地利用特征，土地利用形态单元较其他地区都要规整，具有较大的单元面积。这些差异直接揭示出地域文化景观的特征和其形成肌理。土地利用形态和肌理成为重要的传统地域文化景观的语言图式。

一、乡村空间格局的图式语言

一片片金黄色，深深浅浅的绿色大地基质，和一簇簇深绿色不规则的斑块（林盘）点缀其间，这就是川西林盘最经典的航拍图（图2-2-5），从整体的空间格局来看，川西林盘，大小不一，形态各异，如一个个田间绿岛般星罗棋布地散落在平原大田之上，呈现出"绿岛—农田"不断镶嵌的景观格局和"宅基地—农田"相结合的土地利用形态；就单个林盘聚落而言，其内部空间格局没有特殊的规律可循，宅院内的小户人家皆为独院，周围环绕着高大的树木或竹林，边缘一渠溪水绕过，每户占地约（含林木地）100m² 以上；民居宅院之间布局较为随意，一般 10~30户形成一个大林盘，3~5 户组成一个小林盘，最外层的广阔农田和水系又将整个林盘包裹，从宅院到农田半径通常在 50~200m之内。

图 2 - 2 - 5　乡村景观格局

因而，一个完整的林盘是由林园、宅院、外围耕地和水系共同组成，通过圈层围合的方式组合起来，在水平空间形态上，"田—林—宅院"空间过渡层次明晰，特定的组成要素和围合方式赋予林盘环境优美，气候怡人，居住舒适，劳作方便的优点，让林盘成为层次丰富而高度和谐的生态居住景观。

二、环境景观形态图式语言

（一）建筑与聚落

建筑与聚落是广泛认同的地方性传统文化景观的典型。建筑与聚落是人为了在自然中长久生存而营造的安全据点，是人们对自然界独特的认识，并因此建立起的具有依托自然又抵御自然的对立统一体系。建筑与聚落生活空间的营造充分反映人们对自然和社会建立的独特知识体系，成为传统地域文化景观的典型代表和反映传统地域文化景观的直接图式。

（二）典型的植物群落

中国人的居住文化不仅体现在建筑及其空间营造和使用上，而且还体现在以居住和生产空间为中心形成的独特植物群落文化中。居住空间的房前屋后和庭院的植物在突出地方性群落文化的同时，彰显主人的个性和文化偏好与精神寄托。其中，银杏、垂柳、竹子、梅花、栀子、芙蓉、桂花、蜡梅、美人蕉、荷花、菊花、牡丹等都成为居住文化中不可缺少的成分，揭示那种向往"高洁与富贵"的精神寄托和生活写照。而柿树、核桃、枇杷、棕榈、石榴、榕树、芭蕉等构成的庭院群落成为乡村景观的典型代表，彰显出农家庭院植物代表的"平静而满足"的心境和实用功能。在生产空间中的路边、田边、渠边和库塘边的植物与居住空间不同，多形成以分权高、树干直的高大乔木为主，既不影响农作物的光照和生长，又有效抵御了风沙的侵害。我国北方的杨树、南方的水杉等都是此类植物的代表。另外，在我国一些地区的公共性生产空间也会形成诸如以榕树、皂荚、金合欢等为中心的集会空间，兼顾服务生产和生活的双重功能。

（三）水的作用

在传统地域文化景观构成中，水不仅是重要的景观要素，而且支配并引导着景观的形成和演变。因此，人类生活和生产过程中与水体的关系和水的利用，就成为了地方性和传统性地域文化景观的重要体现。在江南水乡中，水体成为所有生产、生活的中心和轴线，从聚落与水的关系上可以看出，所有的建筑都沿河布局，形成线性分布并成为聚落的轴线和生活、活动的主要场所。皖南徽州的聚落大多位于水体的一侧，形成邻水的格局，村落并不以河流形成轴线，而是在河流的一侧形成聚团式的发展并形成聚落自己独特的发展轴线。在珠江三角洲，聚落往往形成与水体环绕的利用关系。

依据中原大地因旱作平原的特征，地下水和雨水的利用成为主导因素，河流并不能成为控制聚落发展的关键和瓶颈因素，聚落形成了均匀分布且形态规则的聚团式发展格局。水在各地区引导景观形成和发展的动力机制是不同的，它根植于传统地域文化之中，成为反映地方性的重要特征和图式语言。

任务三　居住模式与文化图式语言

居住模式是长期历史过程中在地方性知识体系支撑下，综合考虑周边自然环境、土地资源与利用、建筑与聚落形态以及水资源利用方式后形成的整体景观特征与格局。居住模式是传统地域文化景观的综合反映，也是地方性景观的内在体现。在江南水乡可以清楚地看到，沿水系分布的住宅组成的"线性聚落—聚落两侧的农田—交织分布的鱼塘"，构成了典型的江南水乡居住模式。在珠江三角洲平原则形成了组团式块状聚落—形态规则的基（农田）塘（鱼塘）景观格局和居住模式（图2-2-6）。

在皖南丘陵山区则形成了背靠山，面向谷地，村前溪水流过，以及沿谷地延伸的"坝地＋梯田"组合而成的农田格局形成的山间居住模式（图2-2-7）。

在中原广阔的大地形成了形态规则、分布均匀的组团式的居住模式。居住模式是在历史发展过程中形成的动态过程。随着社

图 2 - 2 - 6 （鱼塘）景观格局

图 2 - 2 - 7 山间居住模式

会经济发展和对自然认识的不断深入，居住模式不断改进适应自然和社会的变化，是地方性知识体系的综合体现；同时，随着地方性知识体系的扩展，形成了以地方性知识为主导的独特居住文化，两者相互影响，形成有机的统一体。

【导学案例解析】

林盘作为一个完整的景观体系，是由林、水、田、屋等要素相互组合，共同构成了川西特有的田园风貌（图2-2-8）。林盘的物质空间形态和组合特征，深刻反映在林盘的空间格局、环境景观形态和地方居住模式以及文化中，并形成特定的图式语言，这些图式语言成为系统解读林盘地域乡村文化景观体系的关键。

图2-2-8　林盘地域景观

当漫步在成都平原的乡间田野，处处可见一个个如小山般隆起的丛林，顺着农渠走近一看，一个个别致淳朴的农家小院掩隐其中，推开一户人家茅檐青青的院门，大小适度的天井，宽阔的檐廊和规整有序的堂屋厢房迅速映入眼帘，如果坐在干净整洁的天井内小憩，抬头便可看到绿色的树叶，蓝天白云，和偶然掠过的白鹤，田园生活的宁静美好在瞬间中定格。

林盘的环境景观形态图式语言就是一幅周边沃野环抱，中间密林拥簇，小桥流水的美丽画卷，林盘内建筑聚落与自然环境相互融合，浑然天成的气质和相映成趣美感就是林盘景观意向最典型的。田、林、园、水是解读林盘环境景观形态的图式语言的核心要素。

一、植物

林盘里拥有高大的乔木和茂密的竹林，将不同的农家小院包围和分隔，竹树林地的占地较大，约占整个林盘面积的30% ~

60%。林园内植被大多以水杉、银杏、刺槐、香椿、毛竹、慈竹、刚竹、苦竹为主的乡土树种，对于单个农家小院而言，一般都是前竹后林的模式（图2-2-9）。

图2-2-9　林盘乡村植物景观

二、建筑

传统的林盘建筑多为川西民居风格的木穿斗结构小青瓦房，通常由堂屋，厢房耳房，天井和院坝组成。根据人口、财力的不同，林盘内宅院平面又分为一字式、"L"形、三合头、四合头基本形式，建筑乡土气息格外浓郁，与环境呼应展现相互的质感美、自然美（图2-2-10）。

图2-2-10　林盘建筑

三、农田

林盘广为分布于成都平原上水田农业区，是中国重要的水稻、棉花、油菜籽、小麦等农作物产区，外围大面积的农耕景观赋予林盘强烈的田园色彩，稻、油菜、麦为主要色彩构成呈现黄绿主导的色调，为林盘的添加季相变化（图2-2-11）。

图2-2-11　林盘农田景观

四、水

林盘千百年的演进得益于都江堰水利工程，岷江之水被导入成都平原灌溉广大农田，为农业生产生活提供了方便就近的水源，使得林盘随田散居成为可能。从环境形态来看，对于林盘，水空间无处不在，大部分林盘都沿着主要河流走向分布的，所以大多林盘外围总有水渠绕过，流水潺潺，或围塘而居，成就了小桥流水人家的田园意境。居住模式和文化是传统地域文化景观的综合反映，林盘传统的生活方式，风水文化及其分家习俗是解读田园林盘居住模式与文化的图式语言。

在林盘中居住的对象以务农为主的农民，各户住在各自的田地旁，忙时到田野中辛勤劳作，闲时在自家的院坝内独享天伦，过着与世无争的世外桃源生活（图2-2-12）。

图 2-2-12　林盘院落

　　林盘建造基址常为平地，有水可寻却无山可依，故植高大乔木于房屋周围隐喻山体，以作挡"风"以聚"气之用，同时"山"水交融，形成"背山面水"风水格局，表现出典型的风水文化特征。例如，①分家习俗。通常是以姓氏（宗族）为聚居单位，林盘内居民大多为近亲，宗族兄弟，分家后，常采用搬家，另起房屋，开辟林园、田地，或在四合院里分屋住，抑或在原有房屋处另接厢房以过渡等多种形式，因此分家习俗使得林盘的居住形态处于一种自然生长，弹性变化之中。各式的农家宅院的布置也随机组合。②公共交往。林盘居民的公共交往行为通常发生在院坝，林园，田间地头，或祠堂，土地庙，会馆等公共建筑里，具有独特的乡野情怀。

模块三　美丽乡村建设重要策略

【案例导学】

　　括苍镇是国家历史文化名城——临海市西部一座文化沉淀深

厚的名镇。括苍景区地理环境十分优越，西邻仙居省级风景区，
南有温州雁荡，北有闻名中外的天台山，东接临海古长城，正处
于浙东旅游线和浙南旅游线的交汇点。灿烂的历史文化，给括苍
留下了大量的名胜古迹和人文景观。有张家渡古街、明代抗倭名
将王士琦墓，南宋的张如锴摆渡，南朝陶宏景隐居处，元代大岭
石窟像，三十六口缸，传统的张家渡古民居、五透十三间，无不
诉说着淳朴的民风民情。距临海市区15km，距杭州250km。括苍
山，21 世纪中国大陆第一缕阳光首照地。主峰米筛浪海拔
1 382.4m，系浙东南第一高峰，山上建有全国第四大风力发电
场，那高低错落不断旋转的风机，与身后绚丽的自然景观交相辉
映，构成了一道亮丽的风景。云海、日出、风车被称为"括苍三
绝"（图 2 – 3 – 1）。

图 2 – 3 – 1　括苍三绝

岭溪村、下洋顾村位于括苍山下，永安溪畔。东临括苍镇象
鼻岩景区、张家渡村，南靠陶西村，北与湖新村隔着永安溪，两
村首尾相连被群山环绕，是一个相对比较平坦的谷地。优越的地
理环境造就了特色产业，形成了独特的产业文化。另外，丰富的
生态旅游资源和民俗文化促使岭西村和下洋顾村的进一步发展
（图 2 – 3 – 2）。产业文化：下洋顾村全村共有 415 户，人口 1 218
人，拥有耕地面积 29hm²，大白桃、杨梅、枇杷、柑橘等园地

67hm², 林地面积 120hm²。经济发展主要以水果业为主, 有象鼻岩风景点, 是台州市级生态村, 临海市园林村。该村于 2003 年建立了文化俱乐部, 投资 40 多万元建设成了文化活动中心。并于 2003 年 1 月成立了女子腰鼓队, 队员共 30 多人。当年, 还组建了舞狮队、扇舞表演队、篮球队、乒乓球队等, 做到忙时务农, 闲时组织开展文体活动, 极大地丰富了农村的文化生活, 提高了村民的文化素质, 不但赢得了广大村民的高度赞扬, 更带动了周边文化事业的发展。岭溪村全村 325 户, 人口 979 人, 全村种植各类水果 47hm², 并建有大白桃种植基地和浙江省森林食品基地。

图 2-3-2　括苍湿地花园村

岭溪村——桃花盛开的地方, 首届括苍山桃花节举办地, 独特的区位优势和浓厚的文化底蕴为全村科普工作的开展奠定了良好的基础。2008 年, 岭溪村被临海市科协列入科普示范村创建行列。

（1）生态旅游资源: 在括苍镇镇区西面的大象山, 有象鼻岩。从整体造型看, 中国 9 处象鼻岩中最形象最完美的就是括苍镇的象鼻岩。这儿的象鼻岩, 矗立在碧波荡漾的永安溪南岸, 露出半个身子, 两条粗细不等、长短不一的象鼻柱凌空插入溪流, 从远处看, 恰如一只大象和一只小象依偎在一起, 掀鼻饮水。两只象鼻上方的外侧各有两个岩洞，恰如大象的两只眼睛，栩栩如生，难怪早在宋代时期，进士张汝锴便对此流连忘返，挥笔写下《咏象鼻岩》（图 2 - 3 - 3）。浮岩上还刻有宋代进士张俞仲"曾入苍舒万斗舟，至今象准蘸清流；君王玉辂催行驾，安得身闲伴白鸥"的《咏象鼻岩》诗。由于年代久远，浮岩上只有极少数的字能依稀可辨。

图 2 - 3 - 3　生态旅游资源

（2）特色产业：括苍镇的桃花节，在下洋顾、岭溪村一带举办，让越来越多的人知道了"桃花盛开的地方"，也催生了两村的农家乐发展。千树万树同吐蕊，万亩桃园共争春，桃花盛开、括苍逶迤，美丽景色尽收眼底；庭院舞台、现场剪纸，民俗民风原汁原味；摄影大赛、农家乐园，美图美食色味俱全（图 2 - 3 - 4）。

（3）民俗文化：在临海市下洋顾村的农民泥塑展台，几张桌子上摆了 12 个五颜六色、神态各异的泥人（图 2 - 3 - 5）。下洋顾村有一个戏台长久闲置，然而村里的老年协会的设备和运动器材等均比较完备，要在村内设置一个合适的场所方便村民开展文化娱乐活动。在全国美丽乡村建设的历史背景下，这两个村庄如何发展建设，需要相关的技术人员深入分析。

图 2 – 3 – 4 桃花节   图 2 – 3 – 5 泥塑展台

任务一 乡村建设整体策略

一、营建整体方法的提出

乡村景观的营建整体方法从本质上说是学习传统乡村景观的精神的根基，在新的时代发展背景下将自然生境、居住生活、经济生产进行整体考虑，从而实现三者的动态平衡与协调，最终实现自然、社会、经济的可持续发展的方法。借助于系统原理的思想、对营建方法的界定、以及对传统与现行营建方法的比较分析，我们提出营建整体方法是一个方法体系，包括内容、过程、格局、利益四部分为指向营建内容的系统性、营建过程的控制性、景观格局的生态性、利益主体的共生性。其中内容的系统性营建属于思路性方法，过程的控制性与格局的生态性属于技术性方法，利益的共生性思考属于思路性同时也属于技术性方法。

二、乡村景观营建整体方法的建构

（一）营建内容的系统性

整体的营建必然需要营建内容从局部到系统化的转变。乡村景观系统包括了生境、生产、生活子系统，各子系统之间存在着相互作用、相互影响的关系。乡村景观的整体营建不是停留在物质形体或是经济发展的层面，而是整体、全面地审视与协调生境—生产—生活之间的关系，最终实现"三位一体"的平衡发展。因此，在尺度上乡村景观整体营建的范围不局限于单体、村落景观，而是扩展到了包含单体、村落到村域的整体范畴，这也是营建内容系统化的必然要求。

（二）营建过程的控制性

汉宝德先生曾经提出，"现代化带来的灾害，不是新材料、新技术，而是西式的营造制度，亦建筑师与营造厂自设计至建造的全过程。西式制度是工业化的制度，设计家以创新为务，营造厂则必须按图施工。工匠与设计师的分离，使得良性的自然演进的过程无法产生"。对此，学者杨宇振进一步解释到"缺环是地方的施工"工头"——替代了传统匠师的角色，以及相当的乡村居民已经丧失了对传统地方营建文化的兴趣。"当然，在如今的建设大背景之下，彼时的匠师已由"乡村建筑师＋管理人员"所替代。但通过充分的村民参与，重建这种"匠师＋居民"的秩序也许是最接近乡村景观自然演进过程的方法。这种方法强调综合目标的实现、强调开放的村民参与、关注利益协调的一步步推进过程而非某张预设的蓝图，最终方案是不断协商后的结果，因此是动态的，输出的结果具有较强的可操作性。

在这种模式下，整个营建过程由封闭的、快速、大规模转向开放的、动态的、有机演进的过程。整体营建是一个包含了专业人员、管理者、村民、工匠等的共同参与，包含了自上而下和自下而上的、能够"循环反馈"的过程体系，目标在于通过不同环节的"控制"与"非控制"，培育乡村景观自然演化的良性机制，最终引导、推动系统健康的自组织演化、使景观自发呈现完善、有机、多样的特征。这是一个由专家体系向开放体系建立的过程，是一个传统匠人营建机制"修复"的过程，是一个推动村民参与、自发、自觉、互助合作的家乡建设的过程，也是一个社会整合的过程。

（三）景观格局的生态性

整体的景观营建将产业纳入进来，尝试实现生境、生产、生活的整体思考与一体化协调发展。这三者中，自然生境、历史文脉的保护是基础，但这种保护也不是静止的保护，而是直面乡村建设面临量的扩张、质的提升的双重需求，在需求与矛盾之下，更加合理的利用自然、提升村民所期许的生活品质，实现自然保护、文脉传承与发展的平衡，最终实现生态、社会、与经济的平衡发展。

作为一个生境、生产、生活高度复合的生态系统，景观格局的生态性指向系统的循环再生能力。这更多的强调人与自然的协调关系，体现资源的保护、集约与高效利用，以及系统机能的优化、提升。

（四）利益主体的共生性

对于人类复杂活动参与的乡村景观，景观生态学尚不足以解决乡村景观营建中的所有问题，而还需要运用共生原理的思维平衡多元主体的利益之间的关系，使其互相作用，互相促进。整体的营建在过程中针对专业人员、管理者、外来资本、村民、游客等不同的利益主体，通过共同参与讨论、协商、平衡、以及适当的空间策略，来共同评价与决策景观的利益归属。协调多主体利益的共生平衡，也因此能够兼顾生态、社会、经济效益。

乡村景观的营建涉及自然、社会、经济等很多方面，涉及的相关学科理论也比较多。其中，系统论原理是乡村景观营建方法的总理论，控制论原理、景观生态学原理、共生原理等是实现各景观子系统、要素之间的协调与整合理论。研究通过对系统论、控制论、景观生态学、生物共生等原理的分析，提出了作为体系的乡村景观营建的整体方法，包括营建内容的系统性、营建过程的控制性、营建格局的生态性、以及营建利益的共生性4个方面。

任务二　美丽乡村规划的原则和目标

未来的人居环境将是一座城乡一体化、全面现代化、充分国际化、具有"青山绿水环绕，大城小镇嵌田园"的新型城乡形态，城乡繁荣、产业发达、居民幸福、环境优美、文化多样、特色鲜明、魅力无穷。

一、美丽乡村规划的原则

乡村地域的经济功能是建立高效的人工生态系统，乡村是重要的经济地域单元，不同社会发展阶段乡村形态不同，经济地域功能不同，乡村资源利用方式也不同。由于受农业技术、自然条件、自然资源和耕作方式等多种因素的制约，农业的粗放性和低效性一直是困扰乡村经济发展的重要环节。建立高效的人工生态系统，是乡村景观规划的原则和出发点。

1. 乡村地域的自然生态功能。保持自然景观的完整性和多样性。由于人类活动对景观的干扰程度低，景观结构保存完好，景观类型多样，景观生态具有多样性的特征，是生物多样性保护的基本场所，是乡村的自然遗产。保持自然景观的完整性和多样性，成为景观规划的重要原则。

2. 乡村地域的社区文化功能。保持传统文化的继承性。乡村社区文化体系是具有相对独立和完整的地方文化，是乡村的文化遗产。乡村文化的继承性，是乡村文化得以保存的根本。反映特定社会历史阶段的乡村风情风貌，是现代社会认识历史发展和形成价值判断的窗口。

3. 乡村地域的空间组织功能。保持景观的合理性和景观的可达性，乡村空间结构表现在景观斑、景观道、景观廊和景观基所形成的景观特征，同时，乡村居民点体系（中心镇中心村、建制村与自然村）所形成的结构特征，廊道、斑块的合理性与村镇体系的合理性是景观规划的基本原则。

4. 乡村地域的资源载体功能。资源的合理开发利用乡村是土地资源，矿产资源和动植物资源的重要载体。资源的集约、高效和生态化利用，是提高乡村经济活动的效益、保护资源、保护生态环境、保护乡村景观的重要前提，也是推进乡村可持续发展的重要基础。

5. 乡村地域的聚居功能。改善人居环境，提高乡村居民的生活质量。乡村是人类发展和居住的重要地域。在发展中国家和落后地区乡村人口仍然是人口形态的重要构成。对于不同地区来讲乡村的社会形态发展不同，经济水平差异较大，乡村景观也有较大差距，改变乡村贫穷落后的面貌，改善乡村人居环境，提高乡村居民的生活质量，成为景观规划的重要原则。

乡村地域的发展目标是坚持可持续发展原则。"可持续发展理论"是对人类未来的重新认识和人类在发展过程中，重新理解与自然环境关系的基础上，提出的全新的发展理念和发展模式。乡村地域的发展目标是实现区域的可持续发展和人类的可持续发展。

二、美丽乡村规划的目标

（一）景观环境的整体宜居性

乡村社区景观与自然田园风光、农业景观是同一体系中的不同方面，是共生关系并具有连接性，即应使乡村景观的每一个要素之间达到统一、协调，所以在进行景观设计时，应将乡村社区景观与周边环境相融合。

乡村社区景观需要通过一系列的规划设计方法，使城市与乡村缩小差距与对比，成为一个完整的环境体系下的适宜居住的发展模式，该模式的本质内涵是努力使其经济和社会水平与城市相等，有效避免在城市化过程中农民迅速的向城市转移，进而可以尽量的保留乡村的财富，保持乡村优美的自然环境。而宜居型乡村社区设计是要尽量满足村民的宜居舒适度，尽量降低由于类城市化建设而给农业环境带来的破坏，平衡社会、经济、环境的发展需求。这就需要在我国加大力度建设美好乡村时，为其提供一定的思考方法，而不至于参考并不适合的城市规划实施方法，致使乡村传统的地方风貌遭到破坏。

（二）景观层次的丰富多样性

生态的多样性是以生态绿网、植物多样性、土壤生态等生态品质计算生物多样性指标的，包括物种多样性和景观多样性两方面。景观多样性是指视觉上的多样性，即满足人们对景观需要丰富多变的心理要求，而不同景观的结构和功能必然不同，这也就为景观设计的多样性提供了基础条件，从而最终形成了具有不同的个体特征，但又和谐统一的乡村景观。因此，需要在乡村社区景观设计中既保持每个个体元素的特性，又要使它们能有机联系，形成丰富多样的乡村景观。要维持多样性必须掌握如何与自然环境共生的原则，它是景观设计的准则，又是景观管理的结果，多样性程度越高，生态系统的稳定性就越大，也更能体现景观丰富的具体特征。

任何事物都是处在不断变化之中的，环境景观也是一样，人与环境景观的关系一直处于变化之中，环境与环境的关系也一直处于变化之中，所以，环境景观建设的速度总是无法与其自身变化的速度保持同步，因此，在特定历史条件下形成的环境景观一旦被破坏，将无法再被修复，从而，宜居的关键是保护，只有以保护为前提，才在意义层面真正形成良性循环发展的乡村社区环境景观。乡村景观拥有像青山、蓝水和绿林这样优美的自然环境，它们也是乡村景观设计中的天然要素。乡村社区景观不仅具有优美的自然景观，还具有浓厚韵味的人文景观，比如，古建筑、民俗文化以及乡土人情等，这些都是人类历史宝贵的物质及非物质文化遗产。在规划时，就需要在对这些遗产进行有效的保护的前提下，再加以利用，既要充分的尊重它们、继承它们，使乡村景观可以具有时间的延续性,这样才能保证乡村景观自然和人文系统的稳定,保证乡村社区景观的丰富多样性。

在乡村景观的实际规划设计中,首先尊重当地的历史传统,以自然资源为基础,采用多种形式的造景方式,重点规划设计当地的自然资源;比如河流、水系、绿林以及人文资源,比如,学校、公共活动场地,从而构建景观骨架,此外,还可以采用人工造林的方式,加大森林的面积,这样既可以改善当地的小气候环境,又可以为鸟类和各种动物提供栖息的场所,强化社区边缘。

(三)生态园林环境的可持续性

目前,农业相关发展政策,都着重在农业生产效益与乡村开发建设上,对环境的可持续发展观念虽有提及,却不够全面与整体。随着城乡一体化建设步伐的加快,乡村地区环境日益恶化,生态环境遭到严重污染,村庄建设除了着重经济发展与建设更需要重视生态园林环境的保护,才能确保乡村环境可持续性。

在乡村社区景观设计中还要注重对生态系统的保护,可以引入生态系统的概念,视当地环境与产业需求,规划出不同功能的景观区域达到社区内区域的完整性,以保护乡村自然生态环境。还可以利用有机农业产业等高科技农业生态技术,循环利用不可再生资源,在保证乡村生态安全格局的前提之下,利用生态系统,使村民在劳作中体验不同的乐趣。

由于多年来的发展,我国的生态系统已遭到较为严重的破坏,乡村也不例外,这就使乡村抵抗自然灾害的能力大幅度的降低,植物种类、动物种类的不断减少,生态系统稳定的格局正在逐步瓦解,所以需要通过一定的手段来改变这种情况,乡村社区景观设计要将生态规划融入其中。

任务三　自然环境策略

在进行美丽乡村建设的过程中需要对环境生态敏感度各要素进行分析，这些要素主要包括地形、坡度、生物多样性、水系、工矿企业等方面的要素，另外要进行环境承载力分析和计算。

一、生态敏感度评估要素

生态敏感度指影响基地受外界影响耐力的程度，通常用来衡量承受开发的能力生态敏感度需要综合考虑基地的多项生态环境要素，并采用综合叠加的方式发展敏感区较低的、适合开发利用的地区影响基地生态敏感度的要素包括地形、生物多样性、采矿区分布、坡度、水系和汇水区域等要素。具体如下：①地形要素；②生物多样性要素；③采矿区分布要素；④坡度要素；⑤水系要素；⑥汇水区域要素。

生态敏感度评估。利用地理信息系统将各个要素反映的生态敏感度水平进行叠加，得到最终的综合生态敏感度分析图，高敏感度的地区反映环境变化或人为干扰会造成较大的影响，基于生态敏感度评估可以明确适合土地开发的承受能力较强的地块（图2-3-6）。

开发适宜性评估。适宜开发用地首先考虑生态敏感度比较低（低敏感、中低敏感区）的地区，这样开发不会对环境造成严重破坏，开发建设的代价较低，低敏感和中低敏感的地区包括：海拔高度低于100m（低敏感）；低于200m（中敏感）坡度低于10%（低敏感）；低于25%（中敏感）土质没有严重结构性问题，非重要的生物栖息地，没有50年一遇洪水淹没的风险，假设新城开发后，沿河道治导线建至少50年一遇的防洪堤，利用GIS进行估算，基地内低敏感和中低敏感的地区面积为1 765hm^{2}和764hm^2，总适宜开发用地面积为2 530hm^2。

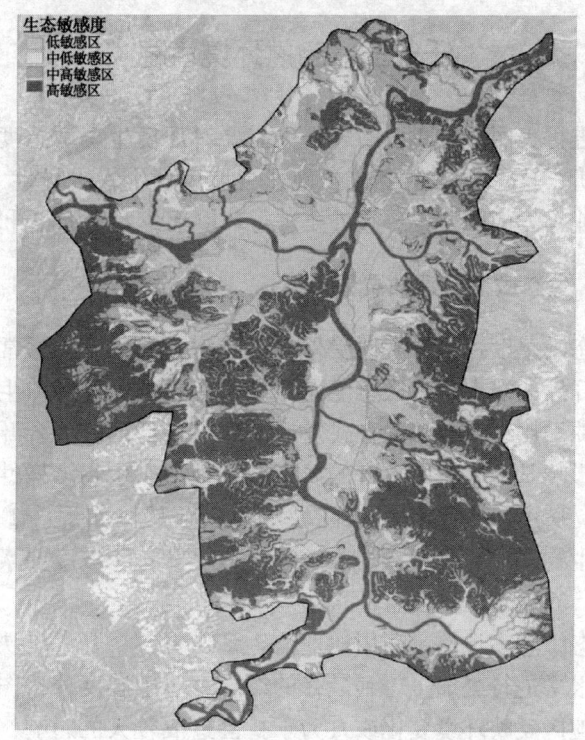

图 2 - 3 - 6　安溪南翼新城生态敏感度评估结果

　　一般适宜开发用地生态敏感度偏高（中高敏感区）的地区，需要采取一定的工程措施改善其条件后方可修建与低敏感和中低敏感的地区相比，基地中高敏感度的地区包括：海拔大于 200m 或坡度大于 25%，基地内一般适宜开发用地（中高敏感地区）面积为 2 575hm^2。

　　不适宜开发用地属于高度敏感的地区，应注重生态保护和环境恢复，因此建议用来建设生态廊道或者营造新的栖息地空间，高敏感度的地区包括：海拔大于 200m，地形坡度大于 25%，重要的生物栖息地，地形破碎或地表脆弱地区，大的活动性冲沟。

基地内不适宜开发用地（高敏感地区）面积为 3 679hm^2，基地内适宜和一般适宜开发的地区面积为 2 530hm^2 和 2 575 hm^2。开发中应优先利用适宜开发地区城市发展到一定规模，用地出现紧张时可适当利用一般适宜开发地区（图 2 - 3 - 7）。

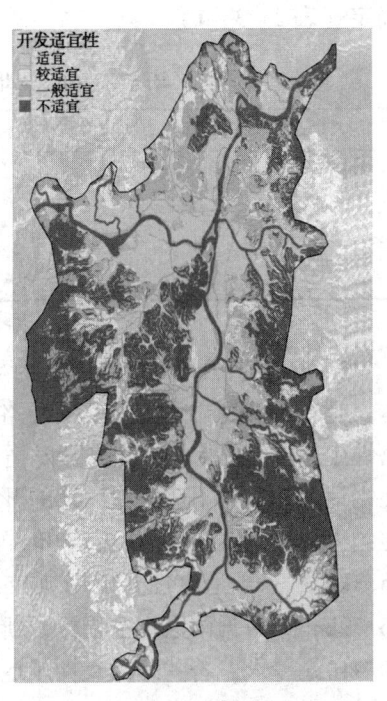

图 2 - 3 - 7 开发适宜性评估

二、环境承载力分析

环境承载力是指某一环境状态和结构在不发生对人类生存发展有害变化的前提下对所能承受的人类社会作用在规模、强度和速度上的限制，是环境的基本属性——有限的自我调节能力的量度（环境科学大辞典，1991 年）。地域人口的增加、经济的增长、福利的提高都必须靠一定的资源基础和环境容量来支撑。当人类社会对资源的需求或环境的作用，不论在规模、强度上，还是在速度上超过这个限值以后，环境结构和状况就将发生不利于人类进一步生存发展的变化环境系统由各个环境要素子系统组成，目前环境要素承载力主要包括土地资源承载力、大气环境承载力、水环境承载力等。

1. 土地资源承载力。即在一定时间内各种自然资源在现有和可预见的技术经济条件下，对该地区的社会经济发展和人民生活需求的支持能力。根据国家用地指标，新建地区的规划人均建设用地指标宜在第Ⅲ级内确定；当发展用地偏紧时，可在第Ⅱ级内确定（表2－3－1）。

表2－3－1　土地资源承载力

指标级别	用地指标（m²/人）
Ⅰ	60～75
Ⅱ	75～90
Ⅲ	90～105
Ⅳ	105～120

2. 土地资源承载力。优质的生态环境是南翼新城的立城之本，是新城规划与开发的第一要略。城市建设必须全盘考虑对战略性生态空间的保护：优先开发适宜性用地、限制开发一般适宜性用地、杜绝对不适宜性用地的开发。南翼新城规划区内共有土地约90km²，由GIS分析得知，其中包括：适宜性开发用地25.3km²，一般适宜性开发用地25.75km²，和不适宜性开发用地36.79km²，根据国家用地指标，新建地区人均综合用地规模可取90～105m²/人；若一般适宜性用地的土地承载力取适宜性用地的75%，未来南翼新城空间可承载的人数表达如下（表2－3－2）。

表2－3－2　未来南翼新城空间可承载的人数

开发用地适宜性	面积（km²）	可承载人数（万人）
适宜	25.30	24.1～31.6
一般适宜	25.75	18.4～24.1
不适宜	36.79	—

（1）大气环境承载力：大气环境容量是一个取决于自然环境、污染性质和气象参数等条件的函数，通常污染物在大气中的净化效果比较弱，污染物主要通过扩散稀释，对大气环境稀释容量有较大影响的因素主要有风向、风速、大气污染物本底值等。蓝溪流域规划区内有上百家石材加工企业，矿山开采过程中产生

大量的粉尘，对大气环境造成了严重的污染，未来应加强对大气环境的治理，基地内公路上汽车尾气的排放以及相关工厂废气的排放对大气也产生了一定程度的污染。

（2）水环境承载力：水环境承载能力指的是在一定的水域，其水体能够被继续使用并仍保持良好生态系统时所能够容纳污染物及污水的最大能力，其自身的水资源能够持续支撑经济社会发展规模，并维系良好的生态系统的能力，矿山上的废碴随着雨水流到溪流中，对水环境造了破坏，在流量较小的情况下，蓝溪的水就像"牛奶"一样呈现乳白色，严重污染了水质。基地内土壤以黄土为主、土质疏松，在裸露的坡地容易发生水土流失，泥沙和矿山废渣在河道坡度减缓，水流速度变慢时开始慢慢沉积，无形中抬高了溪流的河床高度，使河道水位上涨，对沿溪两岸的农田及道路造成了一定程度的破坏。区域内没有垃圾收集与处理场，河道两岸堆积了大量的固体废弃物，部分随溪漂流而下，未来应加强对固体废弃物的管理。

蓝溪为晋江西溪的最大支流，发源于海拔1 138m的安溪县芦田镇猴公山南麓，由西北流向东南，在城厢镇仙苑村汇入晋江西溪依仁溪为蓝溪的最大支流，发源于安溪县大坪乡海拔1 020m的尖山南麓，绕经同安县莲花镇水洋后，自西南向东流4.5km后转北流，于官桥镇区双溪口汇入蓝溪干流。汇合口以上蓝溪汇水面积为280km^2，依仁溪汇水面积为203km^2。

桂瑶溪为依仁溪的右岸支流，于官桥镇龙门圩双溪口汇入依仁溪干流。汇合口以上依仁溪汇水面积为151km^2，桂瑶溪汇水面积为50km^2。

规划流域内无水文站分布，无实测流量资料，在蓝溪干流上游芦田镇区设有气象站，其观测资料从1961年至今依据芦田气象站的观测资料，结合福建省水资源图集推算，流域区内多年平均降水量参考值为1 854mm，多年平均径流深参考值为1 093mm，径流系数约为0.59。

可用水源 1：基地本身产生的径流。

基地本身可产生的多年平均日过水量 = $1.0931/365 m/d \times 90 km^2 = 27$ 万 m^3/d。

基地本身产生的径流要有效的加以利用，若按 50% 的有效利用保证率，则可供水量为 13.5 万 m^3/d。

可用水源 2：龙门圩双溪口两溪汇合后的径流。

龙门圩双溪口以上总多年平均日过水量 = 60 万 m^3/d；依仁溪多年平均日过水量 = $1.0931/365 m/d \times 151 km^2 = 45$ 万 m^3/d；桂瑶溪多年平均日过水量 = $1.0931/365 m/d \times 50 km^2 = 15$ 万 m^3/d；考虑可能的枯水期来水量，同时保证上游的用水量，若按 30% 的用水保证率，则可供水量为 18 万 m^3/d；用水保证率主要考虑流域枯水期流量及上游取水口用水量等影响因素；地本身取保守保证效率 50%（主要考虑因素为枯水期流量）基地上游来水量取保守保证率 30%（主要考虑因素为枯水期流量及上游取水口用水量）。

可用水源 3：官桥双溪口以上蓝溪径流。

蓝溪多年平均日过水量 = $1.0931/365 m/d \times 280 km^2 = 84$ 万 m^3/d。考虑可能的枯水期来水量，同时保证上游的用水量，若按 30% 的用水保证率，则可供水量为 25 万 m^3/d；基地可用水源总量估算 13.5 + 18 + 25 = 56.5 万（m^3/d）；依据人均综合用水规模（0.6 万 ~ 1.0 万 $m^3/万人·d$），基地能为 56.5 万 ~ 94 万人提供足够用水。

结论：如果能有效控制水污染，保证蓝溪上游支流的水质，在丰水期利用水库或拦河坝蓄起一部分水，水资源有足够的承载力确保南翼新城未来的人口发展规模（图 2 – 3 – 8）。

（3）水环境治理基本策略：通过对现状水环境问题的分析，水污染的主要污染源是矿山废渣、泥沙和生活垃圾，可通过如下基本策略来解决规划区内水域的水污染问题：逐步停止石材开采行为，引导石材工业从原材料，开采向进口石材加工指数方向转变。通过植树造林来改善水土保持，减少水土流失。建立乡村生活垃圾处理场。①防洪工程。防洪工程的设计应符合国家及福建

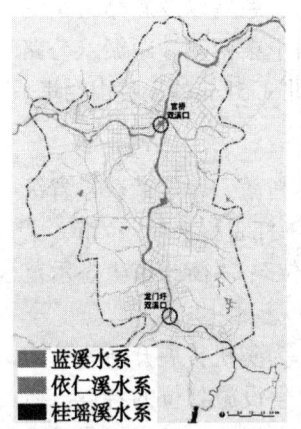

蓝溪水系
依仁溪水系
桂瑶溪水系

图 2 - 3 - 8 水资源

省相关防洪排涝设计规范。大流域：河道留够足够的小流域；未来局部区域土地开发后，开发区内地表径流系数加大，洪峰流量随之加大，要采取相应防洪滞洪措施（如设立滞洪池等），减小开发地块增加的地表径流对依仁溪与蓝溪的洪峰流量的影响。②景观水系。依仁溪与蓝溪干流交汇于官桥镇双溪口，河岸与水面之间落差较大，为进一步彰显水光山色，建议在蓝溪与依仁溪交汇口的商业区及依仁溪中部的行政中心各建景观溢流坝一座。溢流坝前配备河底灯光，音乐喷泉等设施，增加区域滨水景观。

任务四 美丽乡村建设案例分析

【案例一 江山市淤头镇永兴坞村规划】

一、规划背景与概况

（一）村庄概述

永兴坞村位于江山市淤头镇西南部，是江山市农村地区的农业型基层村。村子与本镇棠坂、水角塘头、慈坞以及新塘边镇的永丰、日月等村毗邻。永兴坞村坐落于西干渠西侧，距淤八公路1.5km，距205国道3.5km，距淤头镇东北3.5km的丘陵山坞里。

（二）项目背景

永兴坞村是一个拥有500多年历史的村落。曾经荣获过省级荣誉称号："浙江省村庄绿化示范村"；"浙江省科普村"；市、区级荣誉称号："江山市生态示范村先进单位"；"衢州市生态示范村"；衢州市"全面小康示范村"等。

永兴坞村以"千村示范、万村整治"为契机，展开新一轮的村庄规划，规划针对村庄原生植被好，卫生设施到位的特点，抓住"有资源、有自然、有历史、有意识、有要求"的规划背景展开工作。

1. "有资源"——生态景观资源丰富的村。永兴坞村基本以农田耕地、林地、丘陵山地为主，自然环境优美，生态资源丰富。村庄四周被绿地包围，主要以农田、果园等经济作物为主，许多大小不一，形状各异的水塘点缀其中；村内植被条件很好，树木葱郁，环绕老区有茂密的景观植被，并与西侧山体的植被相连，形成一条完整的生态景观带；村内竹林较多，原有的上木山村就是围绕着两大片竹林建设的，其余主要以小片种植的方式，布置在生态景观带的北侧；由于村庄地貌为丘陵山地为主，总体呈北高南低的态势，所以北侧沿路两侧多为草地。

2. "有自然"——是自然形态优美的村。整个永兴坞村的村庄形态呈不规则状，相传该村形似莲花，原称莲心坞，后取吉祥意，改为今名永兴坞村。村四周被大大小小的许多水塘所围绕，村子的老区南侧的"莲心塘"是村子几百年来围绕它繁衍生息的水塘，是村中心，今天的莲心塘是经过新一代村民的扩建改造而形成的。永兴溪，整治后的西干渠从村子的东南侧斜擦而过。村建设用地内地貌以丘陵山地为主，地势较复杂，总体呈北高南低的态势，老区用地最低，老区内两条水渠流向南侧的莲心塘。整个地形起伏比较大，大部分建设用地的海拔高程在85～107m之间。村里的永兴溪50年一遇的堤顶高程在77.62～80.30m之间，因此村庄建设用地高程已满足防洪要求。村庄拥有优美而丰富的绿色乡村景观资源。

3."有历史"——是历史记忆犹存的村。村的来历——"缪姓来历"：村里最大的姓氏为"缪"姓，其次是"毛""姜""周""叶""王"；因此，基本上永兴坞村是一个多姓氏混居的村庄，多元文化在此融合，因此永兴坞村在文化上更具有其包容性，但同时也会使其在传统民风民俗方面缺少一些突出的整体的特色。村子形态形成的传说——关于村里水渠和井的"燕窝"说法；传说永兴坞村是个"美女村"，村落路网形态的说法；有承载着村庄几百年历史的老区的街巷和各年代的建筑。其中，最著名的有石达开驻军遗址和毛逢乙故居（图2-3-9和图2-3-10）。

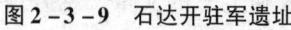

图2-3-9　石达开驻军遗址　　　　图2-3-10　毛逢乙故居

4."有意识"——是注重生态、文化建设的示范村，村民纯朴的生态保护意识、村庄环境保护的传统。村庄建设用地布局：村庄规划范围内用地，现状以农田耕地、林地、丘陵山地以及住宅建设用地为主，用地内地势较复杂，建设布局比较零乱分散，住宅建设占地较多，宅基地闲置现象比较严重，现状用地由硬化的村级主干道自然分为4个部分，分别呈现以下几个特点：①新区——布局较整齐，建筑质量也较好，设施配套和外部环境方面优于老区，但在风貌特色上缺乏自身特点；②老区——在街道尺度和建筑风格方面都有一些有特色的空间、建筑，加上历史遗存和遗留，依稀能感觉到村庄发展的历史，但存在建筑年代跨度较大、新旧并存和过分拆建的问题；③两片过渡区——则呈现高差变化大，内部道路杂乱，建筑布局零乱，建筑形式多样，质量良莠不齐的状况。

5."有要求"——反对大拆大建，规划工作受重视。①要体现历史、生态、原生的风貌；②尊重老建筑，尊重历史变迁，反对大拆大建，体现示范村形象的要求；③永兴坞因其绿色示范作用而备受关注，规划的编制也受到各级领导的重视，特别是省、市级领导亲自关心和指导。

二、规划设计构思

1. 规划定位。"绿色乡村，生态家园"，确立如何利用和保护好村里的生态、人文资源，如何增强永兴坞村的凝聚力认同感和归属感，怎样搞活村里的经济，怎样提高广大村民的生活品质，建造充满人文和乡村传统特色的，集"生态、休闲乡村旅游、特色文化"为一体的生态示范村的目标。

2. 规划理念。在规划的各个系统层面重点突出"凸显绿色、共享生态、感受乡情、共谋发展"的理念，充分利用良好的自然环境、丘陵地形、水景资源，做足山水和生态的文章，结合绿化现状和农居分布梳理成组团式布局，在结构方面体现"凸显绿色、共享生态"的理想，将"感受乡情、共谋发展"体现在规划布局和建筑整治的原则中。

3. 规划构思。以改善村民生活环境，规范村庄建设为设计出发点，全村规划以绿化作背景，水塘作为中心，功能为线索，道路为构架铺叙全村的空间秩序。为村民营造一个生活便利、充满和谐生活氛围的、集历史记忆的和优美生态环境为一体的永兴坞村的新景象。勾画"绿色乡村，生态家园"的美好蓝图，充分利用地块的丘陵地形、良好的自然环境、周边及用地内散落的池塘和南侧溪水等水景资源，做足山水和生态的文章，为村民营造一个村民自己喜欢的生活便利、充满和谐生活氛围的，同时又拥有历史记忆的、生态环境优美的永兴坞村的新景象。

4."绿色基础好，保护意识强"。永兴坞村的村庄建设规划及地理环境特点和村庄特色可用"生态、示范、文化"来全面概括之。以"充分体现历史、生态、原生的风貌，同时强调其可实施性、可操作性"为规划建设宗旨，在满足合并自然村安置的有关规定要求的前提下，充分利用村内原有自然环境和历史遗存的建筑景观，创造功能合理、用地经济，体现山地生态环境特点与老村历史文化风貌景观相结合的特色生态示范村。

依据《江山市域村庄布点规划》中对永兴坞村的规模控制的原则性、指导性要求，立足于永兴坞近年来的发展趋势，结合本次规划对永兴坞村定位发展的展望和发展形势的预测，及其经济增长的趋势，综合考虑多种因素，本次规划对永兴坞村人口规模的控制原则为近期910人，260户，远期816人，274户。

5."老人村、空心村"现象的思考。我们从永兴坞村人口构成的情况，可以看出老人、儿童以及外出务工人员的数量在人口构成中的比例关系还是应该引起相当重视的（表2－3－3）。数据表明村中的老人比较多，而外出劳动力也占了相当的比例。因此，在规划的各个层面上要充分考虑到老人和外出务工劳力的需求，特别是在公共设施配套及用地布局结构等方面充分考虑这部分人口组成的行为特点和需求。

表2－3－3　永兴坞村人口构成

类别	单位	2003年	2004年	备注
学龄前儿童	人	15	20	
在校学生数	人	85	90	

（续表）

类别	单位	2003 年	2004 年	备注
60 岁以上老人数	人	132	134	
劳动力情况	人	522	492	
其中：务农人数	人	272	222	
务工人数	人	69	78	
在外人数	人	290	292	

三、村庄用地布局

（一）村庄生产用地布局

在现状布局的基础上梳理和整合生产用地的布局（图 2 - 3 - 11）。根据永新坞村自身生产的特点，将村里的生产用地分为养殖业、种植业、观光农业以及三产"农家乐"开发等几方面用地。其中根据养殖业自身特点，考虑到养殖的污染问题，规划将这部分主要集中布置在村的西北侧，结合现有的较集中的养殖业布局，形成规划养殖业的控制带；种植业则结合现状，布置在村建设用地四周，并在规划引导和管理上提倡分类集中的布局方式，从而形成规模效益，达到资源共享，节约配套的目标。

（二）建设用地布局

永兴坞村规划结构的制定是通过对用地的自然环境条件分析，村庄历年发展变化脉络的研究得出的，同时我们充分利用村内原有的林带将村庄用地自然划分为几个团块状用地的特点，将村庄建设用地自然划分为几个由绿带环绕包围的 6 个组团。

（三）规划结构和内容

1."一心"。村中心、公建中心、村的"历史文化"中心以及老区中心。

2."两环"。两条绿带形成的绿环，内环为现状原生态景观植物绿带，外环为经济作物果园形成的绿带。

图例
树林
果林
竹林
草地
旱地
农田

图2－3－11　用地布局

3. "一轴"。为进村入口的道路的两侧近年来逐步形成的新村风貌展示轴。

4. "六组团"。由现状原生植物自然梳理围合而成的6个居住组团（图2－3－12）。

公建设施系统布局：永兴坞村作为基层村，根据基层村的配置要求（主要的公共设施为村委会，其他配套设施有幼儿园、托儿所；文化活动中心；卫生室；百货站；饮食店、小吃店；理发、浴室、洗染店；综合修理、加工、收购店；蔬菜、水产市场等），对村内的公建进行梳理。

现村里已有村委会，规划中新增了幼儿园、文化活动中心、卫生室、放心超市、饮食小吃店、理发店、肉类、豆类售卖点和旅游配套服务设施（农家乐）等（图2－3－13）。

村委会根据现状仍安排在"莲心塘"的西侧，饮食小吃店安

● 一心：公建及特色村落
建筑保护中心。

▭ 两环：两条原生绿化梳理
的绿化环带，内环以景观
绿化为主，外环以果林经
济绿地为主。

—— 一轴：新村风貌展示轴。

六组团：被绿化包围的六个组团。

图 2 – 3 – 12　规划结构

排在村委会的北侧，考虑到肉类、豆类售卖点的流动性和不稳定性，将饮食小店和"莲心塘"北侧的道路之间留出一块空地作为肉类、豆类售卖点，方便村民生活（图 2 – 3 – 14）。

考虑到上学的方便性，幼儿园设在村庄建设用地相对比较中心的位置——老区的北侧，幼儿园西北侧和东侧为现状植被良好的林带，是村庄建设用地的"一心、两环"中内环绿带的组成部分，其主入口设在东侧相对僻静的支路上。

文化活动中心布置在原来的祠堂、大会堂位置。敬老院布置在文化活动中心以北、"莲心塘"以东、紧挨道路交叉口的位置，该区域东面是浓密的树林，南面紧邻活动中心，西侧走出庭院是以"莲心塘"为中心的综合文化广场，北侧沿路，所处的环境非常适合老人养老。理发店和卫生室分别布置在养老院的西侧以及南侧的放心超市、文化活动中心的建筑内部，方便老人使用

幼儿园

毛逢乙故居

学农活动室
旅馆
石达开驻军遗址

停车场

敬老院
放心超市及卫生所

祠堂、文化活动中心

饮食、小吃店
肉类、豆类售卖点

村委会

图 2 - 3 - 13 公建设施系统布

（图 2 - 3 - 15）。其东侧是生态景观绿带，北侧是以古树古井为主的公共活动空间，环境优美。

石达开驻军地的建筑可以作为陈列室，供人们参观、学习。学农基地及招待所则结合石达开驻军遗址布置，并作为联系空间，与北侧的毛逢乙故居相连，并通过室内室外空间上的变化，达到步移景异的"游览效果"。

道路交通系统：永兴坞村的对外联系主要由下木山路和永兴路两条主干道解决。下木山路与通往江西的道路相接。永兴路与

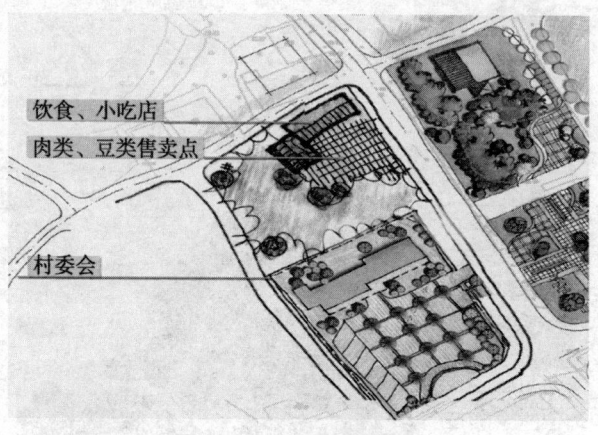

图2-3-14　规划结构之一

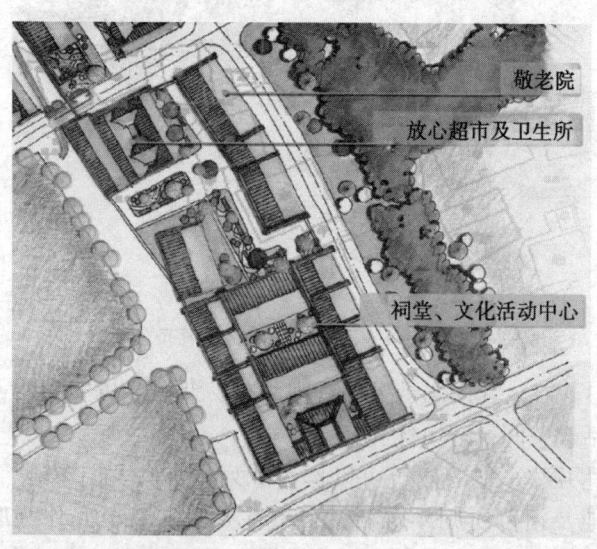

图2-3-15　规划结构之二

淤八公路相接，距淤头镇3.5km。区内道路交通以永兴路、莲花路为骨架，并根据各个组团分布形式设置内环路，把各个组团串连起来，以加强各个组团之间的相互联系，使区内的道路系统更加紧凑、完整（2 – 3 – 16）。

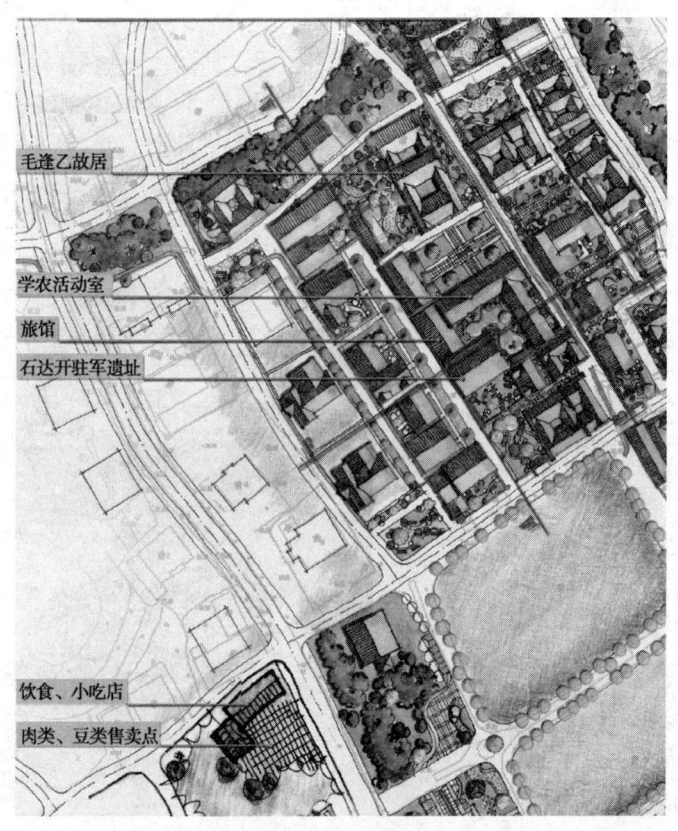

毛逢乙故居

学农活动室

旅馆

石达开驻军遗址

饮食、小吃店

肉类、豆类售卖点

图 2 – 3 – 16　规划结构之三

区内道路在避开现状保留建筑、保证与周边地块顺畅衔接的基础上，对区内的道路体系做了科学的设置，形成主干道，次干道，支路的三级道路构架。道路断面设计强调交通性与景观性并重的原则。改善内部道路的线型，断面设计强调景观性（图 2 – 3 – 17）。主干道：永兴路、莲花路，路宽 9m；次干道：路宽 5m；

支路：路宽3m。

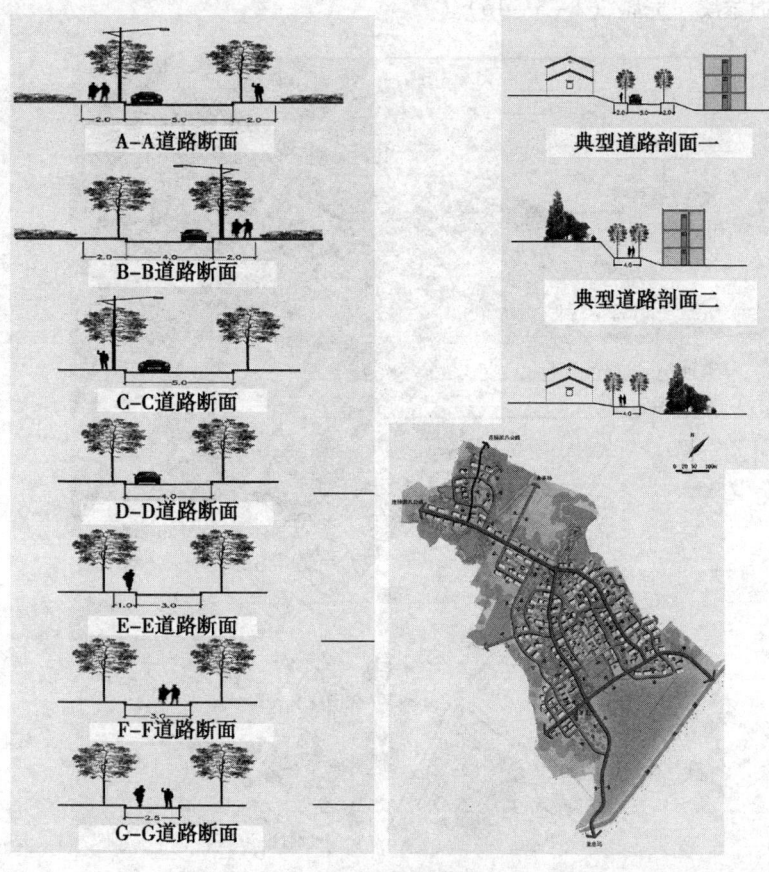

图2-3-17　道路规划

生态绿地背景：永兴坞村处在一个大型的生态环境中，区内生态绿地保护相当完整，规划对现状的原生绿地进行了梳理，设置了3个等级的绿地，分别为以景观绿地为主的绿色内环、以果林经济绿地为主的绿色外环以及每个居住组团中心设置的组团绿化（图2-3-18）。

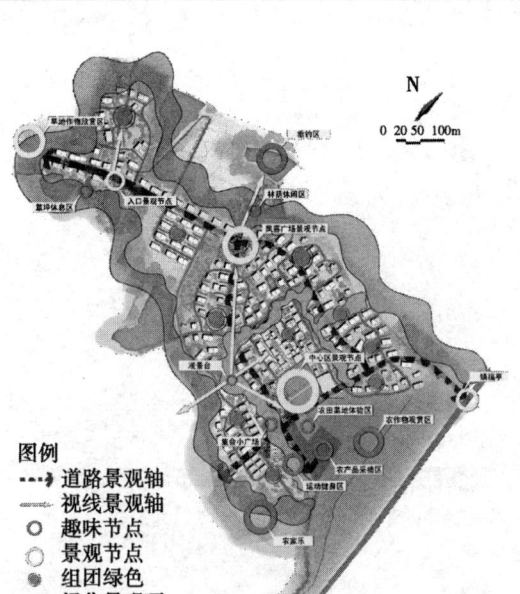

图 2 - 3 - 18　生态绿地规划

他们相互交织串联，构成了一个具经济性、景观性、活动性的网络化绿地系统。以完整的生态绿地作为背景，构筑村落特有的景观系统。

建筑整治原则：通过对现状村庄细致的踏勘和分析，本着整治为主、梳理整合资源为主的原则，将整个村庄的农居建筑分为五类，即保存类、保护类、改善类、整治更新类以及暂留类，规划中除了对每类建筑的分类进行划分和定义，还从屋顶、墙面、门、窗等控制细节的处理方面分别对整治原则和措施做了明确和落实（图 2 - 3 - 19）。

一类建筑——保存类建筑（图 2 - 3 - 20）：村内现存历史建筑及历史遗迹，包括石达开驻军遗址、戴笠老师毛逢乙故居、祠堂等。

该类建筑历史悠久，历史保存价值高，是村内有代表性的历

图 2 - 3 - 19　农居建筑

史遗迹遗存保护的代表。在规划措施上，严格保护这类历史建筑，保存历史风貌、拆除不协调的搭建，整理和恢复原有院落，改善建筑使用条件，在可能的条件下谨慎地开发这类建筑的旅游、纪念价值。

二类建筑——保护类建筑（图2-3-21）：指村内历史久远的传统建筑和近现代建筑，非历史遗迹，但记载了村庄发展的历史。规划措施提出：鼓励原住村民对建筑的维护与修缮；建筑外部应该基本保持历史原貌、建筑风格，拆除不协调的搭建，改善内部使用条件。

保存类建筑

76#
（20世纪20年代
建　毛逢乙故居）
［砖木］＜2层＞

86#
（19世纪50、60年
代建　石达开驻军
地）
［砖木］＜1层＞

图2-3-20　保存类建筑

保护类建筑

79#
（1923年建）
［砖木］＜1层＞

77#
（民国时期建）
［砖木］＜1层＞

图2-3-21　保护类建筑

三类建筑——改善类建筑（图2-3-22）：对于一般的传统建筑，外部进行修缮和改造，改善居住和使用条件，内部更新，适应现代的生活方式。

四类建筑——整治更新类建筑（图2-3-23）：更新类建筑分为拆除新建、更新重建和拆后不建三类。对近些年新建的部分

图2-3-22 改善类建筑

图2-3-23 整治后意向

建筑的形式、色彩、细部进行适当整治，对局部冲突较大的建筑进行远期拆除等处理措施，减少环境冲突；对部分建筑质量差和建筑形式无法适应现代生活的建筑采取综合改造的手段，对与风貌冲突的建筑进行拆除更新，协调周边环境。拆后重建，在老区尽量协调建筑风貌，改善居住条件，适应现代生活；拆后不建，改造成公共绿地、休闲场所。

五类建筑——暂留类建筑（图 2 - 3 - 24）：对于建筑质量完好，近些年新建的建筑，且有一定的配套设施，在老区与其他建筑风貌不协调的，暂时作为保留建筑，可通过绿化等手段减少视觉冲突。随着老区保护与更新工作不断深入，待条件成熟后进行

图 2 - 3 - 24　暂留类建筑

整体整治或改造（例如，老区内、水塘边的一些在色彩和体量都与传统建筑有些冲突的新建筑）。

新建农居建筑风格推荐（图 2 – 3 – 25）。

图 2 – 3 – 25　新农居风格建筑

（四）景观节点的处理原则

为了营造绿色、田园乡村气息，景观节点的处理原则如下（图 2 – 3 – 26）。

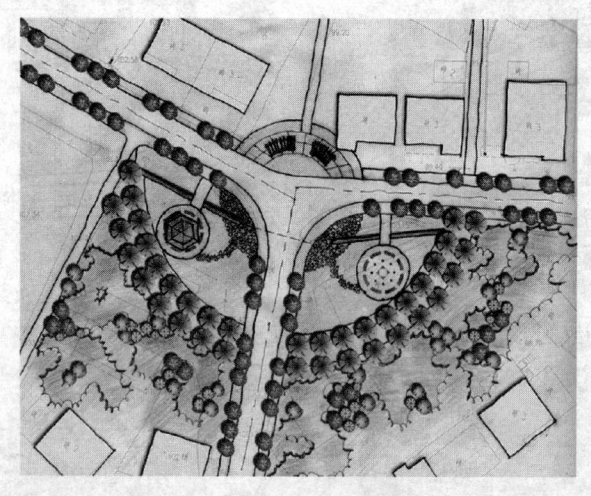

图 2 – 3 – 26　景观节点

①强调适地适景的原则；②充分利用乡土树种和原生景观原

则；③营造田园乡村气氛，强调乡村景观的再次塑造；④充分利用现状，结合现状需求，处理景观节点的定位。

1. 中心区现状

村庄历史的记忆，中心区现状特色梳理：这里的中心区指永兴坞村最具历史的老区，是莲心塘周边的一批老房子所属的区域，永兴坞村就是从这里慢慢发展形成的，这里有石达开驻军遗址、毛逢乙故居、祠堂、古井、窄街。由于形成年代跨度比较大，不免会出现一些不和谐的音符，有些街道空间由于后来的拆建而导致原本有趣的空间和场所永远成为一种回忆，规划除了要将不和谐的音符尽量地调准音调，也将根据现状情况尽可能地梳理和还原其富有特色的街巷空间。老区的规划关键首先是对现状的特色的梳理，提炼，其次是规划的落实。

（1）特色提炼：规划将根据现状情况分别从建筑、街巷及特色铺装 3 个方面进行梳理。

（2）建筑特色：老区的建筑风格多样，建设年代跨度较大，从太平天国时期以前的的石达开驻军遗址、明国时期花砖墙面的民居到 20 世纪 20—30 年代的徽派传统民居，50—60 年代的相对简陋的民居到近一二十年建造的 2～3 层的所谓现代农民房……多种风格、多个年代的建筑在此基本和谐共处，呈现了村庄发展的历史（图 2 - 3 - 27）。

2. 街巷部分

中心区内在街道尺度和建筑围合方面都有一些有特点和有特色的地方，特别是围绕着莲心塘的一侧更呈现出一幅山水风物幽美的景象（图 2 - 3 - 28）。在街巷的特色梳理中，我们将其归纳为以下几点。

在"线"空间方面既有与建筑结合紧密的水渠街巷空间，又有两侧都为徽派的马头墙建筑的窄巷空间，走在这些街巷内可以深切感受到其亲切的尺度和久远的年代感。

中心区整治近远期规划原则。我们从原则的确定和具体的设

图 2 - 3 - 27　建筑风貌

图 2 - 3 - 28　街巷特色空间

计两方面来介绍，把街巷空间的梳理、控制作为中心区整治工作的首要内容；街巷空间的尺度把握、断面的形式要重点控制，将"花砖"建筑与水渠、窄巷共同构成的特色空间保留和梳理出来。

3. 特色空间控制

（1）特色空间的规划控制原则：沿水塘边的界面空间要保持连续性，在个别建筑形式不太协调和朝向变化较大的建筑前采用围墙统一延续空间界面的手法来处理。对于中心区展示轴的空间组织，强调室内外空间和灰空间的转化，毛逢乙故居前的庭院空间强调场所感，可通过大乔木、小品、高差及铺装等的处理来营造静谧的气氛。对于窄巷空间的围合可充分利用围墙的连接来形成连续的界面（图2－3－29）。对于古井空间的处理，强调其场所感，周边环境的处理要避免对古井水质的污染。

图2－3－29　特色空间

历史遗存建筑的保留和整治必须慎重，要经过专业的设计；并且要在保护的前提下为其寻找到一个合适的功能，让它在今天的生活中仍具有其活力，能体现今日的价值，而不能仅将它保护下来而不用。

对于有特色的早期建筑，原则上是保留，近期对其进行一定的整治和修葺，拆除后来不协调的搭建，对年久失修的部分进行修补，保证居民的正常生活，远期有条件时再对其进行整体改建，保持建筑原有的外立面风格，对其内部进行重新的分隔和划分，使其满足现代人生活的需要；对于面积不能满足标准的住宅，通过合并的方式，对中心区的部分民居进行重新分配。

规划对中心区的农居及公建的建筑方案也做了详细的设计，为改造规划的具体落实提供了参考，进一步证实了改造实施的可能性和可行性，旨在提高规划的可实施性和可操作性（图2－3－30）。

图 2－3－30　中心区规划鸟瞰

（2）文化、社区建设：文化、社区建设旨在增强村庄的凝聚力和归属感。恢复传统的缪姓村民 18 岁成人发饼仪式，并推广至全村。为村内上学学生提供自习教室和"小饭桌"，为外出打工者代管小孩，在规划的设计和管理方面都注重对老人和孩子的关心，多提供促进大家交流的场所，营造"大家庭"的气氛和安定和谐的"后方家园"的感觉。村内每年定期举办一些宗族感和民俗气氛浓重的活动，为占劳动力近一半的外出打工者营造充满亲情的节庆气氛；吸引在外乡亲回家，为村里带来致富信息甚至带回投资。注重村民身体素质的提高，多提供运动和健身场地，早日建成体育广场，多举办一些活动，鼓励大家更多地走出户外活动，远离赌博等不健康的生活，营造锻炼身体的氛围，增进大家的健康交流。鉴于现代城市人远离农村，对农村生活和环境很不熟悉，特别是小孩子，我们可以提供一些让城市小孩认识农村接近大自然的场所，也为城市人提供一些周末感受清新空气和悠闲田园生活的场所，这同时也为村民提供了更多的与城市人交流的机会，带来了城市的信息和资金。

【案例二 淳安县枫树岭镇下姜村整治规划】

为贯彻落实时任浙江省委书记习近平回信的指示精神，尽快让下姜村的村容村貌大大改善，同时转变村经济的发展方式，并拓展村民增收渠道。省、市、县三级领导高度重视，县里成立了多个工作组指导下姜村各个方面的发展。我院受市规划局委托主要负责编制整治改造规划。项目组于 5 月底接到任务后立即进行了仔细详实的现状调查，并和县、镇、村进行了多次对接。

6 月 13 日，规划组提出了规划初步方案，并和县规划局一起在现场召开的村民大会上就规划拟拆除的建筑进行了沟通，听取了村民的意见；并就初步方案听取了县规划局和镇、村的意见。6 月 23 日下午提交了首轮成果文本，由县委副书记刘小松主持在县委会议室召开了规划方案的专家及部门论证会，并形成了会议纪要。

7 月 5 日，修改完成了第二轮规划成果，并于下午在县委会议室向市委副书记王金财、副市长何关新等市领导汇报了规划方案，县里四套班子领导、市农业局、市林水局、市交通局和县里多个部门参加了会议。会议认可了规划方案，同时也提出了修改意见。主要有加强产业规划引导；加大拆违力度，落实"一户一宅"，解决建新不拆旧的问题；减少公厕和公共猪圈，尽量集中养殖等。会后刘小松副书记提出了将规划的名称由《淳安县枫树岭镇下姜村整治规划》调整为《淳安县枫树岭镇下姜村美丽乡村精品村规划》并将其他部门编制的农业转型、来料加工业、旅游业等产业规划，以及河道水利改造等专项规划整合到规划成果中，形成一本全面的村庄规划成果。

8月9日，杭州市规划局联合淳安县规划局在淳安县组织召开了该项目的市、县联合审查会并提出了修改意见。规划组根据专家和各级领导的意见，结合下姜村的实际情况，经过多次调整完善形成了正式的规划成果。

一、基地现状分析

（一）项目背景

淳安县枫树岭镇下姜村曾是习近平国家主席、张德江副总理时任浙江省委书记时的联系点，也是现任省委书记赵洪祝的联系点。下姜村作为三任省委书记的基层联系点，备受省市县乃至国家领导的重视。现任杭州市委书记黄坤明也前往指导开展"联乡结村"活动，要求认真学习贯彻习近平国家主席重要指示精神，推动新一轮"联乡结村"活动深入开展，进一步加快欠发达地区致富奔小康步伐。各级领导对下姜村发展的重视也是对社会主义新农村建设的重视，下姜村的村庄建设将具有重大的示范作用。特编制综合整治规划，以指导下姜村的村庄建设、改善村民生活和村庄环境。

（二）村庄概况

下姜村所属的枫树岭镇，位于淳安县西南部的浙、皖、赣三省交界处，距县城千岛湖镇68km、杭州市区约150km；有县道淳杨线横贯东西，枫常线贯穿南北；地理区位较为偏远，交通条件相对滞后。现辖28个行政村、120个自然村，总人口1.9万人；总面积308km²，是淳安县辖区内面积仅次于千岛湖镇的第二大镇；镇政府驻地在枫树岭村，有人口3 000多人。枫树岭镇地处山区、边区、林区、库区和革命老区，生态优质，环境优美，资源丰富，有县境第一高峰——磨心尖、县内第二大水电站——枫树岭水电站和白马盆地、白马乳洞群、白马红军墙、大源原始次生林等特色景点；但长期以来，经济社会以传统农业为主，发展缓慢。进入 21 世纪后，在新农村建设大步推进的历史契机下，枫树岭镇积极实施"生态立镇，工业兴镇，七叶富镇，品牌名镇"的发展战略，瞄准"中国有机镇"的战略目标，加快推进工业化、产业化、城镇化步伐，全镇经济文化和社会事业呈现出良好的发展势头，农业经济、工业经济和综合实力获得了长足发展，相继被评为杭州市卫生镇、浙江省生态镇。

下姜村位于淳安县枫树岭镇东北角，属于镇区，距镇政府所在地约 2.5km，现有凤林港河道及县道淳杨线穿过村庄内部。2007 年实行了村规模调整，现由窄尔（后龙坑）自然村、伊家自然村、下姜自然村 3 个自然村组成，全村共有农户 237 户，总人口 745 人；村党总支班子由杨红马、杨时洪、姜祖见三人组成，杨红马任书记，杨时洪任副书记，有党员 33 人（其中预备党员 2 人）。

在"十一五"期间，下姜村村庄建设、经济文化与社会发展快步发展，逐步成长为淳安县、也是浙江省的基层党建示范村，先后被评为"全国生态家园示范村"、"浙江省卫生村"、"浙江省文明村"、"浙江省文化示范村"、"浙江省绿化示范村"、"浙江省五星级法制示范村"、"杭州市全面小康建设示范村"等。

（三）现状人口

下姜村行政村包括下姜村、窄尔（后龙坑）村、伊家村 3 个自然村。根据户籍资料，下姜村现状共有户数 237 户，人口 745 人，如表 2 - 3 - 4 所示（为便于分析，将窄尔村和后龙坑村分开统计）：规划组对 3 个自然村每户家庭进行家庭人员情况进行详细调查并列表整理留档。

表 2 - 3 - 4　家庭人员情况

自然村	单位	下姜村	窄尔村	后龙坑村	伊家村	合计
现状户数	户	135	54	24	24	237
现状人口数	人	400	185	83	77	745
其中：常住人口	人	200	94	35	49	378

（四）建筑风貌现状

下姜村现有住宅建筑均为村民自发建设，有面砖贴面的新建筑、裸露红砖墙的建筑以及墙面脱落甚至裂缝的老房子，建筑风格、色彩相差较大，建筑质量良莠不齐，整体建筑风貌显得杂乱而不统一。特别是沿凤林港和淳杨线两侧的建筑风格差异较大，影响整体景观；另外，村民辅房乱搭乱建情况严重，且质量差、风貌差，尤其是作为猪圈或厕所使用，普遍存在脏、乱、臭的现象，亟待整治。在现状民居中，也有少量具有传统色彩的老建筑，如下姜村自然村的 42 号建筑是清代建筑，23 号建筑、村北的 17 号建筑等多处老房子都还存有传统色彩的建筑元素，如马头墙、木雕、砖雕门头等，只需稍作整治就可以展现出传统韵味。规划组仔细调查了村里的每幢建筑，进行了质量和风貌等方面的评价，并对下姜村老村按照门牌号列表整理留档，便于后期整治工作的实施。

（五）交通现状

淳杨线东西向穿过下姜村中部，道路现状宽度为 6 ~ 7m 不等，路面为水泥路面，质量一般；现状设有一处城乡公交站点，位于窄尔村出口处。现状各个自然村内均没有车行道路，几乎不能通车，只能步行，且路面宽度不等，质量一般。现有桥梁 2 座，分别位于下姜村自然村东口和西口，窄尔、后龙坑和伊家三个自然村之间没有桥梁，交通不便（图 2 - 3 - 31）。

（六）景观风貌及特色资源现状

下姜村四面环山，山上种植有黄栀子、杨梅、茶树、竹子、

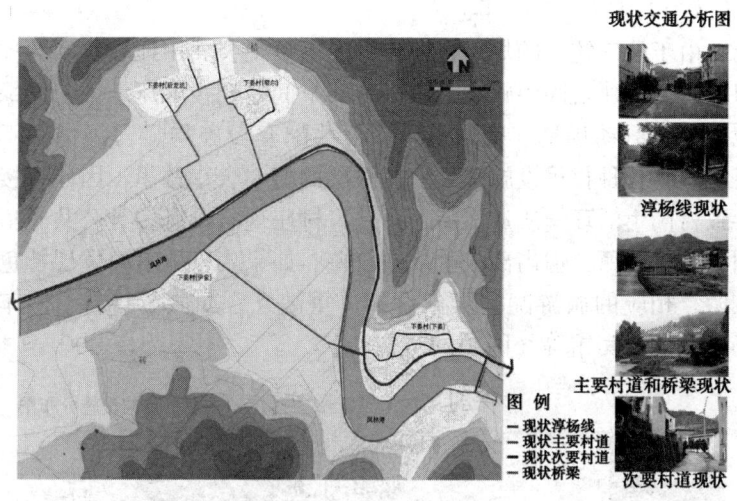

图 2 -3 -31 交通状况

桑树等多种林木及经济作物，且各自然村之间的河谷地带地势平坦，分布有大片农田，村庄中部还有 50m 宽的河道凤林港东西向穿过，河北岸经过上一轮整治已形成滨河公园、沿河步行道等。村庄整体自然条件良好，环境优美。

虽然自然条件不错，但仍存在很多不足的地方：村庄内绿化不足，几乎没有宅间绿化；村庄现状地势起伏较大，存在多处驳坎，坎上局部设有水泥墙、栏杆等，形式杂乱，景观风貌较差；由于上游水电站拦截，现状凤林港河道内水量偏少，下姜村现状：两侧河滩裸露，水质逐渐恶化，且现状驳坎生硬，缺乏亲水性。特色资源方面除了黄栀子、杭白菊、茶叶、桑林、毛竹等特色经济作物，还有各级领导关心基层发展留下的各种图片、信函、题词等重要资料，以及访问和住宿过的农家。此外，下姜村作为新能源示范村，大量的沼气池利用和养蚕、养猪、养牛等传统生产方式的保留也是作为生态村庄的一大特色。因此下姜村具有较好的发展特色旅游的条件。

（七）配套设施现状

由于缺乏统一的规划管理和村民不重视公共用地和空间的预留和协调，建筑间距较小，使得公共空间受到极大压缩，公共绿地、公共活动场地、交通设施、公共配套设施均显得局促和不足，现有各种村民设施都集中在两层的村委会小楼里，因此直接导致村民生活环境质量不高。另外，村庄现状设有多处公共养猪圈和公共厕所，但内部卫生条件较差。如果未来下姜村发展特色旅游，相应的旅游配套服务设施严重缺乏，如旅游接待、停车场、餐饮、宾馆等（图2-3-32）。

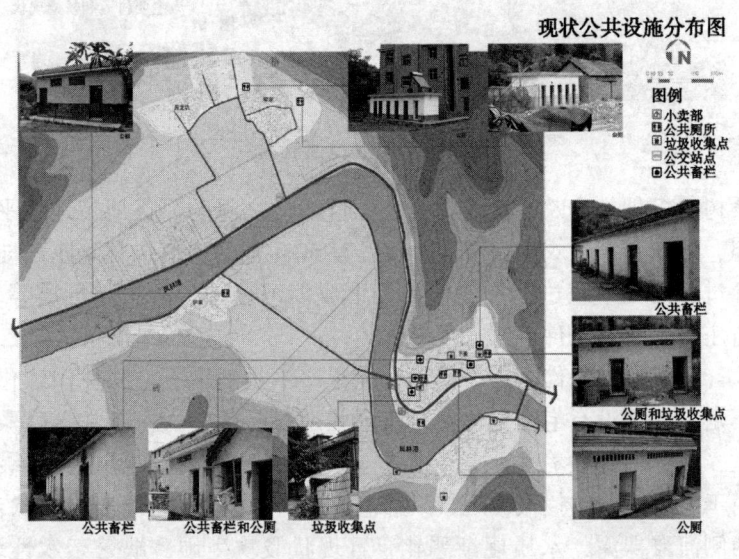

图 2-3-32　公共设施

二、规划总则

（一）规划指导思想

从发展的角度着眼，强调动态的建设观，正确处理村庄整治与村民生活、旅游开发的关系；抓住村庄发展的脉络，重点突出、主次分明，突出人、自然、建筑相融的整体空间环境特色，将村庄质朴、厚拙、自然的原始风貌及乡土文化加以保护，同时融入时代特色，强化下姜村特色新农村的感染力。以科学的态度对现有文化、建筑及其环境现状进行充分的研究，在完全尊重村庄现有发展肌理的基础上进行整治。

（二）规划原则

村庄综合整治和产业引导相结合的原则。结合下姜村未来旅游产业的发展，集中资金，重点开发，分片实施，同时加强重点地段整治和基础设施的建设。保持村庄现有的自然肌理，在遵循"一户一宅"的前提下，拆除建筑违章，梳理开放空间，对部分建筑外貌局部进行改造，对建筑内部可以整修。但切忌大拆大建，注重适度性原则。重点整治与一般整治相结合，建筑整治与环境整治相结合的原则。对村民的私有空间和生产生活方式尊重与引导并重的原则。建筑整治兼顾建筑样式的多样性和整体协调性的原则。体现村庄各个时期建设发展的历史特征。

（三）规划目标

通过对下姜村进行产业转型、建筑整治、道路序化、公共设施建设、凤林港水环境改善、市政管线建设等综合整治使下姜村村庄整体风貌得到明显改善，以特色旅游产业为主导，农业经济为辅的欣欣向荣的新农村，成为"与田园共融，与山水互动"的"美丽乡村精品村"。并打造成为淳安县西南湖区重要的旅游服务基地之一。

（四）规划范围

本次规划范围为下姜村行政村范围，包括现有的下姜村自然村、窄尔（后龙坑）自然村、伊家自然村3个自然村及之间的河道和农田，规划范围面积约为36hm^2，其中，可建设用地面积9.6hm^2。以下姜村自然村（即老村）为重点整治对象，包括淳杨线两侧景观、凤林港河道景观，并将相关的产业发展规划和旅游开发策划融入到村庄规划当中。

三、总体规划

（一）发展规模

人口规模：近年来下姜村人口呈减少状态，但随着"美丽乡村精品村"战略的实施，村经济结构调整和特色旅游开发，必将大大增强下姜村的吸引力，从而带来一定机械人口增长需求。规划根据现状情况，梳理出由于多户共用一处宅基地而有新建住宅可能的有 18 户。人口规模按照新建住宅每户 3 人测算未来人口容量，则下姜村规划可容纳人口规模为 799 人。用地规模：规划按照人均 120m² 的建设用地，则下姜村建设用地控制规模为 9.59hm²。

（二）总体布局

规划形成"一心、一带、八片"的整体格局，并自然分布于山水之间，山间分布有黄栀子药材园、杨梅林、竹园、茶园等，整体形成"山拥村，村伴水"的山、水、村共融的总体布局（图 2 - 3 - 33）。

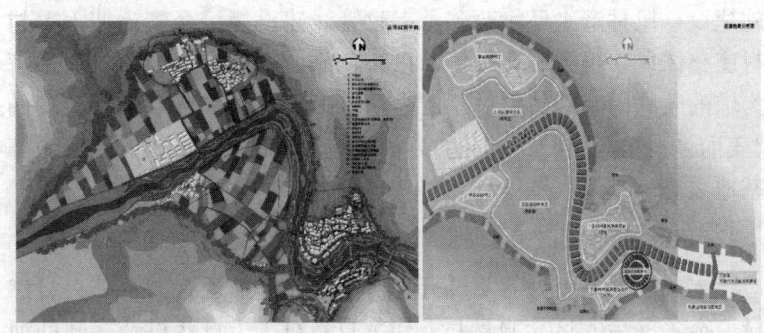

图 2 - 3 - 33　总体布局

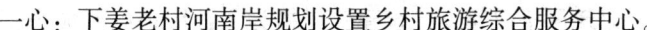

一心：下姜老村河南岸规划设置乡村旅游综合服务中心。

一带：沿凤林港形成凤林港沿溪景观带。

八片：沿凤林港下游往东河谷中规划的 2 个风景区，分别为水南山地运动营地区、五狼坞生态峡谷风景区；下姜老村整治后形成的凤林港南北 2 片村落风情游览区；凤林港河湾西至伊家，北至窄尔形成的 2 片五彩田园观光区；现有的窄尔（后龙坑）自然村和伊家自然村形成的 2 片美丽村庄片区。

（三）综合整治

（1）整治：对下姜村的综合整治以满足村里"经济要发展、村庄要美丽、设施要完善、村庄要和谐"的总体诉求为出发点，结合下姜村的具体情况确定综合整治措施。由于整个村庄由 3 个自然村组成，下姜老村整体情况好于另外两个自然村。本次规划在整体改善、和谐发展的基础上，以特色较突出的老村片区作为重点和亮点打造。另两个村主要以拆违和厕所整理、立面粉刷美化、市政管线改造、道路及停车设施的梳理和改造、增加公共配套设施为主。下姜老村片区在以上措施的基础上还采取沿河沿路的建筑进行重点整治、公共活动空间塑造、全方位最大化绿化种植、村民公共设施配套中心建设、特色旅游参观点和接待点打造、生态河道及滨水空间改造等措施。来实现打造"美丽乡村精品村"的目标。

（2）新建：规划根据现状对村民新建或扩建住房需求进行调查（详见附表 7 下姜村村民家庭情况及新建房需求调查一览表），并遵循"一户一宅"的原则，共预留宅基地 18 处，其中，下姜老村 10 处，窄尔（后龙坑）5 处，伊家 3 处。另外，村民可根据实际情况进行就地或异地拆后重建。

规划对新建的宅基地的建筑形态和色彩进行统一控制引导：新建宅基地标准户型为约 100m² 左右。建设色彩：应采用朴素的灰白色为主色调，原木色作为点缀。建议采用白色涂料粉刷或白色面砖，严禁采用如红色、深蓝色等与村庄传统风貌不相协调的色彩。建筑风格以淳安传统建筑风格为主，屋顶以双坡小青瓦顶为主，可适当结合徽派建筑元素，严禁采用如欧式等与村庄风貌不协调的建筑风格。

（四）道路交通

（1）规划目标：贯彻以人为本的指导思想，以慢行交通为主导，构建"功能清晰、布局合理、服务便捷"，与村庄发展相适应、与生态环境相协调的绿色交通系统，促进美丽乡村的建设。

（2）对外交通规划：依托淳杨线实现对外联系，向东联系千岛湖镇，向西联系枫树岭镇。同时根据枫树岭镇总体规划，淳杨线规划将进行改线，淳杨线改线后，线形顺畅、等级提高，地区对外交通条件将更加快捷。

（3）道路网规划：总体要求是结合现状道路及村庄功能布局，形成各自独立又紧密联系的村庄道路系统。步行系统在现状基础上，结合房屋拆迁改造，规划构筑可达性好、品质高的步行网络有机联系整个村庄的各个角落。同时依托凤林港规划沿江步行系统及亲水步行系统，提高休闲、旅游、健身品质。步行道路宽度控制在 1~2.5m。规划车行道路分为村庄主要车行道路、次要车行道路两级。村庄主要车行道路和现状淳杨线构成本地区的道路网骨架。结合现状道路及规划要求，主要车行道路呈"一沿江、一半环、两连"布局，道路宽度控制在 4.5~5.5m，满足双向会车要求。另外再规划若干次要车行道路加强车行可达性，道路宽度控制在3m，满足单向通车要求。

一沿江指结合凤林港整治，南岸结合现状道路适当加宽后形成联系下姜、伊家的主要道路（5m）。一半环指将后龙坑、窄尔现状道路连接并增设过江桥梁，形成半环状主要道路（4.5~5.5m），连通后龙坑、窄尔及伊家。两连中一连为现状下姜东桥梁；另一连位于下姜东，结合公园规划的一条连接公共停车场道路（4.5m）。横断面规划为道路均采用一块板断面。过江桥梁规划为在现状 2 座桥梁基础上，规划在伊家、下姜分别增加两座过凤林港桥梁，形成"两主一次一廊"的过江桥梁布局，大大缩短绕行距离，方便两岸百姓联系。两主指两座主要通车桥梁，一为现状下姜东侧桥梁，宽度为4m；另一为规划新增桥梁，位于伊家东侧，方便连接后龙坑与窄尔，与后龙坑的主要车行道等宽，控制为5.5m。一次指一座次要通车桥梁，即现状下姜西侧桥梁（凤栖桥），宽度为3m。一廊指新增一座步行廊桥，位于下姜中部现状村委会对侧，宽度控制为3m。

（4）竖向规划：充分尊重现状地形地貌，减少道路建设的工程量，道路标高主要控制在174.0~185.0m。公共交通规划：大力推进城乡公交统筹，实现村村通，依托淳杨线在下姜村委会、窄尔村口设置两对公交停靠站，服务整个村庄与中心城镇的联系。

（5）停车系统规划：随着村民生活水平的提高以及发展旅游产业的需要，规划结合绿化、广场及零星空间设置公共停车场，按照100m服务半径能有效覆盖各自然村，满足旅游交通及村民的停车需求。下姜北设置5处公共停车场，车位65个。村西口入口公园处设置1处，6个车位。村庄内部结合来料加工点屋顶设置1处，7个车位。老村委会访问点以北设置1处，8个车位。结合旅游综合服务中心设置2处，1处为沿道路设置，6个各位；另一个结合内院及篮球场设置，作为临时停车场，38个车位。在伊家村口设置1处公共停车场，车位10个。在后龙坑村、窄尔村口设置3处公共停车场，车位30个。

（五）整治规划

下姜老村功能结构：规划在下姜老村片区形成"一轴、两心、五片"的结构。一轴：对凤林港整体景观环境进行整治，改善水生态，设置亲水步行道，形成下姜村的生态景观带。两心：分别为景观中心和公共中心。以凤林港河湾景观、廊桥、桥头公共空间、树下观景平台等形成下姜村的景观中心，供村民休闲及游人观景；在村东下姜桥南桥头形成集旅游接待、咨询、戏曲观赏、托老中心、卫生服务站、村民培训、集会活动等于一体的乡村旅游综合服务中心。五片：结合桥西现有的大片生态农田形成的五彩田园观光区；凤林港两岸的两片美丽村落片区；村东山谷里结合公共养殖、水体生态净化等形成的循环生态农业体验片区，共五大片区。

结合现状淳杨线老村村内段规划形成具有乡土特色的乡村风情商业小街，路南建筑底层设置各类具有乡土特色的精品小店，为游客提供餐饮休憩、纪念品或土特产购买等商业服务；在河南片区现状村庄东侧的空地规划预留宅基地，为近期有新建或扩建需求的农户提供宅基地，并在杨梅山脚西侧空地预留远期建设留用地。根据"一户一宅"的原则以及综合现状对村民住房新建或扩建需求的调查，远期预留10处宅基地，并预留建设用地可满足未来部分村民的迁建需求。

1. 绿地景观

（1）绿地系统：主要包括道路绿化、河道绿化、集中绿地、墙角及庭院绿化、特色种植区和背景山体。①道路绿化：沿淳杨线道路两侧种植行道树，形成道路绿化带。②河道绿化：结合河道两侧的步行路，局部设置绿化，并结合河滩绿化、驳坎绿化，形成滨水绿化带。③集中绿地：规划在入口公园、滨河公园、旅游综合服务中心及循环生态农业区形成面积较大的集中绿地（图2-3-34）。④墙角及庭院绿化：在村庄内部结合零星空地设置若干处墙角绿化，见缝插绿。鼓励村民在自家院落加强庭院绿化。有条件的还可设置屋顶绿化和立面绿化。⑤特色种植区和背景山体：在村西的农田上种植葡萄、草莓、桃树、梨树、油菜花、水稻等经济作物，形成五彩田园风光，可供游人观光、摄影。村南侧山体上规划为杨梅林种植区、黄栀子药材园，村北侧山体上为笋园、茶园、竹园及水生蔬菜种植区，为村民提供经济收入的同时也可作为农家乐开发旅游，如采茶、挖竹笋、摘杨梅等（图2-3-35）。

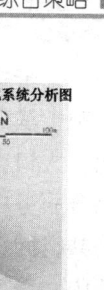

图 2 – 3 – 34　绿地系统

图 2 – 3 – 35　墙角及庭院绿化展示

（2）空间景观：规划形成"一带、多片、多点"的空间景观风貌。一带主要指沿凤林港形成的滨水景观带,主要以水系、河滩景观、滨河绿化及绿荫垂钓为主。多片主要形成5片公共开放空间:入口公园、桥头公共空间、坎上公共空间、滨河公园、旅游综合服务中心。多点形成若干个景观节点,包括入口公园、桥头公共空间、循环生态农业景观水塘、坎上公共空间、旅游综合服务中心等5个主要景观节点和老村委会访问点、滨水观景台、闻香胜景亭、摄影基地等多个次要景观节点。同时,利用山体及村庄的地势高差,各节点间形成多条视线通廊(图2-3-36)。

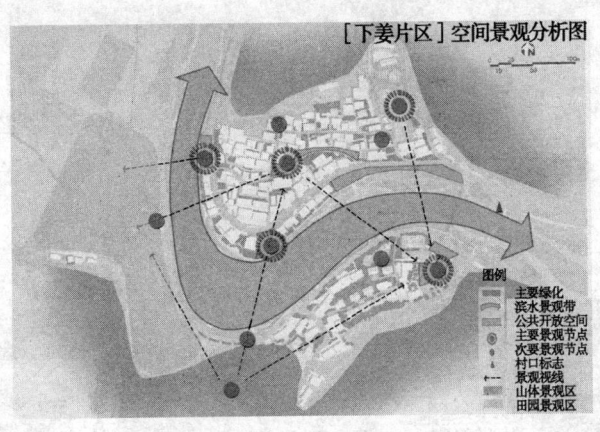

图2-3-36 空间景观风貌

2. 植物配置

(1) 植物配置原则:遵循自然生态化、树种本土化、景观季节化和配置多样化。①自然生态化:强调植物种植的自然化和乡土化,展示植物的自然姿态和原始风貌。避免过于城市化和园林化的植物配置方式。②树种本土化:在树种选择上,尽量选用本土植物、果树等,注重与村落周围环境的协调,适应村落的气候和自然条件。③景观季节化:植物造景注重季相变化,考虑到四季枝叶的变化,根据植物的性状及植物的种类及配置方式,形成丰富的四季景观效果。④配置多样化:树木配置比例恰当,创造

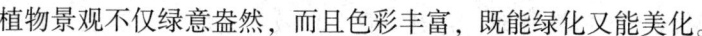

植物景观不仅绿意盎然，而且色彩丰富，既能绿化又能美化。

（2）绿化种植方式：遵循合理增加公共开放绿地，在形式与风格上应与历史文化村镇协调一致，切忌强烈的时代反差。加强凤林港驳岸、河滩绿化建设。选用具用乡土气息的本地植物自然式种植，加强水体周边的绿化景观效果。强化村庄入口及村口的绿化，要突出下姜村入口形象。强化庭院绿化率，并建议选择以下几种绿化方式：结合零星空地布置宅前屋后绿化；鼓励沿墙种植植物，形成墙角绿化；亦可种植攀缘植物，形成垂直绿化；提高村民的生态意识，提倡村民对各自庭院进行绿化布置，增添绿色的生机。

（3）树种选择：上层乔木选择大香樟、栾树、香泡、银杏、枇杷、梨树、桃树、李树、杨梅等；中层小乔木选择桂花、石榴、海棠、木芙蓉、腊梅、芭蕉、早园竹等；下层灌木及植被采用南天竹、鸢尾、绣球花、杜鹃、山茶花、光叶锈线菊、红花酢浆草、大叶栀子、小叶栀子等。耐水湿植物以河滩上自然生长的植物、水草为主，局部可种适当植芦苇、芒草等。

3. 旅游策划

下姜村近年来大力发展农业产业经济和来料加工业，为增加村民收入取得了显著的成效。为了更好地拓宽农民增收渠道，增强村级经济的"造血"功能，同时充分利用下姜村的人文和自然资源。借助上江埠大桥开通和淳杨线改造等交通条件的改善，规划建议下姜村大力发展旅游业，建设特色旅游村。

（1）发展思路：借助下姜村在浙江省内的知名度，以感受各级领导对基层发展的关怀作为主要吸引点，结合生态示范体验、乡村休闲度假等旅游产品，面向省内乃至长三角地区的休闲教育、家庭自驾游市场、银发市场、学生市场等。

（2）总体定位：规划将下姜村打造成为市级、省级的城乡统筹示范村、乡村旅游精品村。根据目标定位和市场需求，主要发展以考察、教育、会议、观光、休闲以及商购六大功能相结合的旅游基地。充分利用下姜村现有丰富的政治资源、自然景观资源重点建设五大旅游基地：党史（党性）教育基地、爱国主义教育基地、中青年干部培训基地、青少年夏令营活动基地、自驾骑游服务基地。

（3）主要游览设施：感受领导关怀类：规划建议利用村东部的老村委会办公楼改造为访问点，并将领导访问、住宿过的农家作为游览点，以此作为感受领导关怀基层的主要参观点。①生态示范体验类：规划建议挑选具有代表性的沼气利用农家作为参观点。并将村东部的山谷打造成循环生态农业体验点。北部设置集中的养殖兔、牛、蚕等养殖房，供游客体验传统乡村生活。动物粪便设置沼气池处理，并利用高差和山谷汇水设置梯级湿地，种植水生作物净化废水，下级湿地可养殖鱼类供观赏。以构筑一个微型的生态循环系统供观赏体验。②乡村休闲度假类：通过对村庄的整体风貌改造、河谷耕地田园风光的观赏性强化、周边山体作物的季节性采摘体验组织，以及沿河生态亲水空间、风雨廊桥等特色空间的营造，像农家乐、药膳餐厅等舒适接待设施的提供，吸引城市游客来休闲度假。除村庄内部的游览景点外，还应与村域及周边的其他旅游资源整合开发，如村东水南山区地块的水南山地运动营地区、下游河谷的五狼坞生态峡谷风景区、枫树岭水库等。并应专项编制旅游开发规划。

（4）游览系统：村庄内部形成步行游览网络，联结若干个旅游景点。从旅游接待中心出发，组织一条主要游览路线串联主要访问点、循环生态农业体验点、老村委会访问点、教堂、古建参观、桥头公共空间、步行廊桥等多个主要景观，形成集自然景观、人文景观、产业特色观光等于一体的丰富的游览路线。

（5）河道水系：凤林港河道整治：由于凤林港现状水流较小，规划建议对河滩进行梳理，并往下清淤，形成"U"形河道，可形成连贯整体的水面；并在廊桥至东侧下游设置3道堰坝，形成一定的蓄水面积，改善河道景观，同时对现有河道内大卵石进行适当序列化整理。并在河滩上设置简易卵石步道，以增加亲水空间的可达性。此外，严禁在河道内乱扔垃圾、倾倒生活污水、农业污水等，避免污染水体。为保障水体质量，建议上游枫树岭水库保证生态用水流量。

（6）驳坎整治：保留现有规整式石砌驳坎，在驳坎上端种植云南黄馨、吊兰或迎春花等藤蔓植物，在驳坎底部种植芦苇、芒草等野生植物进行遮挡，弱化石材给人生硬的感觉。在不影响排洪功能的基础上局部岸线还可利用自然块石在驳坎底部进行错落筑砌，在岸线上自然放置河石。并种植各种灌木或藤蔓植物，打破单一的岸线。

4. 建筑整治专项。遵循"一户一宅"的原则，并根据现状建筑的质量、风貌以及位置等各种相关因素确定整治模式，对破旧的、影响整体空间景观的建筑进行整治，分为以下五大类。

（1）拆除：拆除一户多宅的除主宅以外的宅基地、独立辅房等，以及对村民自行搭建的牲口房、厕所以及影响整体景观的辅房；拆除现有的公共猪圈。下姜村共拆迁建筑面积 6 814m²（其中，近期拆迁建筑面积 4 434m²）。

（2）拆除重建：拆除重建主要针对村民住房。对严重影响景观的住宅和危旧房予以拆除并就地或异地重建。主要涉及以下 6 个建筑：①40 号建筑，现状为危房，原地拆建；②52 号建筑，现状为危房，拆除原地重建；③13 号建筑，现状为危房，原地拆建；④2 号建筑，现状为土房，拆除后再东北角重建；⑤104、105 号建筑，建议拆除后在预留宅基地片区重建。⑥桥头公共空间西侧的公共厕所拆除重建，与廊桥及周边风格相协调。规划重建总建筑面积 1 419m²（图 2 - 3 - 37）。

（3）改变功能建筑：规划将村庄内部分住宅建筑改变其使用功能，作为参观建筑、访问点、农家乐等，主要用于下姜村旅游产业的开发。

（4）参观建筑：拟定 6 家建筑为访问点参观，分别为 8 号建筑、23 号建筑、29 号建筑、57 号建筑、82 号建筑和 129 号建筑，

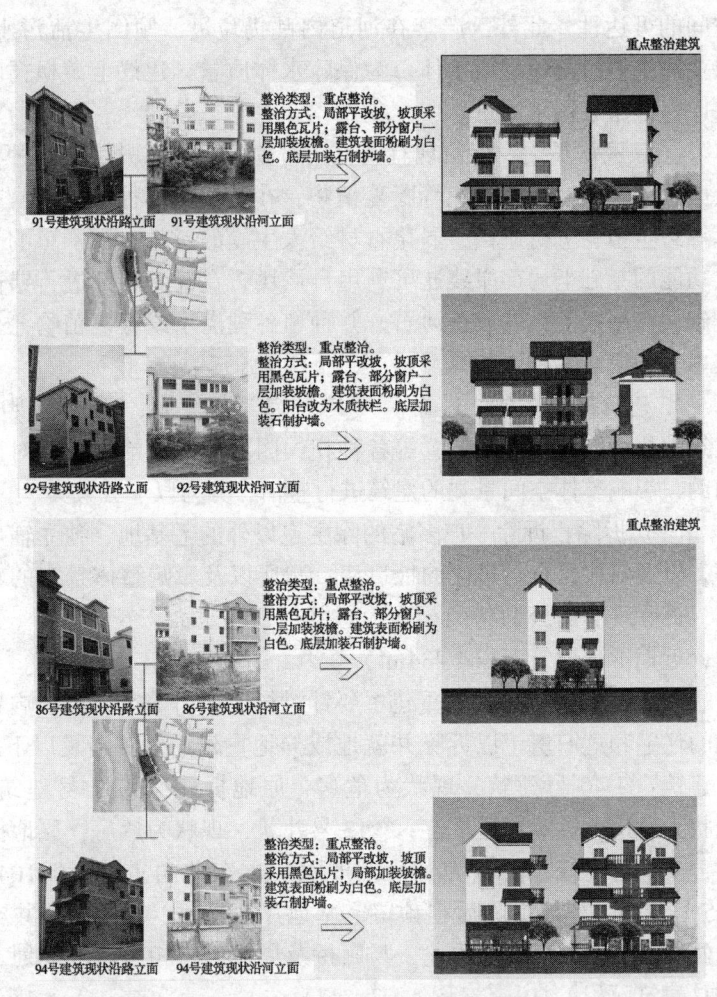

图2-3-37 重点整治建筑

其中57号、129号建筑进行重点整治，其余建筑在保留原来风貌的基础上进行一般整治；村内历史最悠久的老建筑为43号建筑，为清代时期建筑，建筑风貌具有传统特色，整治后作为古建筑的参观点；将56号建筑改造为教堂，拆除现有教堂，整治后供村

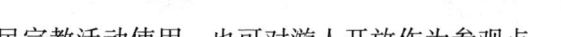

民宗教活动使用，也可对游人开放作为参观点。

（5）农家乐：规划拟定4家农家乐，分别位于村东驳坎上的34号、村北的17号建筑、河南岸的118号、119号建筑。其中，34号、118号、119号建筑进行重点整治。该类建筑总建筑面积为2 713m²。

（6）重点整治：重点整治建筑主要指沿凤林港和淳杨线的建筑中景观风貌一般的建筑。主要采用平改坡、立面整治两种整治模式。①平改坡：对现状为平屋顶的建筑进行平改坡或者局部平改坡。坡屋顶统一采用青瓦屋顶，局部增设栏杆。部分建筑平改坡时留有露台可供晾晒衣物等。②立面整治：立面整治主要包括墙面贴面砖、局部加披檐、封阳台、悬挂立面花池、涂料粉刷栏杆和线脚等方法，同时更换或粉刷窗框、门框。本次重点整治共涉及住宅建筑47幢，其中，河北岸41幢，河南岸6幢，总建筑面积为7 115m²。

（7）一般整治：除重点整治建筑外，其余住宅建筑均为一般整治建筑。一般整治主要包括屋面整修、现状面砖墙面清洗、墙面涂料粉刷、栏杆和线脚粉刷、局部绘制水墨图案。同时局部更换、粉刷或清洗窗框、门框。该类建筑总建筑面积为18 316m²（图2-3-38）。

5. 重要节点整治

（1）旅游综合服务中心：旅游综合服务中心位于村东口河南岸，正对下姜桥设置，便于人流集散和临时车辆上下游客。该中心设置2层庭院式半围合坡屋顶建筑，设置有旅游服务、新农村建设展示馆（近期设置于现村委会）、托老中心、卫生服务站、多功能餐厅和厨房、村民培训、村合作社等多项功能，同时为村民提供公共活动的场地，包括举办文艺活动、会议、戏曲表演、办喜宴；同时，为游客提供旅游接待、咨询、药膳体验等服务。该中心还设置篮球场、内庭院、小公园、景观亭等，为村民提供休闲、娱乐、活动的场所。广场铺装主要采用自然块石，广

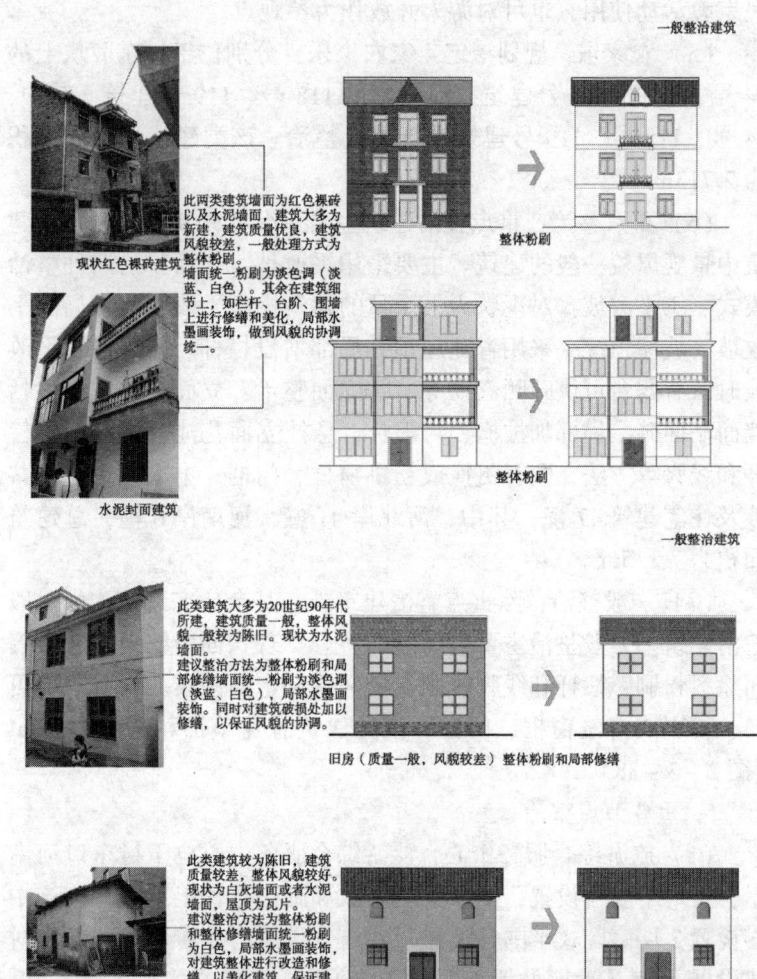

一般整治建筑

此两类建筑墙面为红色裸砖以及水泥墙面，建筑大多为新建，建筑质量优良，建筑风貌较差，一般处理方式为整体粉刷。
墙面统一粉刷为淡色调（淡蓝、白色）。其余在建筑细节上，如栏杆、台阶、围墙上进行修缮和美化，局部水墨画装饰，做到风貌的协调统一。

现状红色裸砖建筑

整体粉刷

水泥封面建筑

整体粉刷

一般整治建筑

此类建筑大多为20世纪90年代所建，建筑质量一般，整体风貌一般较为陈旧。现状为水泥墙面。
建议整治方法为整体粉刷和局部修缮墙面统一粉刷为淡色调（淡蓝、白色），局部水墨画装饰。同时对建筑破损处加以修缮，以保证风貌的协调。

旧房（质量一般，风貌较差）整体粉刷和局部修缮

此类建筑较为陈旧，建筑质量较差，整体风貌较好。现状为白灰墙面或者水泥墙面，屋顶为瓦片。
建议整治方法为整体粉刷和整体修缮墙面统一粉刷为白色，局部水墨画装饰，对建筑整体进行改造和修缮，以美化建筑，保证建筑的风貌。

老房（质量较差，风貌较好）整体粉刷和整体修缮

图 2 - 3 - 38　一般整治建筑

场上设置树池。篮球场和广场可作为临时停车场使用。旅游综合服务中心规划总建筑面积 1 996m^2（图 2 - 3 - 39）。

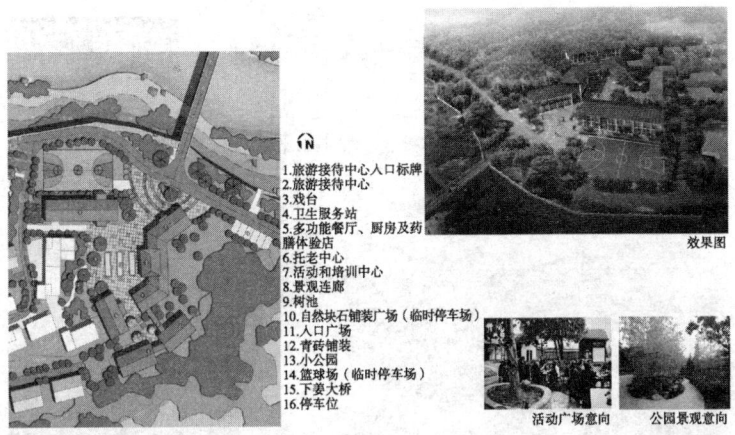

1.旅游接待中心入口标牌
2.旅游接待中心
3.卫生服务站
4.戏台
5.多功能餐厅、厨房及药膳体验店
6.托老中心
7.活动和培训中心
8.景观连廊
9.树池
10.自然块石铺装广场（临时停车场）
11.入口广场
12.青砖铺装
13.小公园
14.篮球场（临时停车场）
15.下姜大桥
16.停车位

效果图

活动广场意向　　公园景观意向

图 2 – 3 – 39　旅游综合服务中心

（2）坎上公共空间：主要位于下姜老村，利用现状驳坎设置带状的坎上公共空间，主要设置景观廊架、宣传栏、树池、石桌凳、健身器材等，为村民提供集中的公共活动场地。广场铺装采用自然块石为主，局部铺设青砖，并铺设卵石带。驳坎外围设置栏杆或挡墙（图 2 – 3 – 40）。

（3）转角小节点：规划在 29 号建筑西侧道路转角处设置一转角小节点。该节点以现状驳坎做背景，在驳坎前种植色彩丰富的低矮灌木，结合花坛设置石材坐凳。另外，保留现状大乔木，设置树池，树池一周可做坐凳。广场铺装以卵石铺装为主，局部铺设块石铺装带（图 2 – 3 – 41）。

（4）循环生态农业体验点：规划在村东北角利用现状山谷打造循环生态农业体验点，设置水系收集山体汇水，通过生态净化后设置景观水塘，形成生态循环的新型农业示范点。北侧设置公共养殖用房，可养兔、养蚕、养牛等，供村集体养殖或整体出租；公共养殖房下游设置荷花、菱角、茭白等养殖塘，一方面可以净化上游的养殖废水，另一方面可供观赏及农家乐开发；在最

1.景观廊架
2.树池（带坐凳）
3.环树池休闲坐凳
4.石凳
5.宣传栏
6.健身器材区
7.卵石铺装
8.冷色自然块石铺装
9.暖色自然块石铺装
10.青砖铺装
11.高40cm挡墙
12.农家院子
13.石材矮栏杆（可坐）
14.清代古建筑
15.墙角绿化
16.自然块石台阶
17.公共厕所
18.步行村道
19.行道树

场地及铺装改造意向

绿化景观改造意向

效果图

图 2 - 3 - 40　坎上公共空间

转角小节点现状

1.自然块石铺装
2.树池坐凳
3.花坛侧石（可坐）
4.彩色时花灌木丛
5.小乔木或果树
6.挡墙驳坎
7.墙角绿化
8.庭院绿化
9.块石竹篱围墙

效果图

图 2 - 3 - 41　转角小节点

下游设置景观池塘，收集净化后的水，作为景观用水（图 2 - 3 - 42）。

（5）入口公园：将下姜老村村西口桥头沿凤林港的建筑拆

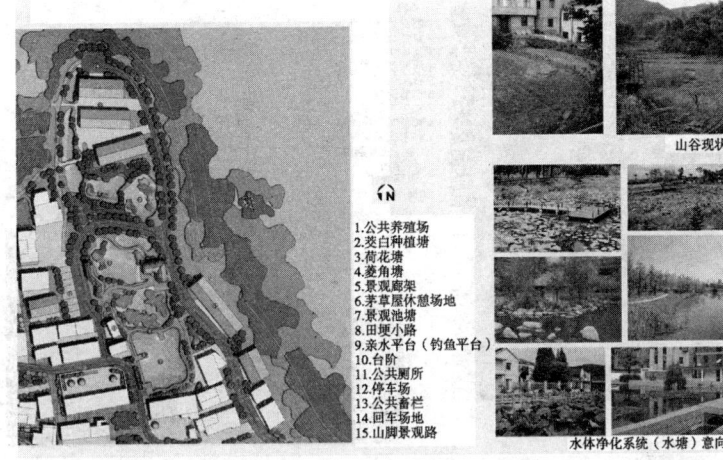

1.公共养殖场
2.茭白种植塘
3.荷花塘
4.菱角塘
5.景观廊架
6.茅草屋休憩场地
7.景观池塘
8.田埂小路
9.亲水平台（钓鱼平台）
10.台阶
11.公共厕所
12.停车场
13.公共畜栏
14.回车场地
15.山脚景观路

山谷现状

水体净化系统（水塘）意向

图 2 - 3 - 42　循环生态农业

除，临河新建一景观长廊，结合停车场、铺装场地及入口标志规划为入口公园，种植大乔木、丰富的低矮灌木，作为展现下姜村形象的主要节点。另外，将窄尔现有的两块石碑移至入口公园，设置碑亭（图 2 - 3 - 43）。

（6）桥头公共空间：拆除现有 98 号住宅建筑以及若干个辅房，结合廊桥在河北岸桥头处设置桥头公共空间，广场采用自然块石、青砖铺装，广场上设置树阵、树池，种植大乔木。并靠 99 号建筑山墙搭建一景观廊架，以弱化山墙硬朗的线条感。另外，在广场西侧重建公共厕所（图 2 - 3 - 44）。

（7）环境设施整治：环境设置主要包括铺装、坐凳、树池、垃圾桶、指示牌、栏杆等，尽量采用与具有乡土气息的元素与符号，体现自然风貌。①铺装。铺装主要包括路面铺装和场地铺装。村庄内部路面主要以人行为主，采用自然块石、青砖等进行铺设；场地铺装主要采用自然块石、条石、青砖、卵石等自然元素的材料，局部可结合木材铺设（图 2 - 3 - 45）。②桥梁。现状

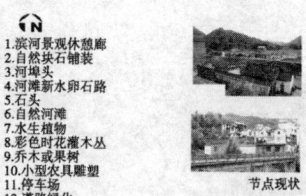

1.滨河景观休憩廊
2.自然块石铺装
3.河埠头
4.河滩新水卵石路
5.石头
6.自然河滩
7.水生植物
8.彩色时花灌木丛
9.乔木或果树
10.小型农具雕塑
11.停车场
12.道路绿化
13.碑亭

节点现状

图 2-3-43 入口公园

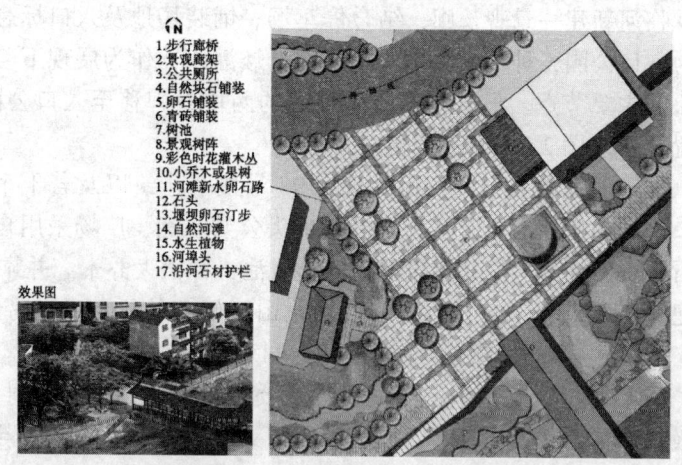

1.步行廊桥
2.景观廊架
3.公共厕所
4.自然块石铺装
5.卵石铺装
6.青砖铺装
7.树池
8.景观树阵
9.彩色时花灌木丛
10.小乔木或果树
11.河滩新水卵石路
12.石头
13.堰坝卵石汀步
14.自然河滩
15.水生植物
16.河埠头
17.沿河石材护栏

效果图

图 2-3-44 桥头公共空间

下姜村老村东、西两头分别有 1 座桥梁，分别为下姜大桥和凤栖桥。

下姜大桥位于下姜村东端，长 80m，宽 4m。现状桥身为石

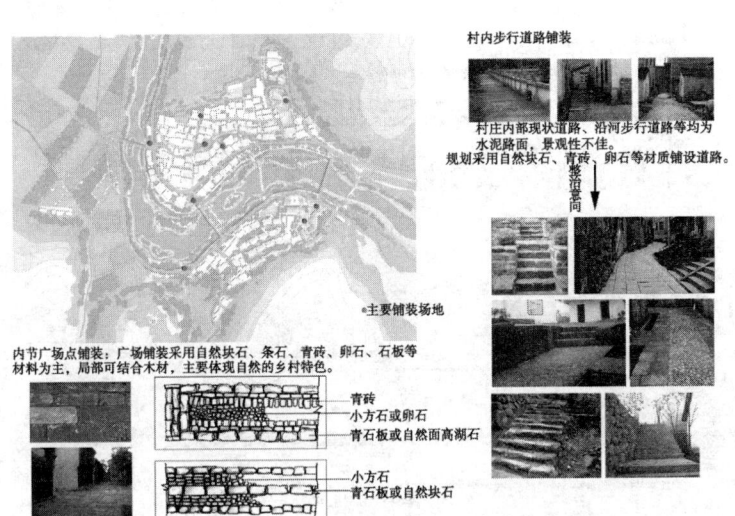

村内步行道路铺装

村庄内部现状道路、沿河步行道路等均为水泥路面，景观性不佳。
规划采用自然块石、青砖、卵石等材质铺设道路。

内节广场点铺装：广场铺装采用自然块石、条石、青砖、卵石、石板等材料为主，局部可结合木材，主要体现自然的乡村特色。

青砖
小方石或卵石
青石板或自然面高湖石

小方石
青石板或自然块石

主要铺装场地

图 2 – 3 – 45 铺装意向

材，桥面及栏杆为水泥材质，桥梁整体呈灰色，较为陈旧，风貌较差。规划建议栏杆改造为石制栏杆，装饰以"牡丹花"为主题元素，体现"花好月圆"的美好祈愿。桥面由于通车需求，保留水泥材质。规划设计对桥身予以加固，以保证通行安全。凤栖桥位于下姜村西段，长55m，宽3m，为钢筋平板桥，现状风貌较差，桥身较为陈旧。规划建议对桥身进行加固，以保证通行安全。栏杆改造以"凤凰"为主题元素，将现状混凝土栏杆改为雕花石栏，搭配"松针"型柱头的拦柱。同时，桥身外挂装饰板，桥面仍采用水泥路面，更换路缘石（图 2 – 3 – 46）。③护栏。护栏主要包括栏杆和挡墙。沿凤林港南岸设置石材栏杆，北岸现有的水泥栏杆建议更换为统一的石材栏杆，款式要求简洁、自然、轻巧；村庄内部地势起伏较大，多处道路坡度较大，在坡道两侧可设置30cm高的矮挡墙，采用自然块石；在驳坎上设置栏杆或挡墙，在坎上公共空间外围设置石材矮栏杆（可坐）；对居民院子的围墙进行统一改造，采用自然块石和木条形式的通透式围

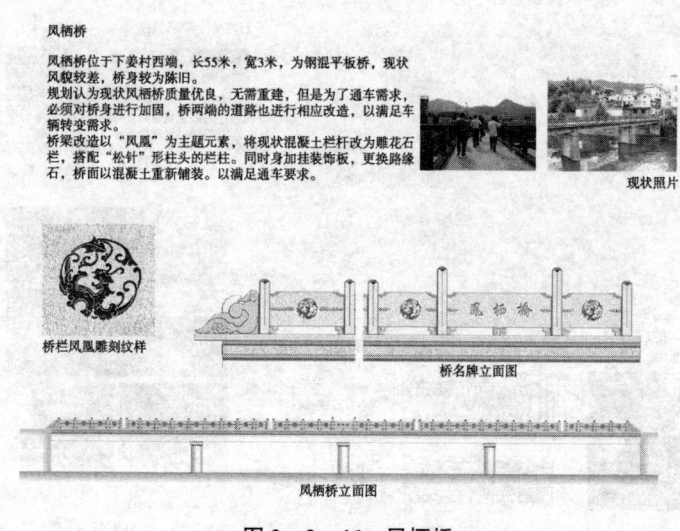

图2-3-46　凤栖桥

墙，对部分驳坎或院子较小的围墙也可采用自然块石挡墙（图2-3-47）。④坐凳。在入口公园、桥头公共空间、坎上公共空间、旅游综合服务中心以及各个宅间公共空间等各个景观节点设置坐凳。坐凳形式要求自然，建议采用石凳、木凳等乡土材质，避免过于城市化。部分坐凳可结合树池设置（图2-3-48）。⑤垃圾转运站及垃圾桶。规划在3个自然村分别设置1处垃圾转运站，共3处。另外，在下姜老村设置15处垃圾收集点，尽量均匀分布。在主要村道、节点及村庄内部均匀设置垃圾桶，平均100~200m 1处。垃圾桶造型力求简单、简练，材料选用木材或石材，避免使用塑料或不锈钢等现代材料。⑥树池。在桥头公共空间、坎上公共空间、旅游综合服务中心以及部分主要建筑的院落设置树池，种植大乔木，树池形采用自然条石铺砌、灌木种植的形式或卵石自然铺砌，材料选用本地石材，局部树池可作为坐凳使用。⑦指示牌。在下姜村东西两个村口分别设置一处村口标志牌。村东口标志牌结合老村东村口大石设置，村西口标志牌设

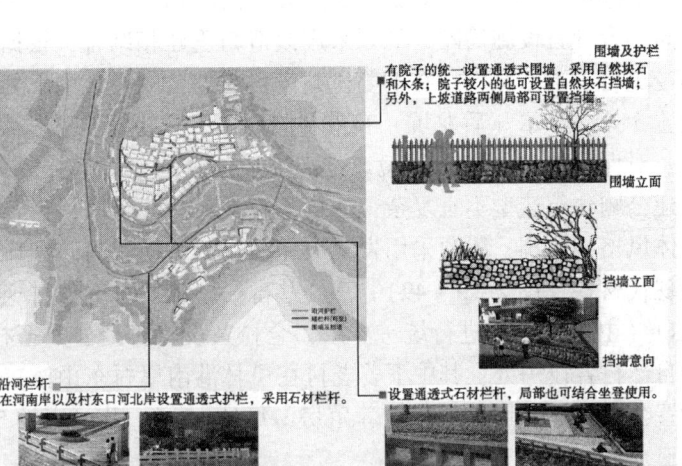

图2-3-47　矮墙护栏

图2-3-48　树池、座凳垃圾桶设施

置于窄伊大桥桥头。指示牌宜凸显乡土气息，形式质朴、大方、标志性强，充分展现下姜村形象。⑧公厕。现状公厕有8处，但分布不合理且设施简陋,规划采用改造与重建相结合,根据合理半径进行了重新布局。在下姜村共设置8处公厕,其中下姜老村设置5处,窄尔(后龙坑)自然村设置2处,伊家自然村设置1处。对保留的公厕进行环境改造,周边通过绿化进遮挡、美化;新建公厕建筑造型不宜复杂,体量不宜太大,建筑风格需与村庄整体风格相协调,屋顶采用青瓦坡屋顶,避免使用面砖和琉璃瓦等现代材料(图2-3-49)。⑨公共畜栏。规划对下姜村现有的牲口(主要为猪)进行统一养殖,全村共设置3处公共畜栏,3个自然村各设一处,其中下姜老村在凤林港南岸村东山体东北角设置公共畜栏,均设置独立养殖房,每处$15m^2$,共可容纳50头牲口。

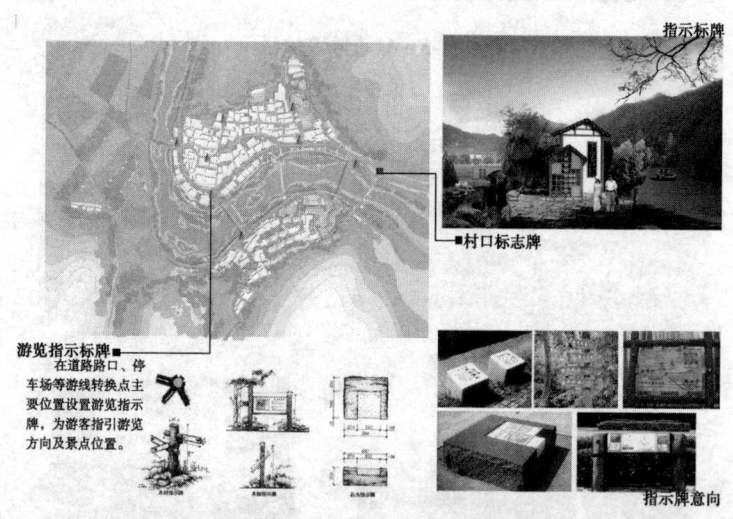

图2-3-49 小品设施

6. 市政工程规划

(1)市政工程设施现状:①给排水现状。村庄给水,目前下姜村给水主要依靠村庄附近山间修建的蓄水池提供,村庄内个别农户自建取水井取用地下水。现状蓄水池引自山泉水,并定期进行消毒，蓄水池基本能满足现有供水量需求。村庄排水，污水目前全村还未形成完善的排污系统，仅在下姜村实施了2座污水池，处理日常污水，污水经过处理后排入七都港（凤林港）。其他村目前还没有实施污水池，污水就近排放。目前各村雨水通过现有沟渠就近排放入附近河渠，还未建成完善的雨水排放系统。②电力通信现状。目前下姜村村民用电分别由10kV下姜配变和10kV窄尔配变提供，供电线路均为架空线（部分为架空集束电缆）。根据统计数据，下姜（配变）供电区域为下姜村，2011年2月用电量14 174KW·h，4月用电量为17 628KW·h；乍尔（配变）供电区域为窄尔、后龙坑及伊家村，2011年2月用电量6 311KW·h，4月用电量为8 515KW·h。③村庄通信。下姜村通信由枫树岭镇的电信支局提供，现有通信线路均为架空线；目前数字电视工程还未实施完成。④现状主要问题。给水水量及水质有待进一步提升；排污系统未建成，亟需加快实施，以改善村庄环境；为满足未来用电需求，现有配变规模及输电线路线径均需要扩容；数字电视工程需要加快实施。

（2）规划原则：以淳安县域总体规划、枫树岭镇总体规划为依据，结合下姜村实际情况及土地整治规划，对相关市政工程进行规划。从村庄整治实际需要出发，近远期结合，统一规划各项市政工程设施，分期实施，为远期发展留有余地。在满足各专业的规范的前提下，本着节约、可持续发展的原则安排各类设施，以改善村民生活环境质量、提高村民生活品质、保障村民生活安全。

（3）给水工程规划：用水量预测：规划采用单位人口综合用水量指标法与分类用水量法两种方法预测规划用水量。单位人口综合用水量指标法参照《淳安县县域总体规划（2006—2020年)》中农村指标及《淳安县枫树岭镇总体规划（2008—2020)》的有关指标，考虑下姜村整治后的实际情况，采用的指标（远期指标）为200L/人·d，全村规划人口799人，则预测用水量

159.8m^3/d。

分类用水量法，村民生活指标取 120L/人·d，则用水量为 95.88m^3/d；公共服务建筑用水指标取 3L/m^2·d，则用水量为 13.8m^3/d；绿化用水指标取 10m^3/hm^2·d，则用水量为 63.86m^3/d；工业企业用水不计入总水量。则预测用水量为 169.8m^3/d。综合两种预测方法，预测最高日用水量为 160m^3。

水源，根据《淳安县枫树岭镇总体规划（2008—2020）》，下姜村给水水源维持现状，以山间自流水为主，不再开挖新的水井，现有取水井应逐步封闭。为提高供水水量，扩建下姜南侧蓄水池，并采用简易处理装置对水源进行沉淀–消毒处理，以提高供水水质。按《关于加强农村饮水安全工程卫生学评价和水质卫生监测工作的通知》（浙卫发〔2009〕83 号）有关要求，加强农村饮水安全工程卫生学评价和水质卫生监测工作，以保障农村饮用水安全。

给水管网，基本保留现有给水管网。沿新建道路敷设给水管，并与原有管网成环布置。为保障管道安全，车行道下给水管最小覆土深度为 0.7m（人行道下为 0.6m）。

消防，下姜村消防由镇区设施的消防站解决。结合村庄整治，完善室外消火栓设施，室外消火栓应布置在道路两侧，并尽量布置在十字路口，消火栓间距不超过 120m，保护半径不超过 150m。

（4）排水工程规划采用雨污分流的排水体制：污水量预测，区块污水量按用水量（不包括道路及绿化用水）的 0.80 计。预测本片区污水量为 88m^3/d。污水工程规划根据《淳安县枫树岭镇总体规划（2008—2020）》并结合在编的镇区法规，考虑到下姜老村已建成污水处理设施，污水接入镇管网有难度，故下姜老村污水自行处理，窄尔、后龙坑村及伊家村的污水经收集后，统一由新建的镇污水设施处理。污水处理池，保留现有污水处理池，完成下姜村南侧现状污水池，池顶回填覆土，在窄尔村西南新建 1 座污水处理设施，与来自镇区的污水一并处理，尾水排入河道。

污水管规划中，下姜村完善污水管管网系统，根据地形地势布置污水管，污水管尽量布置于户前，以便村民生活污水的排放。同时，对现有污水管管材（水泥管、明渠、盖板渠）进行更新。窄尔、后龙坑村：依地势新建污水管，收集农户生活污水，由南向北排入新建的镇污水处理设施，处理后排入河道。伊家村：依地势新建污水管，收集农户生活污水，由西向东排入新建的倒虹管，经倒虹由南向北接入新建的镇污水处理设施，处理后排入河道。雨水工程规划中雨水排放充分利用地形和现有沟渠排放雨水，村庄整治中采用管网和沟渠相结合的排放方式，新建道路下铺设雨水管，就近排入附近水体，并逐步完善雨水管网工程系统。

雨水管道设计标准：雨水流量按 $Q = \Psi \cdot q \cdot F$ 公式计算，Q 为雨水流量（L/s）；Ψ 为径流系数，按《室外排水设计规范》（GB 50015—2006）中有关条款执行；F 为汇水面积（hm^2），q 为暴雨强度（$L/s \cdot hm^2$）；暴雨计算采用杭州市的暴雨强度公式：$q = 3360.04 (1 + 0.639 lgp) / (t + 11.945) 0.825$（$L/s \cdot hm^2$），其中：重现期 $p = 1$ 年，$t = t_1 + mt_2$ [t_1——地面集水时间，采用 15min；m——折减系数，管道取 $m = 2.0$；t_2——管道内雨水流行时间（min）；q——设计暴雨强度（$L/s \cdot hm^2$）]。雨水收集：在道路建设时，重视雨水口的建设，在地势低洼处应加大雨水口密度或采用双篦雨水口，适当减少雨水口间距，以利于雨水收集。

7. 电力工程规划

（1）用电负荷预测：①预测方法。采用负荷密度法预测规划区块用电负荷，在进行负荷预测时考虑适当的同时率。各地块用电负荷采用单位建筑面积负荷指标或单位用地面积负荷指标进行预测：规划用电负荷 = 建筑（用地）面积×单位面积负荷指标×同时率。②预测指标。参照《淳安县县域总体规划（2006—2020

年)》农村有关指标及《淳安县枫树岭镇总体规划（2008—2020)》有关指标，考虑 0.8 的同时率，则预测电力负荷为230kW。

（2）配变设施规划：根据《淳安县枫树岭镇总体规划（2008—2020)》，下姜村供电电源为大墅 35kV 变电站，本次规划重点对下姜村配变设施进行安排。现有两座配变均能满足 0.4kV供电半径不大于 0.5km 的要求，规划保留上述配变。按《浙江省新农村电气化标准体系》中电气化村标准要求，配变容载比为1.6～1.9，下姜村取 1.9。故需要对上述两座配变进行扩容改造，下姜配变由现状 100kVA 扩容至 315kVA，窄尔配变由现状 50kVA扩容至 200kVA。

（3）电力线路规划：目前电力线路绝大部分为架空铺设，包括10kV 及 0.4kV 两个电压等级。为节约投资及利于实施，村庄整治中电力线路仍以架空为主，结合村庄整治，对现有架空线路进行整理，尽量沿路或河道架设。同时，对现有架空线路线径进行调整，扩大线径以满足村庄未来用电负荷需求。

8. 通信工程规划

（1）通信需求量预测：规划区块 255 户，参考《淳安县县域总体规划（2006—2020)》指标，村民用户固定电话按每户 0.75门计，公建按住宅用户的10%计，则预测固定电话设备容量约为210 门。移动电话用户数，参考《淳安县县域总体规划（2006—2020)》指标，移动电话普及率每百人 70 部，则预测移动电话用户数为559 部。

（2）通信设施规划：下姜村通信服务由枫树岭镇提供。结合村庄整治，完善村庄数字电视入户工程。

（3）通信线路规划：结合村庄整治，对现有架空通信线路进行整理，各类通信运营商（包括网通、广电、移动、联通等）的通信架空线路应尽量同杆架设，统一建设、统一管理，避免各自为政。整理后的架空线路原则上沿路或河道架设。

9. 防洪规划

（1）防洪标准：下姜村的防洪标准定为 20 年一遇。

（2）工程措施：对现有行洪主干河—凤林港及其驳岸进行整治，以达到防洪标准；对现有排水沟渠进行整治，以提高排水能力；按防洪和防山洪标准，新建建筑室外地坪标高高于设计洪水位；沿山脚设置截洪沟，截留山洪，分散排入河道，以保障村庄安全；对村庄周边山地植被进行保护，以减少山洪流量。

10. 农村沼气利用。目前下姜村有约 40% 的农户在使用沼气，据下姜村统计，全村约有 50 个沼气池，沼气池的建设即方便了部分农户的日常生活，也使部分牲畜粪便得到再次利用。结合村庄整治，尽量保留现有沼气池，并在有条件的地区新建沼气池。沼气池可选择在公共生产建筑及公厕附近实施。沼气池平面布置可因地制宜，在不改变工艺流程的前提下，可采用矩形、圆形或其他形状，但要考虑结构受力、方便施工和清运垃圾，并不影响其他建筑物或构筑物。沼气池工艺流程一般为：生活污水（公厕污水）→前处理→后处理→排污管道。沼气池宜采用密封和防腐涂料，沼气池前处理应安装软、硬性填料，进出口标高差不小于 200mm。

四、实施策略及投资估算

（一）实施策略

按照"近期开工，一年完成"的总体思路，规划遵循分期实施、有序推进的实施策略，建议整治规划分 3 期逐步落实。

一期（2011 年 7 月至 2011 年 12 月）抓紧建设公共猪圈，建成后拆迁搭建的零散猪圈，同时启动拆违拆旧；完成重点建筑立面整治改造；建设完成停车场、篮球场、垃圾处理工程，并完成宣传栏和公厕改造；完成强弱电线、污水纳管改造工程；完成农业特色产业苗木种植、设备建设等；完成新农村建设展示馆的改造和布展并开放（近期设置于现村委会）；参观访问点和定点的农家乐全部改造完成开放和开张营业。

二期（2012年1月至2012年4月）完成村北节点和公共空间的改造；完成庭院、栏杆、挡墙等的改造；建成东西两个村口标志节点。

三期（2012年5月至2012年6月）完成廊桥的建设；启动公共服务中心（村民中心）的建设，并将新农村建设展示馆搬迁至此；完成村内车行道硬化、步行道和铺装建设；根据旅游市场的发展启动循环生态农业体验区的建设；形成一定规模的旅游接待能力和较大的旅游知名度。

（二）投资估算

根据本轮规划整治规划方案估算整个下姜村（包括3个自然村）综合整治的总造价约2210万元。主要包括以下部分。建筑改造及立面整治：包括一般整治类约206万元；重点整治类约236万元；拆违拆旧约130万元，共计约572万元。新建公共服务建筑：主要为村民公共服务中心、公厕、宣传栏、垃圾站等，造价约220万元。绿化及环境设施：包括绿化种植、栏杆、标志标牌、垃圾桶、坐凳树池等，造价约284万元。道路交通设施：包括全村车行道路改造96万；步行游览系统改造和场地铺装、停车场187万；新建桥梁154万，共计造价约为437万元。市政工程设施：包括新建蓄水池、污水池、10千伏配变库容、给排水管线埋设、电力线路架设的工程投资，造价约为123万。产业设施：包括来料加工、农业和旅游设施三类。来料加工产业设施约78万元；农业产业设施约436万元；旅游设施主要包括陈列馆、5处访问点和3处农家乐，造价约60万元；共计约574万元。

通过分析永兴坞村和下姜村这两个成功的乡村建设案例，我们可以总结出乡村建设的重要策略包含以下几方面：要遵循场地特征，在保护的前提下进行改造和建设；要重视整体生态环境系统的修复；要保护和传承乡村特有的文化；通过改造建筑，传承地域特色的同时增加了新功能设施；美丽乡村建设不仅是外观的更新，更重要的是产业和人居活动场所的深层次合理规划。

【导学案例分析】

一、设计思路

（一）总体设计思路

一是括苍山旅游路线的延伸；二是村庄自然旅游资源的提升；三是将岭溪、下洋顾有机结合。设计理念：结合括苍镇的整体规划和村庄周边自然资源，强调生态，注重景观区域原始的生态功能。延续乡村景观和本地民俗风情，围绕丰富自然资源，打造具有乡村气息的自然生态湿地公园，建设休闲旅游度假村。

（二）总体发展思路

1. 发展自然生态湿地公园。保持该湿地区域独特的自然景观特征，维持系统内部动、植物物种的生态平衡和种群协调发展，并在不破坏湿地生态系统的基础上建设不同类型的辅助设施，将生态保护、生态旅游和生态教育的功能有机结合，突出主题性、自然性和生态性三大特点，集湿地生态保护、生态观光休闲、生态科普教育、湿地研究等多功能的生态型主题公园（图2-3-50）。

图 2 – 3 – 50 自然生态湿地公园

2. 打造休闲旅游度假村。作为形成度假村概念的基本要求是需要有一些用作休闲娱乐的建筑群，通常远离闹市区，依山傍水，为了让客人们于假日时可享受他们的假期，度假村内通常设有多项设施以满足客人休闲的需要，如餐饮、住宿、体育活动、娱乐及购物（图 2 – 3 – 51）。

图 2 – 3 – 51　改造前后建筑

第一，能提供把客人吸引来的娱乐设施。

第二，能为外出客人提供住宿、食品、饮料等服务。

第三，能提供充实客人停留时间的活动。

（1）统一"新老建筑"存在问题：各色面砖、阳台、院门、窗子、空调、太阳能，建筑基调颜色混杂，风格混乱，缺乏精致细节和生活化设施。

（2）解决方法：①重新梳理村庄建筑布局，适当拆除。②通过统一的材质，对入口、沿街地段的建筑外立面进行改造。

3. 提升村庄基础建设。发展休闲旅游度假村，基础设施的建设，对于发展农村经济，提高村民居住环境都具有重要作用。

（1）存在问题：村内绿化太少，缺少公共服务设施建设（图 2 – 3 – 52）。

（2）解决方法包含以下几方面：①提升绿化；②道路建设；

图2 –3 –52　村内绿化

③水利整治；④增加公共服务设施建设。

4. 完善旅游观光设施（图2 –3 –53）。

图2 –3 –53　旅游观光设施

目前岭溪、下洋顾旅游资源丰富，包括自然风光、产业文化、民俗文化等，是经营旅游业的吸引能力；但旅游设施，旅游服务有待完善。旅游服务有待完善。解决办法：住宿设施、餐饮设施、游乐设施、交通设施等的完善。

5. 岭溪村发展规划

（1）设计框架：综合考虑文化资源、村庄发展基础和功能合理等因素，将场地分为"一环、一带、两片、三区"（图2 –3 –54）。一带：村入口的生态河道；一环绕村庄的游览路线；一环：环村道路；一带：邻溪生态湿地带；两片：南、北两片村庄；三区：北边山体景观亭、南边山体林地景观和西边农家乐基地。

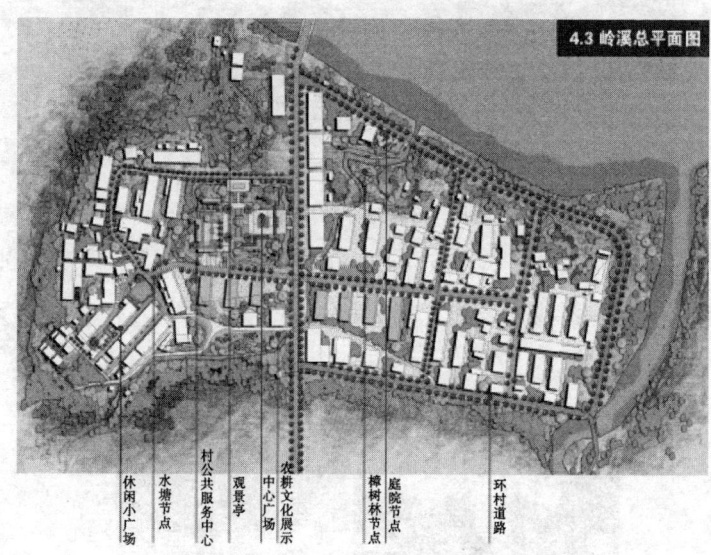

休闲小广场　水塘节点　村公共服务中心　观景亭　中心广场　农耕文化展示　樟树林节点　庭院节点　环村道路

图 2 - 3 - 54　岭溪总平面

（2）入口形象节点（图 2 - 3 - 55）。

沿河游步道设计　河道清理　驳岸整治　主道路整治　主干道建筑外立面统一梳理

图 2 - 3 - 55　入口形象节

（3）入口广场（图2-3-56）。

图2-3-56　入口广场

①现状分析。地块地势平坦，建筑需统一梳理。②设计创意。村中心广场（图2-3-57）。

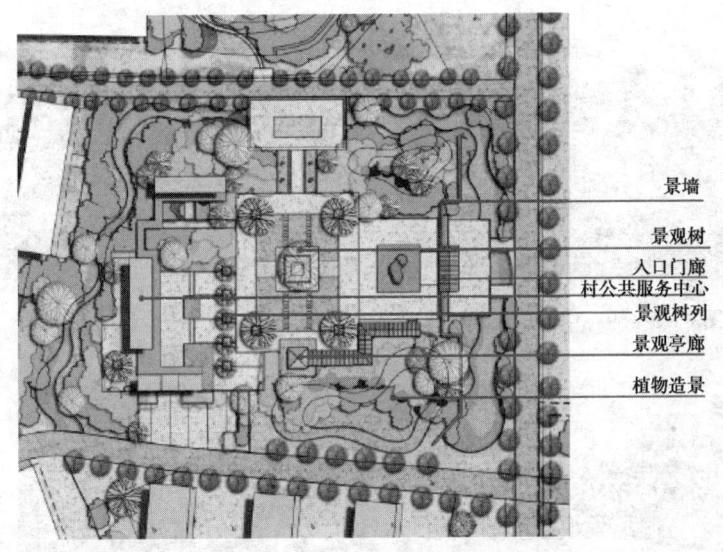

景墙
景观树
入口门廊
村公共服务中心
景观树列
景观亭廊
植物造景

图2-3-57　中心广场平面

通过入口广场的建设，整体提高村庄形象，在形成村庄两片

区块的核心广场的同时，又满足村民及游客休闲活动场所（图 2 –
3 – 57、图 2 – 3 – 58、图 2 – 3 – 59、图 2 – 3 – 60 和图
2 – 3 – 61）。

图 2 – 3 – 58　中心广场透视 1

图 2 – 3 – 59　中心广场透视 2

图 2 – 3 – 60　中心广场透视 3

图 2 – 3 – 61　中心广场透视 4

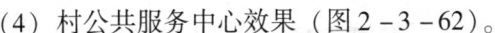

（4）村公共服务中心效果（图2-3-62）。

图2-3-62　村公共服务中心

（5）农耕文化展示区（图2-3-63）。

水系整治　　绿化提升　　统一建筑立面　　景观提升

图2-3-63　农耕文化展示区

①现状分析。地块平坦，有自然水系，建筑需统一梳理。②设计创意。文化生活展示。通过景观小品设施，展示乡村农耕文化生活，整体提升乡村景观（图2-3-64和图2-3-65）。

图2-3-64　农耕文化展示区

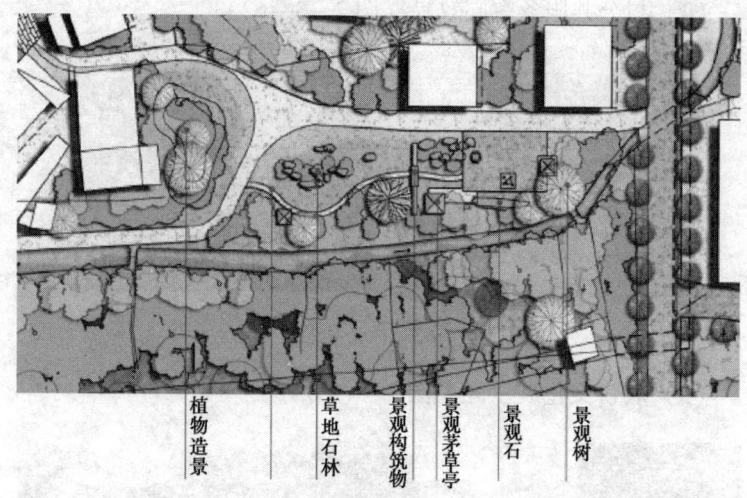

植物造景　　草地石林　　景观构筑物　　景观茅草亭　　景观石　　景观树

图 2 - 3 - 65　农耕文化展示区平面

（6）水塘节点（图 2 - 3 - 66、图 2 - 3 - 67、图 2 - 3 - 68、图 2 - 3 - 69 和图 2 - 3 - 70）

现状分析：建筑呆板，水塘杂乱；设计创意：水塘通过整体提升水塘景观，增加景观小品，改善乡村风貌。

驳岸处理　　护栏设计　　统一建筑立面　　道路整治

图 2 - 3 - 66　水塘节点现状

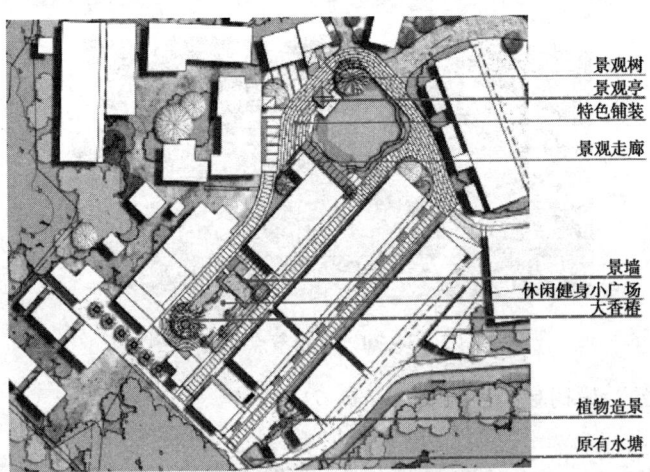

景观树
景观亭
特色铺装
景观走廊

景墙
休闲健身小广场
大香樟

植物造景
原有水塘

图 2 - 3 - 67　水塘节点平面

图 2 - 3 - 68　水塘节点透视 1

图 2 - 3 - 69　水塘节点透视 2

图 2-3-70　水塘节点透视 3

（7）樟树林节点（图 2-3-71）

统一建筑立面

樟树林地

庭院节点

图 2-3-71　樟树林节点

①现状分析。建筑风格混乱，挡土墙的高差处理生硬。②设计创意。樟树林保留原有樟树林地，通过增加景观亭、木栈道，整体提升该地块景观（图 2-3-72、图 2-3-73 和图 2-3-74）。

（8）山体节点（图 2-3-75）。

①设计创意。山体景观通过完善北边山体景观亭的基础设施，设计山路，形成观景平台，南边山体以植物造景为主题，营造秋景，形成南北山体对景，整体提升岭溪村自然的乡村景观。②下洋顾。生态湿地乡村度假规划（图 2-3-76）。

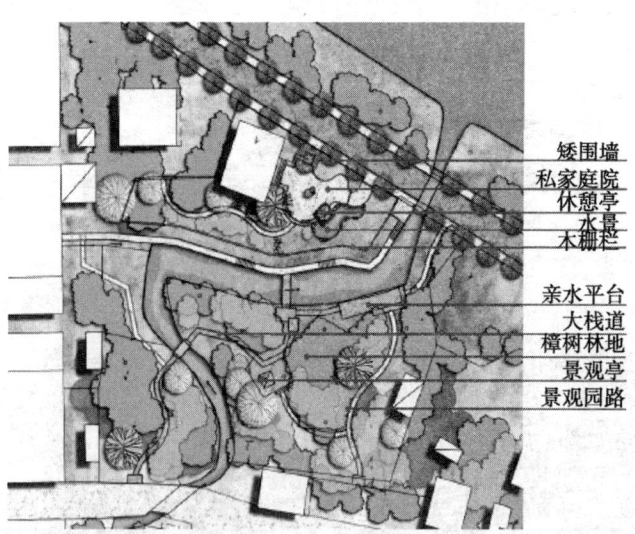

矮围墙
私家庭院
休憩亭
水景
木栅栏

亲水平台
大栈道
樟树林地
景观亭
景观园路

图 2 - 3 - 72　樟树林景观平面

图 2 - 3 - 73　樟树林景观

图 2 - 3 - 74　樟树林景观

图 2 - 3 - 75   山体节点

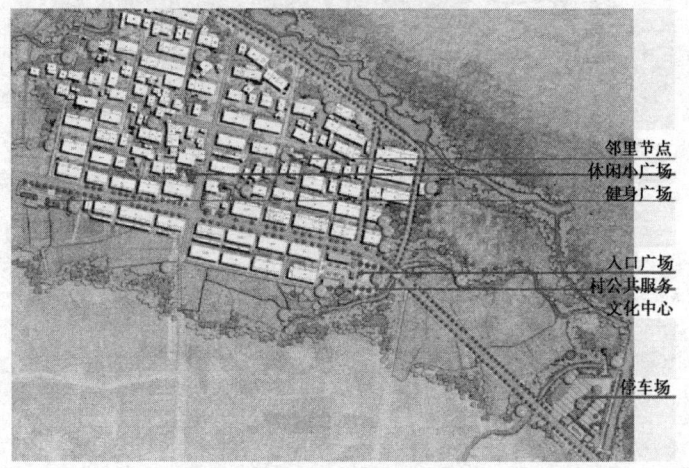

邻里节点
休闲小广场
健身广场

入口广场
村公共服务
文化中心

停车场

图 2 - 3 - 76   下洋顾总平面

（1）入口形象节点（图 2 - 3 - 77）。

现状分析：地块地势平坦，由于场地较狭小，适宜设置为小广场。

设计创意：村中心广场（图 2 - 3 - 78）。

通过入口广场的建设，河道整治，增设木平台，形成入口形象区，并配套设置村的公共服务中心，作为便民的公共设施。

（2）村公共服务中心建筑参考图（图 2 - 3 - 79）。

（3）休闲健身广场。①现状分析。原场地仅简单的放置了些

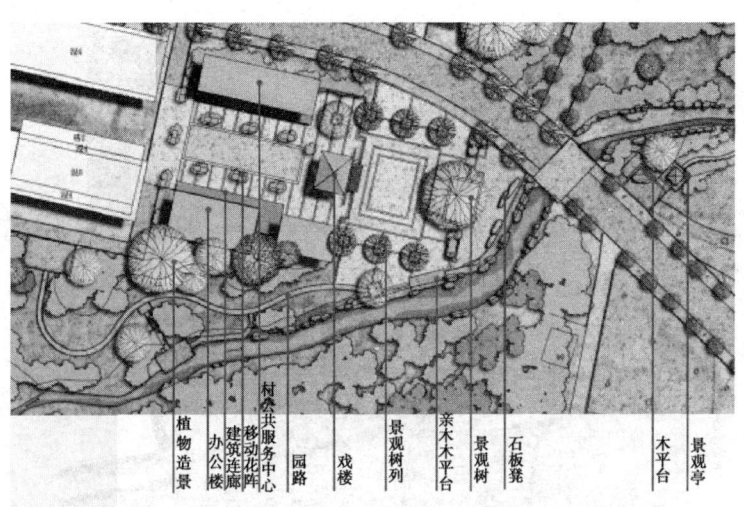

植物造景　办公楼　建筑连廊　移动花阵　村公共服务中心　园路　戏楼　景观树列　亲水木平台　景观树　石板凳　木平台　景观亭

图 2 - 3 - 77　节点平面

清理河道　设设小广场　增设木平台

图 2 - 3 - 78　村中心广场

健身器械，形象薄弱，缺少整体对场地的利用。②设计创意。休闲健身广场增设人文传统宣传栏结合休闲健身广场景观节点，在满足村民休闲活动需求的同时也在平常的潜移默化中提高了村民的文化修养（图 2 - 3 - 80、图 2 - 3 - 81 和图 2 - 3 - 82）。

（4）邻里广场。①现状分析。建筑赤墙化严重，缺少绿化，公共设施有待完善。②设计创意。三个中心节点；统一主干道两边建筑外立面，增加景观节点，提升村民居住环境（图 2 - 3 -

图 2 – 3 – 79　村公共服务中心建筑

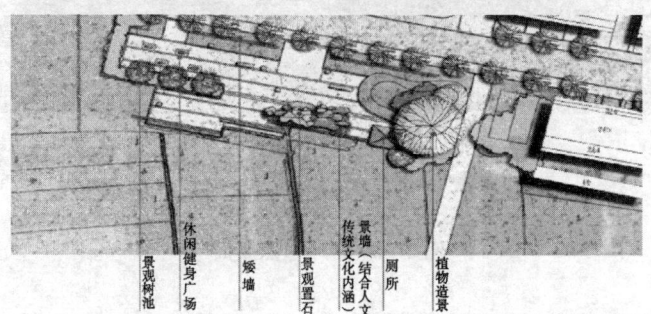

图 2 – 3 – 80　休闲健身广场节点平面

图 2 – 3 – 81　休闲健身广场　　　　图 2 – 3 – 82　休闲健身广场
　　　　节点　　　　　　　　　　　　　　节点

83、图 2 – 3 – 84 和图 2 – 3 – 85）。

　　（5）入口广场。①现状分析。地势地势较为平坦，视线开阔，紧邻象鼻崖景区。②设计创意。湿地公园主入口；改地块与湿地公园整体考虑，规划成公园主入口的同时，也满足村民与游客停车需求（图 2 – 3 – 86、图 2 – 3 – 87、图 2 – 3 – 88 和图

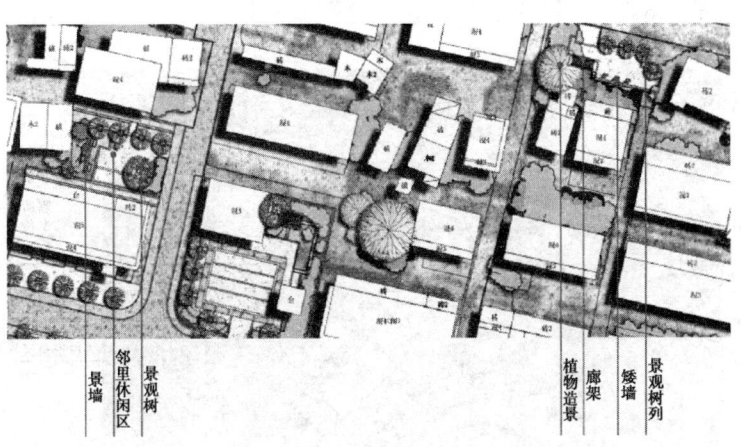

景墙　邻里休闲区　景观树　　　　　植物造景　廊架　矮墙　景观树列

图 2 - 3 - 83　邻里广场节点平面

图 2 - 3 - 84　邻里广场 1

图 2 - 3 - 85　邻里广场 2

2 - 3 - 89）。

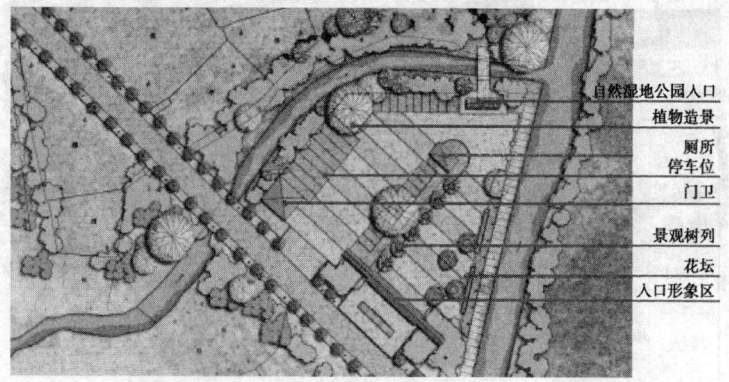

自然湿地公园入口
植物造景
厕所
停车位
门卫
景观树列
花坛
入口形象区

图 2 - 3 - 86　入口广场

图 2 - 3 - 87　透视 1

图 2 - 3 - 88　透视 2

图 2 - 3 - 89　透视 3

（6）生态湿地公园（图2-3-90）。①设计原则。保持湿地的完整性、实现人与自然和谐、保持生物多样性、科学配置植物种类、因地选择植物品种。②开展户外休闲活动。露营、垂钓、烧烤、度假、摄影。

图2-3-90 生态湿地

生态湿地公园规划平面图（图2-3-91和图2-3-92）。

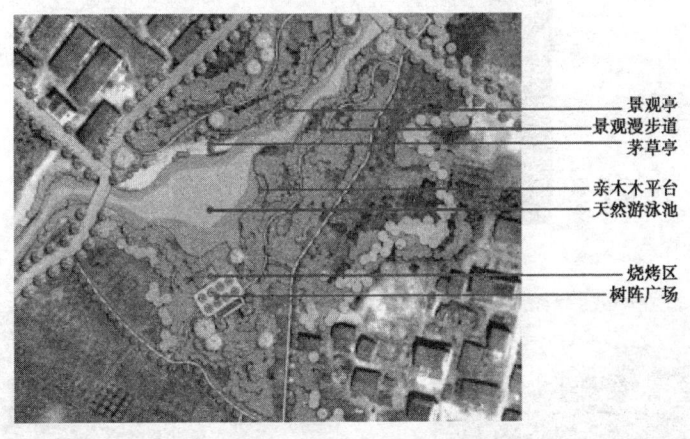

景观亭
景观漫步道
茅草亭

亲木木平台
天然游泳池

烧烤区
树阵广场

图2-3-91 一期景观规划

生态湿地公园景观效果图（图2-3-93、图2-3-94和图2-3-95）。

水岸链接方式图（图2-3-96）。

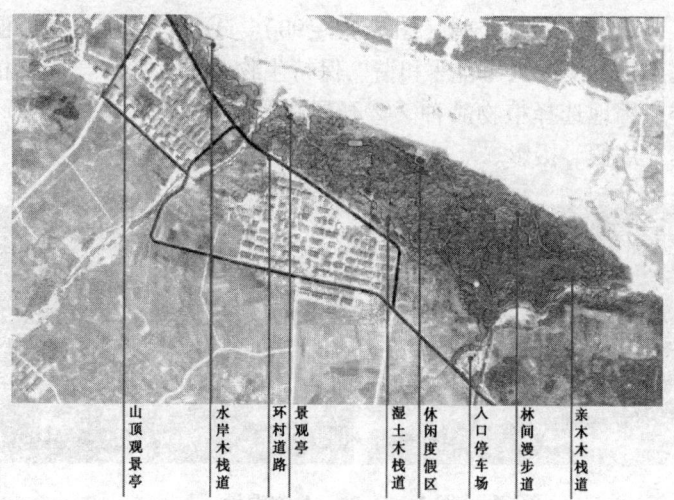

山顶观景亭　水岸木栈道　环村道路　景观亭　湿土木栈道　休闲度假区　入口停车场　林间漫步道　亲水木栈道

图 2-3-92　二期景观规划

图 2-3-93　湿地景观　1

图 2-3-94　湿地景观　2

图 2-3-95　湿地景观　3

图 2 - 3 - 96 水岸链接

游步道设计图（图 2 - 3 - 97 和图 2 - 3 - 98）。

图 2 - 3 - 97 现状

图 2 - 3 - 98 改造后意向

木栈道设计图（图 2 - 3 - 99）。

湿地护岸生态设计图（图 2 - 3 - 100、图 2 - 3 - 101 和图 2 - 3 - 102）。

图 2 - 3 - 99　木栈道设计

图 2 - 3 - 100　湿地护岸现状

图 2 - 3 - 101　自然式土岸驳岸

图 2 - 3 - 102　改造后意向

亲水观景平台设计图（图 2 – 3 – 103）。

图 2 – 3 – 103　亲水观景平台

景观亭设计图（图 2 – 3 – 104）。

图 2 – 3 – 104　景观亭设计

景观小品设计图（图 2 - 3 - 105）。

图 2 - 3 - 105　景观小品设计

模块四　乡村产业发展规划

【案例导学】

起步于 20 世纪 80 年代的乡村旅游取得了良好的经济和社会效益，在全国各地涌现出了许多发展乡村旅游的优秀典型。如四川成都的"农家乐"、北京郊区的民俗村、广西壮族自治区阳朔的荔枝园、山东枣庄的石榴园、上海浦东孙桥现代农业开发区等。因而，发展乡村旅游的确具有重要的意义：发展乡村旅游是贯彻落实党和国家战略决策的重要任务；发展乡村旅游是以城带乡的重要途径；发展乡村旅游是参与美丽乡村建设的积极实践；发展乡村旅游是推动旅游业成为国民经济重要产业的主要力量。

为了充分利用丰富的旅游资源，发展乡村旅游，促进农村的经济发展，加快美丽乡村建设的步伐，德化县提出了发展乡村旅游"六个围绕"的工作思路。一是围绕旅游，推动发展。引进有实力的企业，开发水上娱乐项目。二是围绕旅游，突出特色。要大力发展特色种养业，开发特色生态餐饮和旅游商品。三是围绕旅游，建设文化。要充分挖掘红色旅游文化和民俗文化，特别是山歌、南音等民俗文化资源，对一些古建筑进行修复，建设一些独具地方文化特色的木屋、竹楼，进一步丰富文化内涵；四是围绕旅游，整治环境。要深化"三清六改"活动，积极开展"家园清洁"行动，抓好卫生整改、环境整治，切实改善乡村游环境；五是围绕旅游，建好班子。要巩固和发展先进性教育成果，加强村两委的教育和管理，增强凝聚力和战斗力，为乡村建设提供坚强的组织保证；六是围绕旅游，提高素质。要强化村民素质教育，养成良好的文明卫生习惯，努力提高自身素质和修养，打造一支好的乡村游从业队伍。以桃仙溪乡村旅游为例，讲述乡村旅游如何发展。对该基地的现状分析如下。

一、地理位置

桃仙溪乡村旅游景区位于南埕镇南埕村境内的湖内自然角落和青垵自然角落，所辖湖内自然村、木瓜坑位于大樟溪（系浐溪在南埕镇辖区段）沿岸。两个自然角落之间仅隔溪相望，距离南埕镇区5km，距离德化县城33km。也有修建的村级水泥路与省道连接，省道203线南埕至水口路段改造后，交通也将更为便捷。

二、自然环境

桃仙溪原名浐溪，因溪中桃花岛桃花繁多，桃花盛开时节犹如仙境而得名。桃仙溪沿溪两侧生态环境良好，古木参天，修篁婆娑，清幽恬静，享有"小武夷"之誉。湖内自然村境内沿溪有古树几十株，护卫村庄；沿溪两岸遍布鹅卵石，鹅卵石铺就的滩涂上芦苇浓绿茂密。木瓜坑内溪水从石笋山上沿沟谷缓缓流下，清澈见底，溪谷两岸植被茂密，生态原始。清桉村坐落在半山腰，吊脚楼建筑保存良好，古色古香。

三、历史沿革

湖内自然村、镇中心点稍偏东，是镇政府所在地。清垵自然村、木瓜坑、不老漈瀑布均属于南埕村管辖区，为南埕村的自然角落。

南埕村是县城通往福州的必经之道，水路沿大樟溪可直达福州，建有南埕街、南埕客栈、南埕小溪古渡口、古瓷窑址。曾是旧时的区、乡、里、保行政中心的驻地。该村有历史悠久的大州宫，有宋朝苏十万屯兵抗元遗址和古迹天平城山寨，是军功显著先后任两广都督、陕西提督的一品荣禄大夫林忠，两浙第一循良的浙江省云和县正堂王维的故乡。

四、社会经济

南埕村是镇政府所在地，是全镇政治、经济、文化活动中心。全镇有林、王、陈、郭、李、刘、张、曾、朱、章、肖、黄、任13姓氏族人，分别居住在大南埕、小南埕、垅边、苦坑、苦坑口、均田洋、青垵、湖内、和枫垵9个自然村，分为9个村民小组，全村共有293户，1 234人口。省道203线和南枣、南梓公路横穿直贯，邮电、通讯，工商、金融、财税等县派出机构在南埕落户，11万千伏变电站工程2007年竣工，中学、小学、卫生院、文化站等设施完备，南埕街两边楼房林立，商店、墟场贸易有序。桃花岛的游客欢声笑语，南埕新村建设成绩斐然。村民人均收入3 532元，2007年人均收入6 079多元，人民生活迈进了小康。2006年9月荣获"泉州市十佳魅力乡村"称号（图2-4-1）。

图2-4-1 南埕村风貌展示

五、新的挑战

第一，目前南埕镇境内交通道路还没有达到旅游经营的要求。

第二，基础设施不完善，旅游开发存在瓶颈。

第三，一些资源点既未列入文物保护单位和古树名木保护范围，又无明显标志，不利于开发和保护。

第四，周边环境建设还不成熟：从目前的发展现状来看，虽然区内的自然生态环境非常适合开展旅游活动，但是，还是要经过一段时间才能够慢慢集聚人气。所以，该项目的开发具有非常重要的意义，要通过建设一些有特色、参与性强的设施，贴近消费者的需求，尽快吸引大家的注意，从而也能够带动整个休闲度假区的发展。

第五，桃仙溪乡村旅游景区的旅游开发与县内双芹村和上寨村等在旅游资源上有相似性，属于同质性的山地乡村旅游资源。面对激烈竞争的旅游市场，桃仙溪景区在旅游开发中应该坚持特色开发的原则，打造特色明显、较高品位的旅游产品，在产品上与周边旅游区形成错位开发；同时，在营销宣传上，可与镇内各大旅游景点，如桃花岛、塔兜温泉、桃仙溪漂流等进行合作，共同打造"南埕旅游"品牌。

产业项目是集聚人力、物理和财力的关键，是美丽乡村发展的内生动力。以产业兴村作为美丽乡村发展的支撑和保障，积极抓好产业培育和发展，打造特色产业强村、文化名村，才能为美丽乡村发展增强造血功能，实现可持续发展整的学习功能。

任务一　乡村产业与乡村聚落的辩证关系

乡村的诞生源自于农业产业的出现，与城市起源不一致的是乡村起源有着统一的认识。"中石器时期，群居的人类对于动植物的驯化，而形成了乡村聚落"。从产业的角度理解，则是人类的生存开始逐渐依赖于农业生产。农业需要固定的土地，也需日常经营，固定聚落的出现，便是乡村的雏形，也就是说乡村人居环境的建立源自于农业产业的形成（图2-4-2）。

在单纯的农业经济领域，乡村是最适宜的聚居形式。传统农业时期，在某一土地上，如果以农业产业为主导，那么乡村必是该地最适宜的聚居形式。"乡村聚落，是作为第一级生产活动的中心地"，限于传统农业生产力水平与交通条件，日常通勤距离

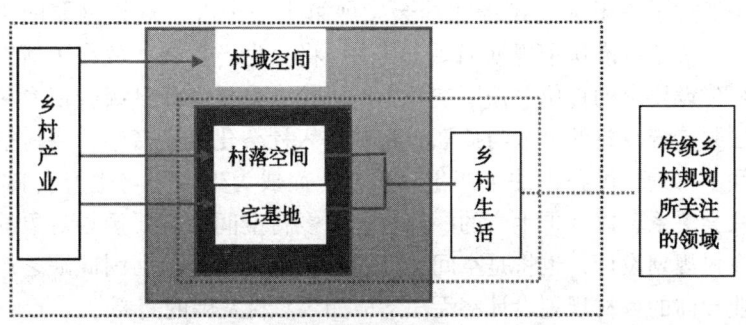

图 2 - 4 - 2 乡村产业与乡村居民住户的辩证统一关系

短，耕种土地有限，土地产出能供养的人口较少。所以，聚落规模止于乡村等级。

乡村产业发展的兴衰直接决定着乡村人居环境发展的水平。自 20 世纪 30 年代至今，费孝通、吴传钧等学者，从多个角度佐证了乡村产业发展对乡村人居环境发展水平的直接影响。对于农业乡村，生境条件对传统农业影响较大，其改变会直接导致农业乡村的生长与消亡。正如沙漠边缘的乡村，随沙漠带迁移而繁荣与衰败。对于多元产业乡村，商业、工业等非农产业有更大的效益，这些乡村的人居环境水平常超过农业乡村，如安徽宏村，陕西党家村等。随着区位条件的改善，乡村商业与服务业得到巨大推动，乡村可升级成为市镇，如：河北石家庄市。

乡村人居环境也可以成为乡村产业发展的基础。随着旅游业快速发展，乡村自然景观、聚落、风土人情可作为当地特色的旅游资源，吸引游客，发展乡村旅游业。城镇边缘的乡村，因其便利的区位，宽阔的民居宅院，能作为小型企业的货场与厂房，也易发展乡村工业与物流业等。

任务二 乡村规划设计应立足于乡村产业导向

2006 年 3 月 14 日，第十届全国人民代表大会第四次会议表决通过了关于国民经济和社会发展第十一个五年规划纲要的决议，决定批准这个规划纲要。其中，将"生产发展"放在了新农村建设要求的首位。按照空间生产理论，乡村产业升级会使乡村摆脱传统乡村的分散与孤立，将被纳入社会化大生产中，乡村空间不再是村民独占的生产生活容器，而成为生产力与生产资料、社会关系、以及再生产的一部分。以乡村空间为主要规划对象的乡村规划设计，也将是空间生产过程中的一个环节，因此缺乏产业导向的乡村规划设计将无法适应如今乡村发展的需要。

产业选择的原则：为在区域市场范围内探讨与研究出一个既能反映地方特色、环境可持续发展、具有影响力和吸引力、同时又现实可行的发展蓝图，根据宏观经济发展趋势以及本地区的特色，在进行主导产业选择时，需考虑如下原则：能满足园区绿色生产流程与管理规定；与现有产业关联及集群效应强；有利于环境与生态保育；产业科技含量高、产生就业规模大；地区生产总值增长快。

任务三　美丽乡村建设中的产业类型

一、乡村特色产业

乡村特色产业可以独立构成一个完整的生产链，也可以是一个大的产业链中乡村特色产品生产的一部分，但都可以构成一个相对独立的生产体系，拥有自己基于原产地的独特产品，形成自己独立的经营管理系统。乡村特色产业追求的是产品内在的原生品质，因此，并不一定在经济高度发达地区产生。发达地区虽凭借区位优势，具有开发乡村特色产业优越的外部条件，但是，自然环境方面并不适宜乡村产业的长久发展；而经济不发达地区由于自然资源、景观资源、人文资源和民间工艺资源保存相对完整，特别是发展乡村特色产业的内在基础和禀赋条件较好，有发

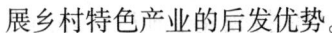

展乡村特色产业的后发优势。

（一）乡村特色产业在乡村经济中的地位

乡村特色产业既是乡村经济的重要组成部分，支撑着农业产业化、现代化和整个乡村地区城市化的进程；又是整个乡村经济中最有活力的因素，具有极大的活跃性、带动性和可持续发展性。基于乡村地区所具有的特色资源，运用现代科学技术，采取现代市场营销手段而发展起来的乡村特色产业，是关联农业、工业、流通等多个领域的重要产业。

（二）乡村特色产业在乡村经济中的作用

在当前国际国内经济环境下，发展乡村特色产业具有如下作用。

第一，有利于提升乡村地区经济总体质量和市场竞争力。

第二，有利于增加农民收入，减少乡村贫困人口。

第三，有利于减少乡村地区社会矛盾，增进乡村地区社会和谐。

（三）乡村特色产业发展的路径

乡村特色产业一般遵循着："发现资源禀赋优势→开发特色产品→打造龙头企业→实现特色产业区域化布局、专业化分工、产业化生产→打造区域优势特色产业→形成特色产业集聚→提升乡村经济竞争力→推进乡村经济全面发展"的路径开展。当然，各地资源和经济发展阶段不同，其发展路径也不是整齐划一的。

一般而言，乡村特色资源的禀赋被选定和开发后，应该是走集群化的发展道路。有发展乡村特色产业条件的乡村地区在发现和选择该地区、该行业"生产要素、需求条件、相关支持性产业和企业战略、结构与竞争对手"等生产要素相对优势的产业进行开发和扶持，取得一定发展后，要特别注意不断整合地区内外的生产要素，持续发展壮大其产业竞争力和产品质量，形成必要的生产要素的集聚和学习创新机制。从而，进一步整合资源、降低成本、发挥自身特色产业优势，形成和保持领先于地区内外同类行业的竞争力，获取单一产业（企业）所无法比拟的超额利润。进而壮大整个地区的经济竞争优势。

乡村特色产业发展案例：寿光绿色蔬菜特色产业发展模式

寿光位于山东半岛中部，总面积 2 180km^2，耕地 9.4 万 hm^2，下辖 975 个行政村，人口 108 万。寿光属暖温带季风区大陆性气候，年平均地面温度为 14.9℃。受冷暖气流的交替影响，形成了"春季干旱少雨，夏季炎热多雨，秋季爽凉有旱，冬季干冷少雪"的气候特点。年平均降水量 593.8mm，年平均相对湿度 66%，全年平均日照总时数 2 548.8h。

寿光是中国最主要的蔬菜产地，也是中国优秀的旅游城市、国家园林城市、国家卫生城市、国家环境保护模范城市、全国创建文明村镇工作先进市、全国百强县市。那么寿光绿色蔬菜发展模式的经验可以概括为以下 3 点。

1. 对地方传统农业文明的继承和光大，打造世界领先的乡村特色产业核心技术。围绕科技创新，寿光新建了金玉米博士后科研工作站，市级以上研发机构达到 13 家，省级以上高新技术企业发展到 20 家，有 6 家企业被认定为省级制造业信息化示范企业，已拥有省级以上名牌、著名商标 42 个。技术的创新也使蔬菜产品的品牌知名度得到巩固，今天，寿光大葱、绿实杆芹菜、田马"王婆"香瓜、弥河滩银瓜、绿光苹果、寿光小枣、寿光大鸡、渤海马、梭子蟹、小清河银鱼、羊角沟对虾、柴庄土陶、草碾子草编、赵庙烟花、羊盐牌工业盐、虎头鸡和羊口老咸菜等都成为远近闻名的蔬菜品牌。

2. 放眼世界，建立和培养起自觉的学习激励机制，形成蔬菜特色产业集群优势。伴随全国各地主要城市大力发展"菜篮子"工程，寿光反季蔬菜受到极大冲击，但寿光及时打出"绿色"和"生态"品牌，加大引进国外优良品种和先进蔬菜种植技术的工作力度。仅 2007 年，就引进荷兰番茄、日本伊丽莎白甜瓜、韩国苦菜等来自30多个国家和地区的蔬菜新品种500多个，推广应用蔬菜生产新技术24类300多项，有61种农产品获得国家无公害农产品标志使用权。目前，寿光已经建立起彩色蔬菜、袖珍蔬菜、营养蔬菜、保健蔬菜、观赏蔬菜等特菜品种和立体栽培、无土栽培、水培、生物组培等先进栽培模式。

3. 有效放大乡村特色产业极化带动作用，变产业优势为区域优势。寿光蔬菜乡村特色产业的不断发展壮大，最终使其成为带动地区发强劲有力的经济增长，提升了整个地区农业产业化水平和区域经济竞争力。寿光对乡村特色产业发展多年来的坚持和积累，使整个寿光地区形成了南部菜、中部粮、北部盐和棉的梯次结构，现代优质高效农业得到了迅猛发展。

寿光的绿色蔬菜特色产业的成功经验可以概括为如下4条：

（1）要重视开发传统文化优势，将文化优势转化为产业优势。地域特色产品内涵的提炼离不开地方传统文化，而对特色产品的开发则需要企业对产品的独特理解。寿光和福建都将流传已久的优秀文化凝结在地域特色产品的研发、生产上。《齐民要术》的蔬菜种植方法和明清反季蔬菜的传统，既激发了寿光反季蔬菜大棚的创业冲动，又奠定了其技术基础。

（2）要形成乡村特色产业集聚，建立起必要的学习激励机制。产业集聚能够避免产业中的个别明星企业强势出现，但存续时光短暂的弊端。众多明星企业在特定地域集聚，就可以建立起长久的学习激励机制，确保产业始终保持行业领先地位。寿光绿色蔬菜产业的有效集聚，吸引国内外顶尖企业在这一区域集聚，使其建立起领跑世界绿色蔬菜产业学习机制，从而，确保了产业在技术创新和产品竞争力的领先地位。

（3）要紧跟市场需求变化，做好新产品的研发和营销工作。不同时期，消费者有不同的消费需求。产业必须要有提前捕捉这种需求的嗅觉的能力，及时做好新产品的研制和推广工作，走在市场的前面。寿光蔬菜产业在强调反季蔬菜供应的同时，还能结合欧美和韩日市场绿色蔬菜标准的提高，及时推出符合国际标准的绿色蔬菜。这些，都是国内乡村特色产业发展要坚持和提高的部分。

（4）要与地方整体功能定位相适应，在区域分工中加快自身发展。山东省是传统的农业大省和工业大省，有实现农业产业化的工业基础和为国家提供粮食安全和蔬菜供应的传统。

二、乡村主导产业

当前乡村的主导产业有蔬菜，茶叶、果品、畜牧、水产养殖、竹木、花卉苗木、蚕桑、食用菌、中药材的开发与经营。

主导产业发展的战略主要是：乡村产业的选择影响着未来经济的增长与可持续发展，而主导产业是处于产业链核心的产业，具有较强的产业关联效应和带动效应，主导产业的发展对经济增长具有直接和间接的贡献作用。经济增长作为发展目标，而主导产业是经济增长的重要支撑。主导产业是具有一定规模，能够充分发挥经济技术优势，以技术优势改变生产函数，并对经济发展和产业结构的演进有强大的促进和带动作用的产业。因此，乡村产业发展需首先选定主导产业。

相关主导产业举例。

下姜村全村现状共有耕地面积 41.6hm^2，山林面积 684hm^2，总劳力 468 人；种植业有粮油、茶、桑、药材、竹、花卉苗木和干水果等，养殖业以家庭养猪为主，农民收入来源主要依靠种植经济作物、劳务输出及畜禽养殖等。经过多年的培育发展，下姜村现拥有竹子、蚕桑、茶叶、中药材等四大主导产业；农村经济总收入 1 666.89 万元，人均纯收入 7 248 元；其中，效益农业总产值达 115 万元。根据因地制宜、立足下姜村现有基础的原则，明确产业发展规划和总体导向，重点发展新型农业、原料加工业和旅游服务业。

（一）农业转型升级

1. 指导思想。围绕"幸福下姜村"建设，以绿色精品、休闲观光为主线，优化农业产业结构和布局，加快农业新品种、新技术、新设施的应用，提高农业效益，并综合开发农业的生产、生态与生活功能，建设成为绿色农产品生产基地和具有田园文化内涵的自然、清新、质朴的农业休闲观光区。

2. 功能定位，优质农产品生产功能。立足生态优势，以大中城市为目标市场，严格按照绿色食品标准化技术和操作规程，生产满足中高档消费需求的优质农产品，将农业基地建设成为生产功能强大、经济效益显著、环境生态优美、可持续发展的现代农业生产基地（图2-4-3）。

图2-4-3　下姜村农产品展示

（1）生态循环农业示范功能。以提高资源利用效率为核心，以节地、节水、节种、节肥、节药、节能为重点，以农业废弃物资源化利用为纽带，积极探索多业套种、循环种养的现代高效生态农业模式，为发展低碳农业、循环农业作出示范。

（2）生态科技应用展示功能。加强与省市科研院所的合作，通过引进优良品种、高效栽培、采后处理、品质改良等先进实用技术，密切农科教合作，提升农业发展的科技水平，成为淳安县绿色农业技术的展示平台和科技培训基地。

（3）农业休闲观光功能。充分挖掘农业自然、生态和环境的外延功能，把农业生产与教育、农业文化、农事参与、旅游度假有机结合起来，为城乡居民提供一个春天踏青、夏季郊游、秋天采摘、冬季观景的休闲度假场所。

（二）农业主导产业选择

1. 依据。根据下姜村所处的区位条件、产业基础、生态保护功能，尤其是枫树岭镇和下姜村打造的风情小镇、美丽乡村精品村的发展定位，要求农业产业必须：①能充分利用自然资源、区位和生态条件，形成产业竞争优势；②市场空间较大；③有较高的产出效益，对农业增效农民增收作用较大；④有良好的生态景观，能兼顾开展休闲观光。

2. 产业确定。根据上述依据，下姜村具有发展茶叶、笋竹、中药材等资源导向型产业和水果、蔬菜、畜禽等市场导向型产业的良好条件。经过分析，结合现实发展基础，确定在规划期内在保持粮食生产能力的基础上，重点培育水果、茶叶、笋竹、中药材和生态畜禽等农业特色主导产业（图2-4-4）。

图2-4-4　下姜村农业园

3. 加快发展水果产业。以发展葡萄、草莓为主，结合观光适当发展桃等特色水果。

4. 提升茶叶、笋竹产业。重点是改造提升现有茶园和竹园，将插花山地逐步改造成茶叶和笋竹，连片发展，既提高产业集聚度，又改善景观环境。

5. 稳定发展中药材。中药材以稳定现有面积为主，不提倡大面积垦山种植；充分挖掘、合理采集野生中药材。

6. 适度发展种养结合的生态畜牧业。下姜村位于千岛湖水源涵养区域，不宜发展生猪规模养殖。目前村内生猪散养比较普遍，已严重影响生活环境，必须限期退出，可选择离村庄、离水系较远的山坡地建设集中养殖区，适度养殖。鼓励发展竹园养鸡，做大原生态鸡、蛋产业。

7. 其他产业。蚕桑目前是村民的收入来源之一，但养蚕人员多为老龄村民，加之养蚕消毒、用药以及蚕沙对居住环境影响较大，产业持续发展会面临困难。规划将部分桑园调整成观光果园，保留一定面积的桑园面积，配合休闲观光。油茶面积较小，以保持现状，加强管理，提高产出率（图2-4-5）。

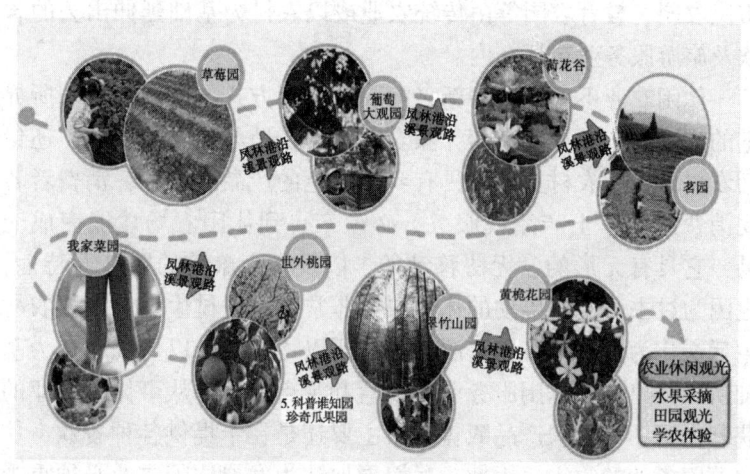

图 2 - 4 - 5　农业休闲观光链

三、乡村新兴产业

当前乡村的新兴产业主要有休闲农业、来料加工型生态工业、乡村旅游业、高效生态农业、绿色节能产业。

（一）休闲农业

休闲农业的定义：检视台湾行政院农委会于1992年12月31日公告实施的《休闲农业区设置管理办法》，以及1999年四月重新修订施行的《休闲农业辅导管理办法》指明了：所谓休闲农业，是指利用田园景观、自然生态及环境资源，结合农林渔牧生产、农业经营活动、农村文化及农家生活，提供国民休闲，增进国民对农业及农村之体验为目的的农业经营。可见目前台湾推动多年的休闲农业，官方所赋予的含义与范围极为广泛，但现行《休闲农业辅导管理办法》所规范的休闲农业范畴只提到了休闲农场与休闲农业区，似乎与它所定义的产业范畴不相符合。事实上，就广义的农业范畴而言，休闲农业的范畴绝非仅止于休闲农业区与休闲农场两项，还应将休闲渔业、民宿农庄、观光农园、市民农园、教育农园等由传统农业或以农村为基础延伸出去的餐饮及旅游服务业包括在内。

休闲农业不只是一种新兴的农业经营方式，更在于他们所界定的休闲农业的经营范畴，除农产品的产销与加工制造外，还包括农村景观与农村文化等具有乡土特色的产品或服务，消费者若要消费这种乡土产品或服务，必须亲自到休闲农场才能完成交易，它具有无形的、无法移动的、以及乡土旅游的服务业特性，也因为过去政府所推动的休闲农业非常强调农村生态景观与农村生活文化为诉求的乡土资源特色，所以才有别于以传统农业为基础所延伸出来的休闲服务业。就营利观点而言，从事休闲农业的获利来源不只是农产品贩售，最主要还是在于提供各种餐饮、住宿等服务业的收入，因此，我们更加认为发展休闲农业必须重视休闲农业发展策略的三步曲：第一，留人策略，意即想尽办法吸引游客前来农场或园区旅游，主要凭借的就是核心产品的吸引力或特色；第二，留钱策略，意即设法让入园游客停留在农场或园区旅游够久，最好的状况是留下来用午餐、喝下午茶、享用晚餐，甚至留下来住宿，这时可能就需要借重餐旅业的发展、纪念品开发与特产塑造；第三，留心策略，意即建立口碑，农场主人不只要想办法让农场或园区的吸引力或特色转化成卖点，让游客花钱消费，还要让来过的游客下次再来，甚至告诉他的周遭亲友，这时候主要的卖点就是在贩卖一种难以忘怀的体验、记忆，甚至是一种令人向往的休闲生活方式。

以下姜村为例：下姜村农业休闲观光景点的规划结构主要是在立足规划指导思想、功能定位和产业发展的基础上，围绕生态农业和休闲观光，遵守"源于自然、高于自然"的原则，坚持传统与现代相结合，构建农业生产和旅游休闲观光并驾齐驱的总体格局。休闲观光农业的规划结构为"一轴、两片、八园"。

一轴：即凤林港沿溪景观带，并在其两侧沿线布局各产业区块，成为下姜村现代农业的产业发展和展示的轴线。

两片：即凤林港将农业基地分为南、北两大片。南片农田以发展葡萄、桃为主，山坡地以发展笋竹、中药材为主；北片农田以发展草莓、蔬菜、水稻为主，山坡地以发展茶叶、笋竹为主。

八园：即与休闲观光密切相关的产业区块，包括葡萄种植区（葡萄大观光园）、草莓种植区（草莓园）、水蜜桃种植区（世外桃园）、蔬菜种植区（我家菜园）、水生蔬菜种植区（荷花谷）、笋竹种植区（翠竹山园）、茶叶种植区（茗园）和中药材种植区（黄栀花园）。

1. 来料加工型生态工业。结合下姜村现有的资源禀赋和特色优势，大力引进培育资源加工型和来料加工型等生态工业，帮助更多的村民在家门口实现就业增收，根据下姜村的现状和实际，特制定来料加工项目发展实施方案。

（1）基本目标：力争通过3年的努力和发展，实现"加工队伍不断壮大、发展氛围快速造浓、优势项目成效突出、村民收入显著提高"的目标，使下姜村村民不离乡不离土就能增收致富。

（2）加工费收入：今年来料加工费收入力争达到30万元，3年力争实现来料加工费总收入200万元以上。经纪人培育：在巩固提升现有1名来料加工经纪人的基础上，3年培育来料加工手工和企业经纪人4名，其中培育一级经纪人2名。加工队伍发展：今年积极组织50名村民从事来料加工，在稳定加工人员队伍的前提下，3 年发展来料加工从业人员 150 人以上，辐射带动周边村从事来料加工从业人员达 200 人以上。

（3）来料加工点建设：力争培育 1 家来料加工企业和 2 个手工加工点，再培育 1 家来料加工企业。

（4）优势项目培育：积极引进和培育来料加工优势发展项目，因地制宜培育套笔、家纺和竹木加工等项目，3 年力争引进优势发展项目 3 个以上。采取的主要措施：加大宣传抓引导。加大来料加工宣传力度，迅速造浓全村发展氛围。一是组织一次考察学习。近期将组织村"两委"干部和有意向从事来料加工发展的准经纪人，外出考察来料加工的优势项目，努力对接来料加工业务。二是进行一次宣讲发动。借助镇村召开的全村户主会，大力宣传来料加工市、县各项扶持政策，引导广大村民积极参与来料加工，激发广大村民参与来料加工的热情。三是发放一封书信。以开展"四亲"活动为契机，向在外务工的留守儿童父母发放一封信，宣传来料加工的优惠扶持政策，尤其是本村的发展规划，吸引外出务工人员回乡发展和创业。四是培育一批经纪人。积极扶持该村原有经纪人从二级经纪人成长为一级经纪人，努力把优秀外出务工人员、女能人等作为经纪人培育的重点，壮大来料加工经纪人队伍。

（5）优化布局抓培育：根据下姜村特点和实际，下步将套笔、家纺、竹木加工等项目作为发展重点进行培育，努力打造自主品牌，积极创建来料加工专业村。积极创建专业村，在下姜村综合服务中心设置 1 处来料加工培训中心。通过多措并举和多方努力，力争今年实现来料加工专业村创建任务。在老村建立 2 个套笔加工点。积极组织 50～60 岁以上的中老年村民从事套笔加工，今年培育套笔加工点 2 个，分别位于村东西头，村东结合停车场的坎下设置 1 处加工点，村西在老村委会北侧现状建筑拆除后新建 1 个加工点，真正实现广大村民在家门口就业增收。引进 1 家来料加工企业，选址于原石材厂位置。充分利用本地资源优

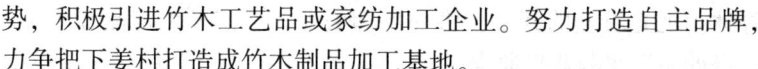

势，积极引进竹木工艺品或家纺加工企业。努力打造自主品牌，力争把下姜村打造成竹木制品加工基地。

（6）提高技能抓培训：组织广大村民开展来料加工技能培训，提高村民就业技能和增收致富本领。根据来料加工发展项目，开展来料加工订单式培训，提高加工人员的技术水平和熟练程度，增强来料加工发展后劲。

（7）加大扶持抓发展：来料加工业从发展到壮大需要一个过程，尤其是前期的发展更需要镇党委政府和村"两委"的大力宣传和引导，更需要镇村两级的政策推进和资金扶持。要设立来料加工专项扶持资金，制定相关的配套措施，在组织来料加工经纪人外出考察和项目对接、开展来料加工经纪人和加工者两支队伍培训、奖励经纪人和加工能手，尤其是对来料加工场地租金、设备投入、交通运输和对加工者初期加工费进行补助等方面予以倾斜和资金扶持。

（8）加强指导抓服务：成立下姜村来料加工推进领导小组，主动协调沟通，做好来料加工扶持政策的落实，帮助村"两委"引进来料加工优势发展项目。进一步优化服务，帮助经纪人开展优势项目对接和外拓市场，协调解决发展中的难题，确保项目来料加工点规划图的有序推进和顺利实施，推动下姜村来料加工业快速发展。

2. 乡村旅游服务业。乡村旅游既是旅游的一种模式，同时也是以乡村资源为基础的一种旅游方式，其涵盖面比休闲观光农业更广，内容更丰富，但不管是休闲观光农业还是乡村旅游，他们都是以农村、农业、农民为主体，通过对农业资源和农村资源的综合开发来达到农村发展，农业增效，农民致富的目的。

休闲观光农业与乡村旅游：它们既有共同点也有区别，休闲观光农业是一种业态，它是生态农业与旅游服务业的一个融合体，是农业功能从"一生"（生产功能）到"三生"（生产功能、生活功能和生态功能）的一种拓展，也是产业链的一种延伸（通过休闲观光农业的开发，将一产即农业，二产及农产品加工业，三产即旅游服务业打通合一）。

充分利用下姜村的地理区位优势、风水环境优势、生态河谷优势、政治品牌优势等多种优势重点发展旅游服务业。大力发展以农家乐、农业观光园区、节庆、政治参观等特色经济为主的乡村旅游业，以政治起步，旅游跟进，经济转型，强农富民为总体策略，引导农民积极投身旅游事业的开发和建设，通过开设旅游咨询、农家乐、商店、餐饮住宿等旅游服务项目，增收创收，提高农民整体收入。

以科学发展观为指导，以习近平副主席回信为动力，以经济转型发展为方向，以城乡统筹为契机，以乡村旅游为切入口，围绕"美丽乡村，幸福下姜"的鲜明主题，充分发挥旅游休闲业的引领、带动与产业融合作用，努力把下姜村建设成为"三村、五基地"，全面推进下姜乡村旅游与新农村建设的跨越式发展，实现经济发展方式转变，实现旅游富民强农。

下姜村现有政治文化的优质资源——"省委书记联系点"，这即是下姜村，也是枫树岭镇乃至淳安县经济社会发展（包括旅游发展）的重大品牌。下姜村的建设发展，受到过历届省委书记的高度关注，从时任浙江省委书记张德江开始，先后被三任省委书记确定为自己的联系点。2001 年，时任浙江省委书记的张德江同志两次到访下姜村，蹲点联系；2003—2006 年间，时任浙江省委书记的习近平同志曾 4 次到访下姜村，指导工作；2007—2011 年间，现任浙江省委书记赵洪祝同志，也多次到访下姜村，调查考察，指导工作。三任省委书记在其联系点下姜村，办了不少利民实事，结下一些农民朋友，留下许多照片、信件、题词、生活场景、起居设施用品、工作记录与有关文件及故事传闻等，在乡民中间保存着许多美好的往事回忆与口头的历史记述。

这一政治品牌资源，具有当代的政治价值与长远的文化意义，是不可复制、人无我有的重大优势。村落定位：创新创业先锋村；城乡统筹示范村；乡村旅游精品村。基地定位：主要拟建成五大基地：党史教育基地、爱国主义教育基地、中青年干部培训基地、青少年夏令营活动基地和自驾骑游服务基地（骑游基地、自驾基地、徒步营地）。

根据目标定位和市场需求，拟设置如下考察、教育、会议、观光、休闲、商购等多种功能，并根据功能设置与资源空间，拟规划构建"一轴、一心、四区"的总体布局。

一轴：枫林港沿溪景观轴。指枫林港下姜峡涧河及其沿河两岸地块。主要是通过河道整治、拦坝抬水、桥梁美化、环境绿化、湿地生态保护、慢游绿道建设、景观设计营造等项目，打造一个环溪景观休闲圈；具有风景轴、生态轴、运动轴等多重功能。

一心：下姜村旅游综合服务中心。指南岸东端的可用地块。主要是通过乡道改建、公建中心建设、村容村貌整治等项目，重新规划村庄公共地块，建设综合性旅游服务中心。具有休闲、集散、接待、信息、管理、服务等多重功能。

四区：指下姜村村落风情游览区、桥西五彩田园观光区、水南山地运动营地区和五狼坞生态峡谷风景区。

下姜村村落风情游览区：指下姜自然村的村落地块，包括北岸与南岸两大片块，具有参观考察、会议培训、风情体验、生态观光、农业休闲、劳动参与、乡土餐饮、住宿、购物等多种功能。北岸：此为村北参观游览片，以村落人居为主。主要是保护与整修三任省委书记的联系点、走访户、老村委会访问点等，构建党史教育的访问点和游览线。南岸：此为村南农家乐休闲片，以生态景观为主。主要是鼓励有条件的农户发展农家乐，打造农家乐集聚区，做大乡村旅游经济。

桥西五彩田园观光区：指村西水南的田野区块，包括与伊家村的接壤田地。主要是通过规模性、季节性的农田规划种植，形成多个色块状、视觉美、强冲击力的五彩田园景观。具有观光、摄影、采摘、花卉休闲、鲜花生产等多种功能。

水南山地运动营地区：指村东水南的山地区块，东南部与五狼坞交界。主要是通过露宿营地、山地自行车道、登山道及配套设施等的科学设置，提供乡村郊野的山地运动绿色空间；具有露宿营地、拓展活动、山地运动、自行车骑游等多种功能。

五狼坞生态峡谷风景区：指五狼坞生态沟区块。主要是通过A级景区的建设，开发与培育风景旅游的新亮点、新去处，拓展下姜村旅游的品牌魅力与延伸空间；具有风景观光、森林休闲、生态养生等多种功能。形象口号"美丽乡村，幸福下姜。"

游线产品：近期以半日游产品为主；中远期应逐步拓展为一日游、多日游产品。半日游产品游线：村口到达—参观姜祖海户—老村委会访问点—姜德明户—姜百富户—姜银祥户—沿溪观光休闲—村南姜末等户—农家乐午餐—返程。

一日游产品游线：下姜村参观访问—农家乐午餐美食—白马片红色观光与绿色购物。

多日游产品。游线一：下姜村参观访问—农家乐午餐美食—五狼坞森林休闲—枫树岭镇区宿夜—（次日）铜山湖拉风运动—白马片清凉度假、红色观光与绿色购物。游线二：杭州西湖西溪观光—千岛湖湖泊游览与环湖拉风—下姜村参观—白马片清凉度假—黄山风景寻胜。时间：2~3天、多天。

发展模式：政府主导、企业主体、市场配置、村民共享。经营模式：国资企业（旅投集团/企业）为主导（主控），村级集体（合作社/企业）为龙头，经营散户为支撑。经费来源：政府投资（财政投入）：基地建设费（项目建设/省市县）；基地常年维护费（公共文化投入资金/主要场所维修/讲解员编制/专项项目申报）；村镇建设；新农村建设；帮扶机制（部门投入；结对单位投入）；企业投资/国资公司/外地企业（招商引入）；散户投入。

获利途径：各类基地（食品基地、自驾车营地、拓展基地、帐蓬露营地）。会议场所：食宿经营（中型住宿、连锁住宿、主

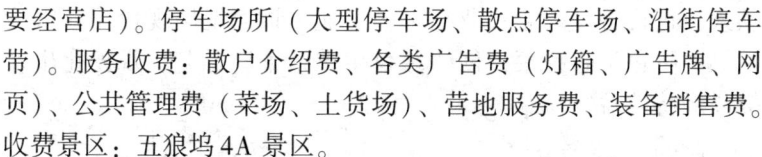

要经营店）。停车场所（大型停车场、散点停车场、沿街停车带）。服务收费：散户介绍费、各类广告费（灯箱、广告牌、网页）、公共管理费（菜场、土货场）、营地服务费、装备销售费。收费景区：五狼坞4A景区。

（二）高效生态农业

郑家沟村为平凉市泾川县汭丰乡集镇所在地。村庄位于汭丰乡中部，距县政府11km。省道304呈东西向从村子中心穿过，为村庄提供了便利的交通。村庄建筑大部分为砖混结构，少量为土木结构。郑家沟村把握汭河川区蔬菜基地产业发展契机，引导优势资源整合，进行传统农业升级，发展现代生态农业模式（生态观光体验）。通过吴焕先烈士纪念园项目带动村庄红色文化旅游，建立旅游配套设施，协同生态观光农业，发展村庄红色旅游产业。

村庄田园生态构建策略：把生态原则贯穿村庄建设始终，打造生态旅游，生态农业，积极完善生态设施，构建生态安全格局。通过观光农业建设，绿色农房建设，林田涵养水系沟渠的治理，构建自然与人文和谐的美丽乡村。

产业发展定位：根据郑家沟村发展现状，结合蔬菜产业发展优势，郑家沟村产业发展定位为：以蔬菜产业为主体，以规模化、集约化、市场化为方向，以温室大棚为主导，以打造汭河川区蔬菜生产基地为目标的现代高效产业。

产业布局：在村庄北部现有蔬菜大棚，日光温室基础上，继续发展扩大规模，建设高原夏菜集中区，村庄南部趟洼山发展千亩核桃基地。

产业发展策略：以蔬菜产业为主导，日光温室带动，拱棚蔬菜增效、大田蔬菜扩量，间作套种为补充，大力发展村庄蔬菜基地。以"基地＋农户＋合作社＋市场"和"公司＋基地＋农户"的经营模式，通过市场化手段推动蔬菜产业发展。以蔬菜产业示范区带来经济效益的提升吸引村庄劳动力，对村庄劳动人员进行特色产业农业技术的专业培训，发展现代无公害无污染的特色生态蔬菜，创"绿色生态蔬菜"品牌，规模化生产提高经济效益。

（三）绿色节能产业

绿色节能产业，指有利于环境与生态保护，并且产业科技含量较高，产业也能加快地区生产总值的增长，而且作为制造业段的产业，也能利用大力发展绿色节能产业研发后，制造业的转移。同时利用绿色节能产业发展绿色生产流程管理及认证，使产业均能符合绿色生产原则，形成绿色品牌。支撑产业选择包括信息服务业和物流业，以及旅游业和房地产业。以安溪县南翼新城绿色节能产业园的建设为例。

节能产品生产、资源循环利用和环境保护产品研发制造。产品范围包括太阳能、水能、风能等清洁能源利用，资源回收利用以及水务或垃圾处理利用等，其中，光能产业应用范围广，包括屋顶、电池、通信与工业应用、村庄供电系统与发电系统等。

产业特点：节能环保技术是将来促进经济增长的主要动力，绿色节能产业的崛起将引起电力、IT、建筑业、汽车业、新材料行业、通信行业等多个产业的重大变革和深度裂变，并催生一系列新兴产业，光伏产业生产原料和设备主要来自进口，对产业链的依赖比较低，较不受既有产业发展影响，产业发展注重土地成本的考量。

发展机会：目前，国内正积极推动绿色节能产业的发展，厦门市已将光电产业作为最有发展前景的新兴产业加以扶持，南翼新城可借机发展为太阳能光伏的制造基地。

园区规模：占地面积 64hm^2，建筑面积 54 万 m^2，其中，45 万 m^2 生产及研发厂房面积。就业人口，约 1.5 万人，预计到 2020 年所有企业投产后的工业产值规模 130 亿元。

【导学案例解析】

一、桃仙溪县旅游发展的战略理念

（一）发展旅游与社会主义新农村建设相结合

桃仙溪乡村旅游景区要走旅游开发与社会主义新农村建设相结合的道路。对于发展旅游来说，景区内湖内、青坡两处村落既是景区景观的重要构成，也是开展农家旅游、餐饮、住宿的重要依托。对于当地村民来说，进行旅游开发，走旅游为导向的新农村建设模式，是增强社区自我发展能力，提高可持续发展水平的最佳选择（图 2 - 4 - 6）。

图 2 - 4 - 6　桃仙溪县旅游景观

（二）发展旅游与与休闲生态农业相结合

休闲农业是近年来发展起来的农业与服务业相结合的一种新型农业经营模式，休闲农场、休闲林场、休闲牧场、农村文化活动场、观光果园、观光茶园、观光花园（圃）、观光菜园、市民农园和教育农园等是休闲农业的主要模式。本项目要结合木瓜坑土地开发整理项目，将旅游同休闲农业结合起来，获得旅游业和农业产业的双赢。

（三）发展旅游与青少年科普教育、素质拓展相结合

要牢牢抓住南埕中学作为德化全县中小学生社会实践基地的有利条件，充分利用景区内现代农业以及山林、乡村、溪谷的资

源优势，开发一系列科普教育、素质拓展项目。同时，开发相关的运动、探险等旅游项目，扩大景区产品范围和市场影响面，提升景区品牌和效益。

（四）发展旅游与生态培育和环境保护相结合

景区内良好的生态环境是发展旅游的优势和依托。在未来的旅游开发中，一定要坚持发展旅游与生态培育和环境保护相结合的理念，走经济效益、社会效益与生态环境效益共赢的道路。只有这样，才能保证景区发展的可持续性。

二、桃仙溪县旅游发展的战略目标

利用景区优越的区位和土地、生态优势，充分挖掘"山水、村落、生态"等旅游资源，重点突出"现代农业、山乡农家、科普拓展、健康养生"，将桃仙溪乡村旅游景区打造成："闽南以农业观光、农家体验、科普拓展、健康养生为特色的重要景点；国家4A级旅游景区；福建省级乡村旅游示范景区；福建省新农村建设示范点；福建省青少年科普教育基地。"

三、桃仙溪县旅游发展的战略原则

市场导向原则：在景区规划和旅游产品开发中应适应旅游市场，结合现代人爱好自然、闲暇意识增强的特点，多视角地看待旅游活动和旅游服务，全方位利用资源条件，推出集旅游服务和旅游产品功能于一身的旅游景区。

资源基础原则：综合利用现有的自然人文资源，在遵循生态保护原则的前提下，因地制宜，挖掘潜力，开创特色主题，开发出相应的有特色的旅游产品，增强景区的旅游吸引力与生命力。

生态保护原则：全面保护现有自然生态资源，包括山体、水体、动植物及其视觉景观资源，以涵养水源，提高和保护水体质量为出发点进行全面保护。

容量控制原则：项目的策划和建设始终要以山岳背景的保

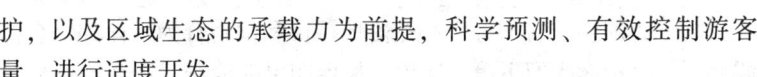

护，以及区域生态的承载力为前提，科学预测、有效控制游客量，进行适度开发。

四、桃仙溪县旅游发展的设计规划

（一）服务中心

1. 景区大门

规划范围：位于湖内桥与省道203线连接处。

规划理念：充分体现桃仙溪景区热忱淳朴的乡村风情，突出绿色生态旅游理念（图2-4-7）。

图2-4-7　景区大门

规划思路：景区大门的规划设计应遵循绿色环保的设计原则，以竹木为原材料，以灯笼和对联为点缀。景区大门在设计创意上，力求达到新颖、美观、独到、大气的基本要求，体现桃仙溪乡村旅游景区独特的乡土生态文化内涵。

2. 游客服务中心

规划范围：位于湖内桥进入湖内自然村方向100m处。

规划理念：遵从"尊重利用自然景观，兼顾人文景观，整体归于和谐"的理念。

规划思路：游客服务中心是落地接待和营销合为一体的综合协调部门，是给客人留下第一印象和最后印象的地方（图2-4-8）。

图2-4-8 服务中心展示

在景区内修建一处游客服务中心，以满足游客接待、导游服务、旅游咨询、旅游商品销售、失物招领、物品寄存以及医疗服务、邮政服务等职能，在游客中心附近设置一个小型的停车场，方便往来车辆的停泊，并用全天候的交通系统将游客送至较近的地点。游客进入主入口大厅后，能从电子显示屏幕、触摸屏及景区沙盘中了解到景区概况及旅游信息，可直接进入售票大厅。

3. 景区标识牌

规划范围：景区标识牌的位置定位，涉及景区的综合服务区、水岸游憩带、农家体验区、农业观光区、素质教育拓展区、和溪谷养生区等区域。主要包括景点名牌、说明牌、安全警示牌、道路引导牌、宣传牌等。规划在游客中心前方树立景区的总平面图和游览线路图。

规划理念：以人为本，满足游客游览需求，激发游览兴致，加深对景观美的认识、理解。

规划思路：景区标识牌的色彩、造型与周围景观协调，采用生态性材料制作，标识的文字、图示规范，用语和气。景区标识牌设计应以研究风景区游客的行为方式、视觉流程特点为切入点，结合功能要求、环境特点来进行创意（图2-4-9）。

图2-4-9　景区标识

将景区标识系统作明确分类（景观名牌、说明牌、游道导向牌、安全警示牌、公共设施标志牌、宣传牌等）。

景区标识系统应以景观、游道为载体，规划好标识的类别、数量、位置，突出精品旅游线路和景观。

景区标识系统与公共设施（座椅、垃圾桶、小卖部、电话亭、公厕）协调，使其合理、和谐、美观。

研究风景区危险区域的危害性，设置必要的警示牌，且用语和气，确保游览的安全。

将景区标识设计与景区"旅游品牌"形象宣传统一起来，全方位展现风景旅游区的发展理念。

4. 生态停车场

在适合的地点，结合环境特点确保自然生态平衡（图2-4-10）。

规划范围：位于湖内桥与省道203线连接处。

图 2 - 4 - 10 生态停车场

规划理念：注重"自然"理念开发，包括场地本身的"自然"与周围风景衔接的"自然"，借用自然的地形、地貌和周边植被环境，就势建造。采用组团式、分散式的布局，避免采用使大面积车辆曝晒的硬化停车场。

规划思路：可在停车场规划用地的地面上铺设草坪，并在停车场种植或移植树木，利用树木作为车位与车位之间的隔离手段，达到"树下停车、车下有草、车上有树"的环保效果。并在生态停车场内分散布置一些休闲设施、一定数量的公共电话亭等，以方便游客使用。

5. 旅游厕所（图 2 - 4 - 11）

规划范围：位于游客服务中心和景区内农家旅馆内。

规划理念：突出保护环境、节水节能、可持续发展的理念，展现乡村特色，新颖美观。

规划思路：桃仙溪景区厕所的外饰要与景区原生态、自然的风格相协调，根据建设地点及周边环境选择厕所主体造型。低碳环保主题和生态元素主题来建设，厕所内部功能要现代化，满足不同游客的需求。基本标准是排水通畅、有净手设置、厕所通风条件良好，无异味、标准要明显醒目等。

图 2 - 4 - 11 旅游厕所

6. 旅游纪念品商店（图 2 - 4 - 12）

图 2 - 4 - 12 旅游纪念品商店

规划范围：位于游客服务中心西侧。

规划理念：注重建筑物的实用功能，旅游纪念品商店的色彩、造型方面应与景区环境特色想协调。

规划思路：旅游纪念品商店的建设以景区内的生态性建材（木材、竹材、石材等）为主，辅以其他材料，内部空间结构多样、协调、富有弹性，适应未来变化，满足可持续发展。在制作工艺上应力求精致规范、坚固耐用。建筑风格应和景区原生态、古雅自然的风格相协调统一。

（二）缤纷水岸休闲带

1. 古木栈道（图2-4-13）

图2-4-13　古木栈道

规划范围：湖内村入口处，桃仙溪沿岸。

规划理念：依托桃仙溪沿岸的古木，打造清新自然的亲水休闲游憩空间，为游客提供参观、游憩、休闲地点。

规划思路：在桃仙溪沿岸，架构1.5m宽，垂直于水面的木质水上栈道，并整治周边环境，充分利用桃仙溪岸边的古树名木，设置休息亭台和座椅，打造清幽深邃的滨水游憩步道。

2. 婚纱摄影基地（图2-4-14）

图2-4-14　婚纱摄影基地

规划范围：桃仙溪旅游景区。

规划理念：打造最纯最美的婚纱摄影基地。

规划思路：利用桃仙溪的秀美风光，结合古木参天、滨水栈道、桃花林等景观，打造独一无二的乡村自然风光婚纱摄影基地。

（三）欢乐农家体验区

1. 药膳美食街（图 2 – 4 – 15）

图 2 – 4 – 15 农家特色馆子

规划范围：位于湖内自然村山麓下。

规划理念：结合南埕本地所产的中草药，制作具有本地特色的药膳，打造药膳美食一条街。

规划思路：对湖内村的原有民居加以改造，改造后的民居应突出南埕本地的风土人情。特选十几户民居组成药膳美食一条街，美食街上的每户农家都各自主打一个招牌菜，并制定农家特色菜单，抓住游客挑剔的味蕾，为游客带来健康和美食。

2. 农家旅馆（住宿接待中心）（图 2 – 4 – 16）

规划范围：位于湖内自然村山麓下。

规划理念：突出乡村性，舒适、干净。

规划思路：住农家屋是都市游客体验乡村旅游和农家乐的重要一环，湖内村可与农家饭店相连并建，打造成小别墅式样的农

图 2 - 4 - 16　农家旅馆

家连体旅馆，依山而建，环境优雅，适宜居住。

3. 烧烤（图 2 - 4 - 17）

图 2 - 4 - 17　烧烤

　　规划范围：位于湖内村浐溪弯道鹅卵石滩涂。

　　规划理念：在湖内村靠近浐溪旁边的沿岸地带设置烧烤点或者烧烤区，既能品尝原生态的烧烤美味，又能饱览美丽的浐溪风景。

　　规划思路：烧烤是吃农家菜的露天方式，众多绿色、"土"的烧烤原料使游客充分体验乡野之趣，游客可享受生态无污染的土鸡、土鸭以及鲜美的河鲜等。

4. 枇杷采摘园（图2-4-18）

图2-4-18 枇杷采摘园

规划范围：湖内自然村后山上。

规划理念：依据休闲农业理念，将农业观光、采摘、休闲融为一体。

规划思路：令游客观赏美丽的果园风光，亲手采摘果实，品尝香甜枇杷，体验收获的乐趣。设置枇杷育种基地、采摘基地、枇杷果基地，设置果品介绍牌。精心管理漫山遍野的枇杷，使之与与整个湖内村生态环境相协调。

5. 花园乡村（图2-4-19）

规划范围：位于湖内自然村中心。

规划理念：结合社会主义新农村建设，打造花园式的农家园区，体现"花园乡村"的创意理念。

规划思路：治理湖内自然村村内环境、设立垂钓、划船、网鱼等活动的水上乐园，把湖内自然村建设成生态田园景观为主的，突显新农村主题的花园乡村。

6. 生态柔道（图2-4-20）

规划范围：湖内自然村后侧靠近山体部。

图2-4-19 花园乡村

图2-4-20 生态柔道

规划理念：结合中医养生理念和清幽静谧的竹林，利用鹅卵石铺就一条自然足底按摩小道。

规划思路：将路两旁的毛竹改造成为2~3m高的竹篱笆。

利用鹅卵石铺就一条"生态柔道"，通过人脚与地气的接触，直接刺激、按摩脚底穴位，使游客在进行有氧运动的同时，感受到天、地之气的融会贯通。

（四）休闲农业观光区

1. 开心农场（图2－4－21）

图2－4－21 开心农场

规划范围：位于湖内自然村和木瓜坑四季果园内。

规划理念：将现实与网络虚拟相结合，打造现实版QQ"开心农场"规划思路：仿照时下最流行的网络游戏"开心农场"，在湖内自然村和木瓜坑四季果园内种植四季蔬菜和水果，如葡萄、桃树、桂圆、荔枝、杨梅、橘子、枇杷、德化梨等，开辟试验田区，提供农具等设施，保证一年四季都有水果可以采摘，让游客尽享劳动的快乐。此外，还可以划出部分农田作为认养区，游客在缴纳一定的费用后此田归其管理和收获。

2. 花卉基地（图2－4－22）

规划范围：位于木瓜坑内，紧邻四季果园。

规划理念：花艺大观园，展示魅力南埕。

规划思路：建造大棚培养各种花卉、盆景。木瓜坑内气候湿润，年平均气温19.4℃，可种植兰花、水仙等花卉。此外，还可打破传统，采用无土栽培等先进科学方法进行培育。

图 2 - 4 - 22　花卉基地

（五）素质教育拓展区

1. 山谷攀岩（图 2 - 4 - 23）

图 2 - 4 - 23　山谷攀岩

　　规划范围：木瓜坑溪、浐溪汇合处西侧垂直山体上。

　　规划理念：为登山爱好者提供生态环境优美的有氧运动环境，打造户外山谷攀岩基地。

　　规划思路：根据山谷内岩石峭壁情况，进行修整，清理落石和杂草，建设必要的保护措施，配备专业的登山装备，为登山爱好者提供一个绝佳的登山平台。在山顶位置建设观景台，令游客在登山之余可以纵览桃仙溪的美景，感受到魅力南垾。

2. 青垾农耕文化园（图2-4-24）

图2-4-24　青垾农耕文化园

规划范围：省道203两侧的青垾村内。

规划理念：利用知青文化，在展现农耕文化的基础山，融入青垾村的知青文化，打造别具一格的南垾农耕文化园。

规划思路：知青文化是中国特殊时期的特殊文化现象，青垾村有知青文化的土壤和基因。打造青垾农耕文化园，以展示本地区农耕文化的发生发展为主题，融入现代元素，在原有吊脚楼建筑的基础上修饰内部，突出知情文化，让知青们重温和回顾当时的情景。整个建筑风格力求古朴而不失现代风味，体现南垾农耕文化的悠远、深邃和文明。在文化园内展示不同时期不同风格的农具以及改革开放以来，南垾镇农业的发展成果。

（六）生态溪谷休养区

在石笋峰下地势开阔处建设养生馆、休闲木屋，让游客在天然氧吧中进行健康休闲体验。

1. 滨水观光栈道（图2-4-25）

规划范围：木瓜坑溪沿岸。

规划理念：亲水之旅。

规划思路：观光栈道根据不同地形地势，采用了亭、廊、吊桥、观景平台等多种形式。部分栈道采用半廊、内凹栈道形式，

图 2 - 4 - 25　滨水观光栈道

即可起到遮雨和防止崖壁上的落石给游人造成伤害的作用。其特点自然、古拙，可使游客感受到国内最长古栈道的依稀风采。

2. 休闲木屋（图 2 - 4 - 26）

图 2 - 4 - 26　休闲木屋

规划范围：在石笋峰下地势平坦处建造。

规划理念：营造温馨度假木屋，开展美食养生。

规划思路：针对新婚夫妇和现代家庭，打造集美容、康体、养生为一体的养生木屋，同时结合当地特有的麻丝菇、倒刺鱼等开展饮食养生。整个木屋格调同周边环境相映成趣，配合摄影基地开展新婚蜜月度假及家庭休闲旅游，是游客休憩、度假、尽情享受置身于大自然怀抱快乐的场所。

3. 休闲茶亭（图2-4-27）

图2-4-27　休闲茶亭

规划范围：在木瓜坑溪沿岸。

规划理念：茶亭听书。

规划思路：设置小型书吧，游客在此看枫叶、赏流水、品观音、读雅书，在生态溪谷中尽情呼吸大自然的清幽灵气，获得精神享受。

4. 不老漈养生溪谷

规划范围：和枫垱村以上的山间河谷地带。

规划理念：绿色生活养生之道是当今最流行的健康形式，人们不断追求精神的需求期望有健康的体魄和美好心情，不老漈瀑布深居山林之中，属于原生态的溪谷瀑布，水流之大，声音宏重，给人一种强烈震撼力。

规划思路：在和枫垱村的旁侧建立标识向导解说牌，沿溪谷而上布设游步道，从和枫垱村上行大约2km范围内为成片毛竹林，可以做毛竹景观，形成天然氧吧。在松阔林过渡地带有一台地可以设一观景平台活憩亭，到不老漈瀑布底端沿途铺设板石路或者栈道。

五、桃仙溪县旅游发展的社会效益分析

1. 促进旅游发展。德化桃仙溪乡村旅游景区的建设和发展可促进南埕镇乃至德化县旅游事业的发展。对于德化县而言，桃仙溪是较有名气的景区，因此，它的良好发展前景必定会提高德化旅游业的名气，带动整体旅游业的发展，优化了其旅游产品结构。

2. 改善文化环境。德化桃仙溪乡村旅游景区的旅游发展增加了当地居民与外界相互交流、了解和学习的机会，开拓了人们的视野，增长了人们的知识，有利于当地居民文化素质的提高和传统观念的改变，有利于精神文明建设。同时，游客会感受并带走当地的传统文化，使之得到传播和发扬光大。

3. 增加财政收入。桃仙溪旅游业的发展增加了南埕镇的地方政府财政收入，为南埕镇各发面的经济发展提供了资金保障。同时改善当地居民的生产生活环境，提高当地居民的物质文化生活水平。南埕镇利用这些资金对外投资，也会促进周边地区国民经济的协调发展。

4. 优化产业结构。南埕镇已将旅游业列为经济发展的支柱产业，旅游业的发展会带动第三产业的全面振兴，改善现在南埕镇以农业经济为主的现状，调整和优化了南埕镇的产业结构，使之符合市场经济发展的规律，为南埕镇国民经济发展提供了新的方向和良好的途径。

六、桃仙溪县旅游发展的环境与生态保障

（一）环境和生态建设

1. 环境保护。旅游区内的各种项目开发建设必须加强管理，只有在进行环境影响评价之后方可立项，禁止违章乱占土地，滥建旅游服务设施，随意、随机的开发建设行为；加强对旅游者、旅游从业人员、旅游地居民环境意识教育，抓好环境卫生尤其是旅游垃圾及白色污染治理工作。

2. 生态建设。根据本区土地的使用现状，土壤性质及乡土树种生长情况，并考虑当地的特色林果和植物季相，合理地进行植物配植，使德化仙桃溪乡村旅游景区成为名副其实的绿色瓜果生态景区；以景区大门、道路沿线等为重点，努力加强绿化美化，

同时需要考虑与周边环境的协调；建筑要考虑以高大树种作为屏障，与旅游景观相互隔离；要综合考虑乔、灌、藤、草的合理布局，注意常绿与落叶植物的搭配，注意生态林与风景林的搭配，做到春花、夏绿、秋红、冬青；制定安全防火措施，加强水土保持，防止水土流失和水体污染；发展生态、乡村旅游，倡导旅游文明，实现环境保护与旅游可持续发展。

（二）政策与体制保障

政府及旅游管理部门的职责是通过制订相关政策法规和执法来鼓励和引导投资、培育和规范旅游市场，帮助并指导旅游景区进行科学合理的旅游开发建设和经营管理，保护投资者的积极性，维护合理的市场秩序。为此，本区发展旅游应积极取得福建省、泉州市、德化县的相关政府部门的积极配合与指导，争取在资金、政策、人才、信息、宣传、招商等各个方面给予大力支持。同时，大力改善旅游区的宏观环境，本区旅游业的发展有赖于全县旅游大环境、旅游大市场、旅游大形象的整体改善，应努力配合政府有关部门，积极促使上述改善的进程加快。

（三）基础设施保障

旅游区内应注意服务设施网点的配置，发展邮政设施、电信工程，并努力保证移动电话、传真、电话、互联网的通讯质量和稳定性，协调各方面的关系，保证旅游旺季的用水、用电达到旅游要求，保证排污工程达标。同时，需加强与周边景区的旅游线路连接。

（四）资金保障

本区旅游发展面临的一大问题是资金较为短缺，并极大制约了旅游区内基础设施的改造和更新，如果资金问题得不到解决新的规划也难以最终落实。按照"多渠汇流"原则，根据旅游业投融资趋势和规律，结合旅游区的实际和特点，本次规划提出4种比较适宜的资金筹措渠道。

1. 政府投资。政府投资一般限于基础设施，重要的服务设施和具有间接效益、长远效益的项目上。福建省目前全面启动全省的乡村旅游发展，必然加强对乡村旅游发展的相关资金的投入，景区可以积极争取财政支持，加大上级扶持力度，从发展社会主义新农村和乡村旅游两个方面争取最大限度的资金支持。

2. 自筹资金。本区自筹资金主要用于规划设计、招商宣传、基础性引导投入等方面。

3. 鼓励民间、当地群众投资。鼓励民间、当地群众投资参与景区内的现代农业的生产中来，既可以增加农民的收入，又可以极大地提高当地居民的参与热情。

（五）人才保障

旅游属于劳动密集型产业，加强人力资源的开发、提高旅游服务质量是旅游质量保障的核心。为此，必须建立引进人才的机制，制定旅游从业人员素质教育计划，建立岗位培训制度，努力提高旅游创新意识和全行业服务质量。同时，本区居民的全民素质的提高也是十分重要的。

规划的实施和目的地建设，最终要靠人来完成。关建在于要建立吸引和选拔旅游人才的机制，培养和使用人才的环境，鼓励人在旅游行业成才的社会氛围。制定旅游优秀人才引进计划和奖励办法；制定配套的干部任用制度，选拔最优秀的人才担任旅游相关岗位的领导职务，大胆提拔和任用，营造旅游出人才的社会氛围；建立旅游优秀人才奖励制度和评选旅游行业劳模，每年对在旅游发展做出突出贡献的人员给予重奖，形成以从事旅游为荣的社会氛围；加大旅游乡土人才培养与选拔，设立培训和奖励基金；成立旅游服务培训中心，加大职业技术培训力度。

（六）宣传保障

旅游区面临的又一问题是知名度低，宣传力度不高，建立宣传保障体系的主要目的是统一认识，扩大影响。

1. 媒体宣传。媒体宣传是面向公众和旅游消费市场最为重要的宣传措施,旅游区应积极将自己的各项旅游信息和活动对外报道。在《德化旅游》杂志、德化电视台以及福建省旅游网站等进行营销宣传;与省市级平面媒体达成合作,开辟南埕镇温泉与乡村旅游发展的专项系列报道,为景区扩大影响。

2. 招商宣传。招商宣传是针对于商业投资和企业的宣传,可与资金保障体系的建立相结合,将宣传和融资相结合,以达到相互促进的目的。

(七)社区参与保障

加强规划宣传,完善规划公示制度,提高村民规划意识,促进全社会自觉执行规划,同时探索市场经济体制下的公众自律机制。倡导阳光规划,建立社会和公众主动参与规划编制和实施管理的机制,维护广大市民的长远利益。倡导社区参与原则,在资源保护、旅游服务、旅游项目策划各方面发挥居民的积极性和创造性。

第三单元　美丽乡村建设的再思考

模块一　美丽乡村的环境特点

【案例导学】

陕西地域广阔，地势南北高，中部低，并由西向东倾斜。北山雄踞陕西北部，秦岭横卧陕西中腰，二者相互映对，将陕西省划分成陕北、关中和陕南三大区域。人们形象的称之为：陕北高原、关中平原、秦巴山地，由于它们地域生境、地理环境差异较大，分别形成各具特色的区域景观。关中地区地处陕西省中部，又称关中平原和渭河平原。东起潼关，西至宝鸡，南接秦岭，北达渭河北山，地域范围涵盖五市一区，包括铜川、宝鸡、渭南、咸阳、西安五市及杨凌国家农业产业示范区，平均海拔520m。古时因其农业经济发达，西汉史学家司马迁在《史记》中将其称之为"金城千里，天府之国"。同时，自西周起，先后有秦、西汉、唐等13个王朝在此建都，其历史地位和地理位置可见一斑。其基本地貌类型是河流阶地和黄土台塬。渭北黄土台塬区位于关中盆地区北部，南邻渭河冲积平原自然区，北与陕北黄土高原丘陵沟壑区的子午岭—黄龙山自然区相接。南侧大致以渭北一级黄土台塬的南缘为界，北侧大致以子午岭南端—宜君梁—黄龙山南缘为界。西起陈仓区，东至韩城市，北界北山，南临渭河平原，是八百里秦川的重要组成部分，分属渭南市（韩城市、合阳县、澄城县、白水县、蒲城县和富平县）铜川市（耀州区和王益区）、咸阳市（永寿县、乾县、武功县、礼泉县、淳化县、泾阳县和三原县）和宝鸡市（凤翔县、金台区、陈仓区、岐山县和扶风县）

的 20 个县（区）。总面积约 21 500km^2。其是由东西向延伸，坡度一般在 5 度以下，表面比较平坦、完整，但各台塬海拔不一（总体在 500～1 100m 之间，其中，东部在 500～800m，西部在 700～1 100m）的系列连续的塬面组成。总体呈现东部略低，西部略高的特点。

灵泉村位于合阳县城东 15km，坊镇东南方向 5km 处的黄河西源上，在合阳县合川国家级风景旅游区范围内。其村落形态整体上依托其自然地理环境，三面环沟，地形东西狭长，地面沟壑纵横，斜坡台田占总耕地面积的一半，水土流失严重，土地利用率极低，大片坡地荒芜。灵泉村全村人口 1 903 人，占地面积 3.9km^2。其具有丰富的自然与历史文化资源，具体包括土沟壑自然地貌景观资源、古老的防御体系景观资源、魅力独具的街巷空间景观资源、厚重的人文景观资源等。其特有的景观元素与符号还尚未全部消失，但是随着新农村建设的不断开展，大量的现代思想逐渐渗透进来，导致部分农民开始追求人工化的现代景观，从而摒弃了部分原本属于本地，具有本土文化、民俗、自然特色的乡土景观。

选取渭北黄土台塬区内的合阳县坊镇灵泉村为研究实例，主要有以下原因：其一，灵泉村位于关中渭北黄土台塬区东部，其所处区域地质地貌，具有渭北黄土台塬区地质地貌的代表性，即广阔的塬面、纵横的沟壑、干燥的气候、独特的土壤等。其二，灵泉村所处的农业景观特质具有渭北黄土台塬区农业景观的一般性，即一方面，由于地处暖温带落叶阔叶林带的褐土与森林草原的黑沪土的过渡区。土壤以褐土、黑坊土、黑绵土和楼土为主，肥力较高，易于耕作，农业较发达；另一方面，由于人类长期活动区内天然植被荡然无存。源面上为农耕地所在，主要种植一些农作物，沟坡上自然生长荒草（主要为菊科、禾本科、莎草科、蔷薇科和豆科植物）。同时，小面积人工种植刺槐、泡桐、杨树、松和柏树，零星散布于全区。其三，灵泉村村落布局独具魅力。

北侧为寿山、南侧为福山、东侧为禄山，唯有西南方向有一窄出口，连接外围平原，而内部形成南高北低的平台。其四，灵泉村分为古村和新村两个组团，古村落内建筑极具关中传统民居特色，且保存完好，但是，对着建筑年久失修以及原有建筑与现代居民生活的矛盾日益加剧，有相当部分民居正面临"衰退"，甚至被取代的迹象，新村则呈现现代民居风格，二者若即若离，相互辉映。

在这个地域文化浓厚的村落，寻找和总结其乡土景观特色都表现在哪些方面？

乡村景观既不同于城市景观，又有别于纯自然景观，它特有的田园文化和生活气息吸引了大量游客，并越来越受到城市居民的青睐。相对于城市景观而言，乡村景观是乡村地区的人们在特定社会、经济、技术等综合因素的作用下，建造房屋、耕种土地，生存繁衍，经营土地而形成的一种景观类型。

刘滨谊从环境资源学的角度提出乡村景观是可以开发利用的综合资源，是具有效用、功能、美学、娱乐和生态五大价值属性的景观综合体。在西方国家，乡村景观在其景观设计中一直扮演着重要的角色，西方现代景观设计师从乡村景观中受到了深刻的影响。近几年，随着我国经济的发展，城市化进程的加快，设计师也开始认识到乡村景观的保护和建设，并开始重视对乡村地区景观特征、历史遗迹的保护与利用，注重从乡村景观中得到设计策略的启示。乡村景观已影响到我国当代景观规划设计。

乡村景观由不同的景观要素组成，这些要素分为有形和无形两种，有形的乡村景观要素指农田景观、聚落景观等肉眼可以看到的景观类型，即物质性景观；无形的景观要素是指耕作文化、民俗文化等肉眼看不到的景观类型，即精神性景观。

一、乡村景观

1. 有形的景观（物质性景观）。农田景观由农业生产活动形成的农田景观是乡村景观最具特色的景观要素，因各地的气候、水文、土质、生产、生活习惯和生产资料等的差异呈现出不同的景观特征。农田景观是乡村景观中最主要的方面，包括水乡景观、干旱田地景观、梯田景观等。我国长江流域以南大面积种植的水稻田，其实就是一种很好的人工农田景观，它可以为城市湿地景观的构建提供参考；我国黄河流域以旱作物为主，这种几千年来形成的旱地景观自然有它存在的价值，可以增加陆地自然植物景观的营造内容；而西南山区的农村植物景观很好的再现了山、水、植被与人之间和谐的关系，其形式为在城市中堆山置石，改造地形与周围环境的规划起到很好的启示作用。

此外，农作物一年四季不同的色彩及其生长的过程也能为设计师提供一些灵感。农作物呈现的颜色各异，但成本低廉。再加上农作物本身可以作为种质资源进行引种和驯化研究，从而能更好地为城市景观设计所用。如沈阳建筑大学新校园设计，将东北稻作为景观素材引入校园，把质朴的田野带入城市，一方面节约了成本和资源，一方面带给城市居民无限的遐想。

乡村聚落的形态、分布特点及建筑布局构成了乡村聚落景观的丰富内涵。这种景观意象具有整体性、独特性和传统性等特征，反映了村民们的居住方式，成为区别于其他乡村的显著性标志。例如，苏南传统的乡村聚落大多呈现几十户人家沿河道两岸逐水而居的形态，这种聚落形态与苏南的独特地理环境以及当地的生产生活方式有很大关系。在受西方理念严重影响的今天思考具有区域特色的聚落特点显得难能可贵。

北京的"香山甲第"再现了我国传统四合院充满凝聚力和安全感的院落住宅形式。它将四合院的设计理念引入现代别墅项目，其联排别墅采用公共围合院落与每户的私有院落相组合的空间结构形式，多户可以共享中央庭院，同时户户又具有各自独立的双处院落。"香山甲第"使中国的居住文化和高科技的建筑技术相结合，既满足了中国人的居住习惯，又提供现代人需求且高品质的生活习惯。

2. 无形的景观（精神性景观）

（1）耕作文化：我国农业生产源远流长，乡村劳作形式种类繁多，有刀耕火种、水车灌溉、渔鹰浦鱼、采药摘茶等方式，这些都充满了浓郁的乡土文化。土地是一种风景，耕作行为本身是创造农业景观的过程。生产工具的发明和改进以及野生动植物的驯化是人类在长期的生产实践中逐渐实现的，而这些历史的痕迹都能给设计师一定的启发。

（2）民俗文化：乡风民俗反映出特定地域乡村居民的生活习惯、风土人情，是乡村民俗文化长期积淀的结果。乡村传统节日五彩纷呈，如元宵节、清明节等，乡村风俗习惯如我国各地的舞龙灯、舞狮子，陕北的大秧歌，东北的二人转，西南的芦笙盛会等也都脍炙人口。合理运用民俗文化，将历史有机溶入现代生活中，才能达到预期的设计效果。

深圳的锦绣中华微缩景区、中国民俗文化村，这两大主题公园将各地区民俗文化充分应用到城市景观设计中。锦绣中华景区浓缩了中国五千年历史文化和全国各地的风景名胜，是一座反映中国历史、文化、古代建筑和民族风情的实景微缩景区。其中有五万多个栩栩如生的陶艺小人和动物点缀在各景点，生动再现了我国的历史文化及民俗风情。中国民俗文化村内含我国各民族中的24个村寨，荟萃了中国各地的民族服饰、民族风味、民族建筑及民间艺术风情。两者使我国各地的自然风光与人文历史得到了再现；使我国各地的民俗文化充分展现在现代人面前。不仅弘扬了中国文化，且在我国城市景观的发展中绘制了一个新的画面。

3. 风水文化。风水是千百年来劳动人民在自然环境中长期生活经验的积累，是一门有关人和周围环境关系的学问体系。其基本取向是关注于"人·建筑·自然"的关系，即"天人合一"的朴素哲学思想，所以风水观念始终包含一种追求优美的、赏心悦目的自然和人居环境的思想。在当代，如果我们能将传统风水学中的朴素原理融入到现代景观规划中，那么景观设计作品会更容易被具有传统思想的人所接受。

乡村景观中各景观要素的组合往往是以风水学作为指导，其好坏的评判也往往以风水学作为标准。古人在选址、建筑的形式与朝向、庭院的形式、花草树木的配置、假山流水的组合布局等方面都考虑风水学的原则。在现代城市园林中，其地形设计、理水、建筑规划、园路系统规划、植物配置等方面都可以适当运用风水学中的一些原则。深圳波托菲诺的选址及布局就运用了风水学的观点。波托菲诺小区的建筑规划充分尊重地形地貌，完整保留了当地谛诺山山体和天鹅湖水景两大自然资源的原貌。谛诺山山体使小区具有了自然的山体，提供小区挡风的屏障，成为形如风水宝地中所提到的"来龙山"。左右两边分别用两组建筑充当护山，中间部分堂局分明，地势宽敞，有前面保留的天鹅湖则形如风水地中前面具有的月牙形水景，曲折环绕整个小区，从而构成一个后有靠山，左右有屏障护卫，前方略显开敞的相对封闭的居住环境。波托菲诺就正好处于这个山水环抱的中央，地势平坦而具有一定的坡度。这样，就形成了一个背山面水基址的基本格局。

二、乡土景观概念

乡土，"Vernacular"一词来源于拉丁语"verna"，意思是在领地的某一房子中出生的奴隶。后来由于多种学科的需要其意思不断外延。关于"Vernacular"。国内的翻译有两种意见，一种是直接翻泽成"乡土"，居主流地位；另一种则翻译成"方言"，取其长期自发形成之意，这里取前一种翻译。与之相适应，在国内外的各种研究中，乡土景观的概念也产生多种相关但又有所区别的理解。

本土、地域性的景观《Local Landscaper》与"外地、异域景观"相对应，这是一种最常见的理解，即乡村、居家和传统的事物，包括乡村、房屋以及过着平常生活的人们。最早进行这方面探讨的是建筑学家，他们将乡土建筑视为传统乡村或小城镇的居所，即农民、手工艺人员或工人的居所。通常意味着它是由工匠而不是建筑师进行设计的，其建造依循的是地方的技术、地方的材料，同时适应地方的环境：包括气候、传统、经济（主要是农业经济）。它不追求形式的复杂性，只是遵循地方形式，很少接受其他区域的创新。可以看出这一理解的根源在于认为乡土景观是地方的、传统的，它不接受外来的文化和影响，并排斥高新技术的应用，不同地域之间的差别是很明显的。例如：北京的四合院、陕北的窑洞和南方的塔楼就是不同地域的乡土景观，而城市中的各种新型住宅区和建筑群都不属于乡土的范畴。

在此，还要介绍两个相关概念——"当代乡土"（Contemporary vernacular）或"新乡土"（Neo - vernacular），这两个词的意思基本相同，并在最近几十年被广泛地引用。当代乡土在概念上被定义为：一种自觉的追求，用以表现某一传统对场所和气候条件所作出的独特解答，并将这些合乎习俗和象征性的特征外化为创造性的新形式，这些新形式能够反映当今的价值观、文化和生活方式。简言之，所谓的"新乡土"就是恰当地综合民间传统文化与全球性先进技术进行设计的形式。他们对乡土的理解仍然是"传统的"，只是在以一种"今天"的时间维度来审视"过去"的影响力，试图使所有的传统都能在不断被摒弃的过程中得以修正并被赋予新的内容。

1. "乡村景观"相对于"城市景观"。将乡土景观（Rural Landscape）与城市景观相对立似乎是很容易理解的事情，但由于研究者看待现代新技术的不同，又分成两种倾向：

一种理解也包含地方的、传统的观念，排斥新技术的影响，只不过将其范围进一步缩小。有人认为，乡土环境必须具备以下3个要点。第一，它是农村，是稳定的农业或牧业地区；第二，它在封建家长制社会中；第三，它处于手工农业时代前夕。显然，这种定义包含了地方传统的意味，只是将属于城镇的市井生活排除在外，可以这样理解，北京郊区的四合院属于乡土景观，而城区的四合院和交易场所，如前门一条街等就不属于乡土的范畴。农村的宗祠、坟地是乡土的，而皇帝的宗祠和墓地就是非乡土的。

另外一种理解不排除新技术的影响。有人认为，农民对新技术的运用也属于乡土的范畴。这样，乡村的一切景观都称得上是乡土景观，包括茅草房和红砖瓦房及小洋房、祠堂和现代的老年活动中心、也包括土路和柏油马路。这种理解和新乡土同出一辙，只不过将范围界定在农村的领域内。

2. "寻常景观"相对于"高雅景观"相对应。旧常的（Everyday 或寻常的（Common Ordinary）指的是普通居民体验的那些要素，其本身具有许多复杂的含义。从普遍意义上说，日常描述的是城市居民共享的生活体验，那些我们相当熟悉的平凡与普通的路线—乘车、工作、休闲、在城市街道和步行道之间穿梭、购物、买食物吃、随便跑步。目前，国外研究大都将"The vernacular"视为普通居民在日常生活中所作的事情。以此理解为基础，寻常景观强调了寻常百姓、实用性，而非皇家的、政府的行为建构的景观形式，即官方景观、正统景观。这样，居住区、商场、广场以及传统的集市等都属于此范畴，而像博物馆、天安门广场、人民英雄纪念碑、中华世纪坛、以及各地这类大型城市广场及奥运会场等景观则要排除在外。国外对此方面研究的内容也很多样。包括人们与日常景观之间的关系，种族、性别、信仰、地方文化对其的影响，以及不同人对乡土景观形成的不同意象和评价等。

寻常景观显然既包括农村景观也包括城市景观，而且在城市中很多日常景观都是为了满足人们的日常生活需要而形成的，而非刻意设计而成的。日常生活不仅包括必须进行的一些活动，还包括一些休闲、社交性活动，因而日常景观并不完全具备功用性。此外，该理解承认历史过程的存在，事物本身的发展处于变化之中，日常景观既有地方自身发展的过程，又有外来文化影响与渗透的过程。只要外来其他区域的技术与创新能够融入地方的生活，它们依然是乡土的。以汽车的发展为例。毫无疑问，汽车是现代化的产物。显然不属于本土的东西，但只要不把汽车当成展示自己财富与地位的象征，不使其成为政治工具，汽车也可以是人们赖以生存的基础。也是人们日常生活的一部分，所以，它也能成为"乡土的"。美国现今比较流行的活动汽车住房就是一种比较典型的乡土景观。文丘里的"向拉斯维加斯学习"的观点就是建立在这种汽车景观作为美国现代乡土景观意义之上的。

曾经是帝王贵族的正统和高雅的景观，时过境迁，也可成为寻常姓所的普通景观，所谓"朱雀桥边野花草，乌衣巷口夕阳斜；旧时王谢堂前燕，飞入寻常百姓家"（刘禹锡）。

3. 对乡土景观的认识。我们可以把景观定义为土地及地上的空间和物体所构成的地域综合体。它是复杂的自然过程、人文过程和人类的价值观在大地上的投影"。所谓乡土景观是指当地人为了生活而采取的对自然过程、土地和土地上的空间及格局的适应方式，是此时此地人的生活方式在大地上的显现。因此，乡土景观是包含土地及土地上的城镇、聚落、民居、寺庙等在内的地域综合体。这种乡土景观反映了人与自然、人与人及人与神之间的关系。乡土景观的这种理解包含几个核心的关键词，即：它是适应于当地自然和土地的，它是当地人的，它是为了生存和生活的。两者缺一不可。这可以从乡土景观的主体、客体及相互关系方面来理解。

（1）乡土景观形成过程中的主体：当地人或"内在者"（Insider）指的是长期在一地生活的人，这些当地居民在日常生活中是融身于景观之中的。一种文化景观的形成既可以是内在者作用的结果，也可以是外在者创造的产物。通常情况下这两种作用力也是交融在一起的。内在者出于自身生活的需要，对于所处自然环境进行影响和改造，他们的生活需要，乃是乡土景观形成的原动力。创造乡土景观的内在者应具有以下特征：

普通人：即大众，具有群体共性。在一群当地人中并不显得另类和突出的那些人。这种大众的界定，直接和当地的社会构成状况相关。在西藏自治区这样一个宗教因素已经深入影响到人们生活的方方面面的地区，所谓的普通人就不仅包括普通的藏族群众，而且还应包括喇嘛。

使用者和创造者统一：一种文化景观是由人创造的，其目的就是为人所用。尽管这种使用的范围比较广泛，包括观看、实际使用及其他等。乡土景观的使用者和创造者必须是统一的，或者说使用者必须主持和参与部分景观的建造过程。以城市住宅和乡村住房为例。城市住宅大多是规划设计人员和工程人员的工作结果，只有在建成之后居民才会搬迁来居住、生活，因而不应属于乡土的范畴；而乡村的住房多由居住者自己准备材料、选地基、并确定和安排整个建造过程，虽然靠一家人的力量无法完成建设工作，邻里乡民的帮忙也是以居住者的意志为主，随时听其安排帮忙的。

以藏区为例。寺庙建筑的建造虽然很多都是敦请尼泊尔或者汉族工匠进行的，但无论哪一个寺庙的建成，都离不开当地民众和喇嘛的参与，藏族文化在寺院的建造和形成中毫无疑问起着主导作用。显然寺庙景观也应归入乡土景观的范畴。而堆玛尼堆的过程，是藏族民众处于自身信仰需要而形成的一种行为，玛尼堆对于他们的习俗来说有着使用价值。因此他们堆玛尼堆的过程，就是一个创造的过程。与此同时他们又在一定意义上具有使用者的身份。

（2）主客体之间的关系。景中人和景外人看待景观是不一样的，前者是景观的表达，而后者是景观的印象。景观存在于人类的生活之中。是一种社会生活的空间，是人与环境的有机整体。

主体—内在者和客体—乡土景观相互作用的过程，也就是乡土景观的形成过程，即内在者与周围环境相互调和、相互适应的过程。任何文化景观的形成过程都是人塑造了环境，环境又塑造了人的过程。塑造的过程当然是通过主体的行为进行的，意即人类通过自身的行为创造着环境，环境又反过来通过限制人们的行为影响着我们。行为是文化景观形成过程的中介。乡土景观形成过程中主体的特殊性决定了作为中介的行为的特殊性。

具有功用性。乡土景观的形成过程是使用过程和创造过程合二为一的。使用者和创造者的结合使得创造过程的目的变得更为直接明了，即满足使用者的需要。这些使用者又是一些普通人，他们在日常生活中最为基本的需求就是生产、生活。而生产、生活行为又是大众居民最常见的使用行为。这种行为又在一定程度上对既定的景观进行完善和修正，即使用行为也是一种创造行为。可以说乡土景观中的使用行为和创造行为都是有功用目的的。

具有自发性。使用者和创造者的结合使景观创造的行为随时可以发生，不受其他因素的约束。只要正在进行行为的人愿意。另外，这种自发还能够从一种个体行为变成一种集体无意识行为，并产生一种综合结果。

对于有的乡土景观来说。它看起来似乎是一种意识形态的结果，似乎是属于自上而下发生的。但其本质却是一种文化的积淀。本来出于使用的实际目的，在长期的发展以后成为一种文化行为。成为一种约束性的、似乎非功用性、非自发的行为。但其本质仍然是功用的，是集体无意识的体现。

（3）客体。乡土景观定义为：内在者出于生活的需要而自发创造形成的一种文化景观。这种生活需要包括文化和精神的需要在内。因此，它不仅应该包括人、建筑、各种构筑物、器具等。还应包括形成这一切的自然背景。乡土景观是包含城镇、聚落、民居、寺庙等在内的土地和土地上的物体构成的综合体，是包括自然和历史文化在内的整体系统。同时，由于创造者及其行为特征的独特性，乡土景观应该具有以下几个特点：

具有实际功用性。这是区别乡土与非乡土的关键所在。即是否具有与人们的生存和生活息息相关的功能，这里主要指的是生活和生产方面的，也包括形成人们生活习惯的部分。

具有多样性。它是自发或半自发形成的，因而受所处地域和创造者的影响较大。可能会随地域自然特点、创造者的民族、文化、性别的差异而发生很大的变化。

具有文化意义。乡土景观是社会体验和文化含义的重要载体。这种意义是内在者所赋予的。因而必须从内在者的角度去理解。

人类是符号的动物。乡土景观则是一个符号传播的媒体，是有含义的。它记载着一个地方的历史，包括自然的和社会的历史；讲述着动人的故事，包括美丽的或是凄惨的情感；讲述着土地的归属，也讲述着人与土地，人与人，以及人与社会的关系。"它是我们不经意中的自传，反映了我们的趣味。我们的价值观，我们的渴望。甚至我们的恐惧。"

乡土景观的意义在3个层次上表达："高层次"意义：是指有关宇宙论、文化图式、世界观、哲学体系和信仰等方面的。如"风水"所表达的有关中国人与环境关系的文化图式。"中层次"意义：指有关表达身份、地位、财富、权利等。即指活动、行为和场面中潜在的而不是效用性的方面。"低层次"意义：指日常的、效用性的意义，包括有意布置的场面和因之而生的社会情境、期望行为等；私密性、可近性；升堂入室等第、座位排列；行动和道路指向等等，这些能使使用者行为恰当，举止适度，协同动作。

乡村景观和乡土景观是有区别的两个概念，乡村景观指在乡村存在的景观，但是乡土景观却是乡村景观意向的深层次内容，在城市景观的建造过程中也可以建造一些乡土景观来表达中国传统文化内涵，来传承人们的文化基因，因为中华文化一直与农耕文明有着一脉相承的联系。

【导学案例解析】

乡土生态景观、乡土农业景观、乡土生活景观是乡土景观的重要内容。

一、乡土生态景观

运用景观生态学研究生态区域内的结构模型理论，对灵泉村乡土生态景观的水平要素进行系统研究。按照景观生态格局方法对灵泉村整体生态景观进行分析，其景观空间单元的构成要素包括斑块、廊道、基质。灵泉村乡土生态景观生态单元内的斑块类型多样，形态各异，按照特征属性的差异可将其分为：村庄聚落、景点、林地、池塘、工厂、沟壑等六类。从景观斑块类型来看：村庄聚落、景点、工厂（平政乡的煤炭企业型）等属于引入斑块；而沟壑、林地则属于环境资源斑块。

1. 灵泉村整体生态景观的分析

（1）斑块：从斑块的数量类型来看，其中，村庄聚落占灵泉村区域生态景观单元中景观斑块的绝对比重，达到99.7%，而其他景观斑块数量占总量的比重仅为2.3%，与前者悬殊较大。因此，对区域内景观斑块的研究重点在于对村庄聚落的研究。

从景观斑块功能上来看：沟壑、林地等环境资源斑块具有非常独特的视觉享受，其作为灵泉村自然景观的"点睛之笔"，对灵泉村区域内景观特色的呈现和塑造具有非常重要的作用；村庄聚落、景点、工厂等引入斑块占据了斑块总量的绝大多数，属于基础型斑块，影响着区域生态景观单元的景观品质、环境保护、生态营造等。由于具有改变自然能力的人类的有意识的行为活动（对大自然的适应、建设和改造），将原来灵泉村没有的景观要素引入到灵泉村的景观体系中来，使得引入型斑块对人的依赖性强，如果没有人的活动，则它们很容易消失。因此应强化人在斑块中的主导作用，使斑块很好的服务于环境，实现人与自然的和谐共处。廊道是不同于两侧本底的狭长地带，可以看做是一个线状或带状的斑块。其类型有河流保护型廊道、生物保护型廊道、环境防护型廊道和游憩使用型廊道。其中，河流保护型廊道作为生态通道，具有保护水资源和决定缓冲带宽度的功能；生物保护廊道主要作为生物栖息地和生物迁移的廊道，维持着生物的多样性与丰富性；环境防护廊道，主要起着改善气候、净化空气和隔离噪音的功能；游憩使用型廊道主要用于构建生态廊道。合阳县塬面纵横，地形复杂，山、塬、沟、滩兼有。其境内大峪沟、金水沟、徐水沟、大枣沟等四大沟系，将平整的黄土台塬面划分为北部宽阔，南部狭窄的带状地块，沟壑密度平均为 $0.83km/km^2$。这些独特的地貌特征造就了灵泉村区域生态景观单元内丰富多样的景观廊道类型。

从景观廊道属性看，有山体型景观廊道、沟壑型景观廊道、路网型景观廊道和河流水渠型景观廊道；从景观廊道类型上看，则有干扰型景观廊道，如西候铁路、西禹高速（G5）、108 国道、县道等；人为型景观廊道，如灌溉水渠、道路两旁的行道树等以及资源型景观廊道，如北部梁山和潘家山等南侧山脉和由金水沟、大枣沟、徐水沟等构成的沟壑型景观廊道。

从数量上来看，道路型景观廊道居多，其次是水渠型景观廊道，沟壑型景观廊道和山体型景观廊道最少。但从规模上来看，却呈现出沟壑型景观廊道和山体型景观廊道最多的特点，其对区域内景观结构的影响也最大。

从功能上来看，道路型景观廊道，是不同于两侧基质的狭长地带，其在农田基质上形成条状，与两端或两侧的一些斑块相连接，是重要的人流、物流等运输通道，同时妨碍了许多垂直于公路延伸方向运动的动物迁移，而崎岖山路及沟壑内的小径则是动物迁移的有效路径。山体型和沟壑型景观廊道内部生物类别繁多，生境良好，为其内部其他物种起到提供物质及能量，并维持着生物和景观多样性。

（2）基质：基质在景观中范围最大、连通性最好，在很大程度上决定着景观的性质，对景观动态起着主导作用。在对灵泉村区域生态景观单元内基质的确定主要从两个方面来考虑。一是，相对面积，即如果灵泉村区域内景观中，某一类景观要素面积最大，占到景观总面积的50%，甚至超过其他要素面积总和，即可认为该要素是本底；二是连通性，当某一要素完全连通或是连通最好时，即为基质。

在灵泉村区域生态景观单元内，地势平坦，沟壑山体相互交错，但不同地貌分区所承载的景观地物是不尽相同的。通过分析可知，区域生态景观单元内，面积最大、连通性最好且动态控制最强的农田为基质，表现出灵泉村、甚至合阳县作为传统农业大县具有悠久的农耕文化。而在北部的梁山和潘家山山区（平均海拔在900～1 500m），由于地势陡增，农耕迹象荡然无存，呈现出古老而原始的基于中生代燕山运动所形成的台塬型森林景观基质，对比农田景观基质，体现了明显的基质异质性特征。

（3）垂直分析：是通过景观生态学研究生态区域内的结构模型对灵泉村乡土生态景观的垂直要素进行系统研究。按照景观生态格局方法对灵泉村整体生态景观进行分析，其景观空间单元的构成要素包括气候、水文、土壤、动植物等。

（4）气候：四季特征——合阳县一年四季分明，春季因海洋暖气团势力转强，气温渐高，少雨干旱，时冷时热而风霜多现；夏季气温较高，多阴雨；秋季冷暖气团交替出现，气温凉爽多变，夜凉昼热而多为连绵阴雨；冬季严寒，气温低，雪雨少，晴冷干旱。冬夏期长，春秋期短。

（5）气温：合阳县历年平均气温11.5℃；最热月为7月，平均气温25℃；最冷月为－3.5℃。1年之中，0℃以上的天数平均为120.4d，最多为135d，最少为105d。县域内，由于地处黄河滩地的东部，气温最高，年平均气温在 13.4℃，极端温度高达 41.2℃，极端最低为 −16℃。东部黄土台塬区的白良和中部塬区的城关、南部台塬的孟庄，年平均气温分别为 12.3℃、11.5℃ 和 12.8℃，相差较小。西北部山区的甘井，年平均气温为 10.5℃。县域内整体区域温差明显。灵泉村区域生态单元位于东部台塬区，年平均气温分别为 14.7℃，最高位 28.1℃，最低温度为 −4℃。

（6）日照：阴雨天气，云量多，减少 180.8h，是年际变化的最小值。年平均总辐射量 130.7kcal/cm² · 年，12 月最小，为 7.02kcal/cm² · 月，占 5.37%。年生理辐射量 65.37kcal/cm² · 年，占太阳辐射总量的 50% 以上。

（7）降水：合阳县受东亚季风影响，干湿季明显，冬季风期少雨，夏季风期多雨。冬干、夏湿，降水量变大，多干旱灾害。一年多雨年份总量可达 835mm，少雨年份则为 332mm，季节分配不均。从县域内分布来看，总趋势是西北多而南部少。多雨区在纺房寨附近，年均在 625mm。少雨在路井，年平均仅 466mm。灵泉村年降雨量为 580mm，属于中等偏下水平。此外，合阳年平均湿度为 0.5。冬季 3 个月为严重干旱期，7—9 月为湿润到半湿润时期。3—6 月，10—11 月属于干旱半干旱时期，即由严重干旱到湿润、半湿润，由湿润、半湿润到严重干旱的过渡时期。

（8）水文：水池、水系、水网的形成对一个地区景观生态起着非常重要的作用。对于合阳县，尤其是案例村庄灵泉村这样一个干旱、半干旱的区域来说更是如此。合阳县域内河流纵横，水网密布。其主要有黄河，金水河、徐水河、大峪河和大枣河等河流。其中，黄河由北向南从韩城龙门流经本县，并形成与山西的天然分界线，流程 41.8km²。金水河发源于黄龙县梁山北麓的侯家沟，绕梁山西侧进入合阳县。流经甘井、城关、王村、平政等 11 个乡镇，至大荔华原乡的金水沟村东流入黄河。全长 58.6km，流域面积 307km²。徐水河从梁山脚下，由西北向东南，流经杨家庄等6个乡镇，全长36km，流域面积223km²。大峪河从黄龙山脚下，由北向南，经蒲城汇入洛河，全长80km左右，流经王村等5个村庄，全长49.5km，流域面积512km²。大枣河，又名百良水，源出县域同家庄的文王泉，向东流经同家庄、百良、王家洼等地，至榆林注入黄河，全长17.7km，流域面积71km²。灵泉村宏观区域生态单元内主要水系有徐水河和大枣河两条及其支流。这些水系对流域内的生物物种的数量和种类，有着至关重要的作用，同时也影响着区域内的气候环境和生态质量。

（9）土壤：灵泉村县域内主要有9个土壤类型。其中，褐土分布在半干旱气候条件下形成的地带性土壤。分布在县域内北部山区的山顶及山坡。有黄土木质、较薄的腐殖层、粘化层和石灰淀积层。这种土质适于发展林牧业，不适合农耕；垆土，是县域内的主要农业土壤，经过人们长期施肥、耕种、熟化、堆积、覆盖而形成。这种土壤质地适中，有机质及养分含量高。结构及透水透气性好，有利于物种根系发育，适合耕种，且适宜农作物广泛。黄土性土，是本县储量最多的一个土壤，分布于各个乡镇。其质地适中，疏松多孔，透水通气，保持水肥性好，宜发展农业和林牧业。红土，主要分布于北部山地的陡坡地带，呈棕色，块状结构紧实，土壤贫瘠，养分含量少，适合发展林木业；淤土，养分含量低，保水肥性差，主要分布在沿杉前梯地、塬面洼地和大峪河沟底的区域。此外，其他土壤主要分布在黄河滩地一带。此次灵泉村宏观区域生态单元内的土壤类型主要是垆土和黄土状土，其特点是养分含量足、土壤疏松透气，且保持养分程度高，适合发展农业（图3-1-1）。

（10）动植物

①植物——合阳县野生植物以木本和草本植物为主，多分布于西部山区和沟川地区。一是，木本类。主要有银杏、松树、侧柏、扁柏、山楂、梨、山桃、山杏、樱桃、黄蔷薇、紫荆、满条红、皂角、合欢、中槐、柠条、葛藤、桐华树、四照花、毛白

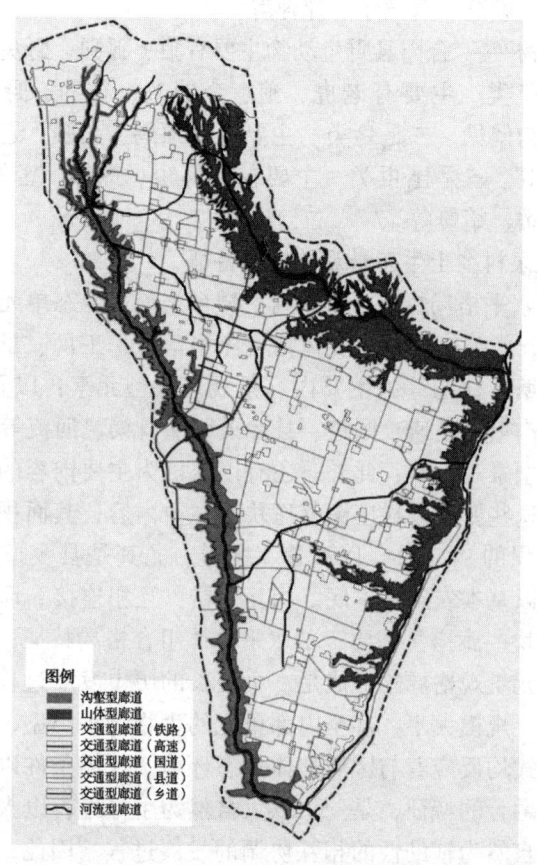

图 3－1－1　水平景观格局

杨、山杨、小叶杨、旱柳、虎榛子、核桃、白榆、桑树、青铜、酸刺、崖枣、野葡萄、酸枣、香椿、臭椿、漆树、紫丁香、胡枝子、杭子梢、狼牙刺等。二是，草本类。主要包括草木西、马季、草莓、白茅、雀麦、野菊、柴胡、连翘、苍术、丹参、红胡、薄荷、麻黄、黄高、蒲公英、马池兰、白头翁、翻白草、苦参、金灯笼等。其中，远志、连翘、防风等是中药材，经济价值较高，多集中在县西北山区。三是，其他，主要包括地衣、木耳、苔藓、蘑菇、菟丝子、浮萍等。

②动物——合阳县野生动物主要有狼、狐狸、野兔及多种鸟类。一是兽类。主要有老虎、狼、金钱豹、猫豹、野猪、狐狸等，在山沟偶见。二是鸟类。主要有丹顶鹤、大雁、老鹰、猫头鹰、麻雀等。三是昆虫类。主要包括瓢虫、蝴蝶、蜜蜂、土蜂、大黄蜂、蚕、蜻蜓等。

2. 灵泉村乡土生态景观的格局特征

(1) 水平格局特征：灵泉村区域乡土景观生态单元内的景观要素众多，类型多样。主要包括村庄聚落点、工厂、景点、文化遗址、池塘、林地等为主要内容景观斑块型元素；以及以山脉、黄土台塬沟壑、高速、国道、县乡道、灌溉渠、河流等为主要内容的廊道型景观元素；此外，还有以农田为主要内容的基质型景观元素。这些要素以村庄聚落斑块为主要内容，其面积比例高达斑块总面积的94.9%，以高速、国道、尤其是县乡道为连接媒介，以及以基本农田为本底，相互交错，互相连接。形成现状目前的"斑块—廊道—基质"的水平总体组合格局特征。灵泉村区域生态单元景观格局的形成是一个漫长的历史发展过程，其总体格局特征、规模大小、甚至内部单元的生物物种类型、物质能量交换的方式均反应着与区域整体生态环境、气候条件以及人的生产生活相融合的特征，是一个以大自然为主导性，以人的适应与被适应大自然为辅助性的相互协调的发展过程。因此，它是一个多种生态过程综合作用的结果。一旦这种格局形成，则会形成以此格局为框架的系统单元，同时系统单元会以自身和整体的身份影响着这个发展过程，以此来进一步的充实和完善自身的结构和内容。因此，有必要对灵泉村区域的乡土景观格局特征进行进一步的分析，以期形成人与自然，人与社会，自然与社会相互协调的区域整体景观格局。

(2) 垂直格局特征：灵泉村区域景观生态单元的垂直格局结构分析，即在气候、水文、土壤、动植物等综合影响下，对因高度的变化而形成的不同景观类型的差异以及整体格局特征的分析。作者主要借鉴了对复杂问题研究的层次分析法，以"分层剖析"与"多层叠加"为基本研究思路进行展开。同时，其也影响着对不同区块内的生境氛围、能量交换、物种类型等。因此，应以现状气候、水文以及土壤特征所形成的发展实际为基础，对区域内宏观整体的乡土景观垂直结构进行系统分析。

灵泉村区域内景观生态单元的整个垂直结构呈现出"气候—土壤—水系—动植物"的四位一体的垂直格局。这个格局又是动态发展变化的，即各垂直要素内部以及各垂直要素之间无时无刻不在发生着扩散、迁移以及演化的循环过程。而在此过程中，人的主观活动对垂直生态系统内的物种种群、植物群落的结构与功能产生着巨大的影响。因此，在灵泉村区域景观生态单元层面，应强化对重要生态敏感区、环境保护区以及生境品质较好的区段进行实施层面的保护与优化，同时对人的，有意识的活动范围及内容进行约束，以增强整体四位一体垂直格局的稳定性和形成与之相对应的保护措施。

3. 生态景观营造模式。灵泉村乡土生态景观的营造模式：灵泉村区域尺度范围内的乡土生态景观，在适应关中渭北台塬区特殊的地形、地貌、气候、水文以及其他影响因素方面，已经探索出了许多可供借鉴的节地智慧和土地利用模式。这是在关中渭北台塬区，土地寸土寸金的极端条件制约下，人们经过长期探索实践形成的多层次、高度灵活和极具适应性的营造策略，是人们顺应生态环境和遵循人地关系的最优抉择。具体反映在水平格局层面及垂直格局层面的各子系统中。

（1）水平营造模式：在宏观区域尺度，有3种营造模式，描述灵泉村区域尺度范围内，乡土生态景观的分布特征、功能特征和规模等级特征。这些特征的形成受到灵泉村区域内气候条件、水文条件、地理条件、经济发展等方面的深刻影响。特别要强调的是，这些模式并非灵泉村所独有，而是在关中渭北台塬区中皆有，因而具有一定的代表性和普遍意义。

①近交通、成组团、显点斑。揭示出宏观区域尺度下，聚落斑块型乡土景观单元，为便于农业生产、社会生活以及适应当地独特生态地理环境而形成的布局特征及土地利用模式。这种格局的产生，是千百年来人与大自然相互作用下的结果，是渭北台塬区聚落景观对当地独特地理、水文等因素作用下的模式选择。

近交通，揭示出灵泉村区域尺度下，以聚落为绝对主体的斑块型景观单元依赖交通发展的特征。人类社会经济活动的空间独占性和关联性，决定了作为空间主要联系方式之一的交通联系存在着普遍性，正是交通系统的存在支撑和影响着城市土地利用及其相关的活动。而道路的产生增强了地块的可达性，这种可达性的增强，使得土地开发及经济活动的成本降低。

同时，从另一个侧面，也提高了地块的增值性。正是土地可达性和增殖性的提高促使人们的社会经济活动向道路汇聚，即可达性越强，其聚落斑块景观单元越容易形成，反之亦然。具体到灵泉村宏观区域生态单元内，表现出其内部大型城镇主要靠近西侯铁路、西禹高速，尤其 108 国道等主要干道发展，小型村庄聚落则主要靠近县道，尤其是乡道发展的模式（图 3 - 1 - 2）。

成组团，揭示出区域尺度下，聚落斑块型乡土景观单元为适应渭北台塬区独特地理环境而形成的以沟壑为界，台地为区的，成组团状的发展模式。灵泉村地处渭北台塬区，其区内地势平坦，但沟壑纵横。大型沟壑的天然分割，形成了灵泉村在这种独特的地理条件约束下的组团状空间地理单元。这样一个地理单元，在渭北台塬区较为常见，其内部平坦的地形，以及垆土为主要土壤类型的优势，利于开展传统的农业耕作，河流以更小一级沟壑为依托穿插其中，方便区内人们生活。这种由于受自然条件限制，成组团状发展的模式没有破坏到原有的沟壑环境，这不仅是人们主动"选择环境"、"利用环境"的实践楷模，更是人们弥补自然不足，追求人与自然和谐共生的智慧所在。

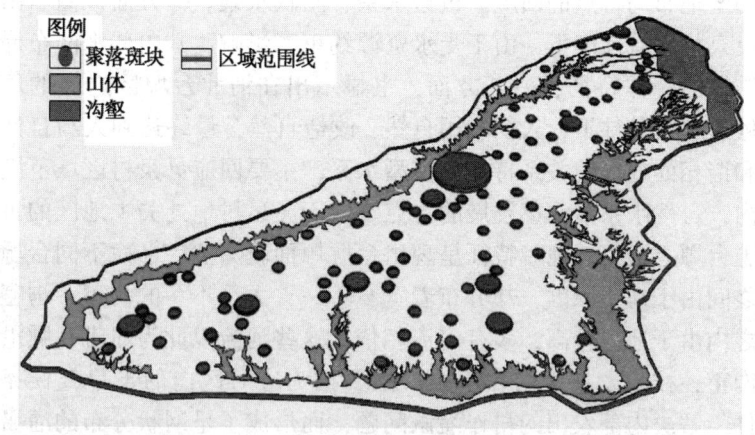

图 3-1-2 水平营造模式之：成组团、显点斑

显点斑，揭示出区域尺度下，聚落斑块型乡土景观单元在渭北台塬区分布的规模特征，以及在这样地理环境下的发展模式。渭北台塬区是关中传统的农业种植区，长期以来已经形成了一定的种植优势并成为当地的主导产业和经济支撑。同时，以此为基础也形成了大大小小的村庄聚落。这些聚落由于受到耕作模式、生产条件、生产方式以及地理环境的约束，大多靠近耕作农田，散布于耕作范围内。此外，由于聚落内部的居民多以农业生产为主，耕作的规模决定了其聚落等级规模，这决定了灵泉村区域尺度范围内的斑块多以小型村庄为主。这些条件综合到一起，最终形成了灵泉村区域尺度范围内"点状发展"的聚落生存模式。

②棋盘交通、枝型水系、网状水渠。棋盘交通，揭示出区域尺度下，交通系统的总体布局特征。灵泉村所处的渭北台塬区，虽然大小毛细沟壑纵横，但其内部总体地势平坦。其内部交通，在效率的驱使下，多形成以直线型为主要线型，以垂直相交为主要方式，以矩形、方形为主要形式形成的道路近棋盘状的道路格局骨架。这种交通的形成不仅是节地智慧的体现，更是对区域内

的土地布局特点的回应。枝型水系、网状水渠。一方面，揭示出灵泉村区域尺度下，由于受水资源约束的影响，其内部水网布局结构的总体特征；另一方面，也显示出在渭北台塬区这样的气候、水文条件下，人们利用自然、改造自然，最终达到人与自然和谐相处的人地关系特征。枝型水系，主要回应灵泉村区域范围内，自然水系沿沟壑发展的特点。由于灵泉村地处关中地区的黄土台塬之上，其地貌特征呈现出台塬塬面较为宽广，而不同台塬之间由于地质原因，却分布着宽窄不一，大小不一的沟壑。沟壑之内由于地势较高，多有河流相依，这些河流以此为纽带，顺沿沟壑，枝状发展。网状水渠，主要指为应对区内的干旱气候条件，解决内部农田的耕作灌溉问题，而形成了呈网状分布的灌溉渠。渭北台塬区气候干旱，年平均降雨量仅为 600mm。虽地处黄河边缘，但由于地势较高，难以直接引用其水资源。而为了解决其内部农田的灌溉问题，人们采用工程技术手段，将黄河之水抽取上来，并结合人工灌溉渠的方式，输送至各农田地块。最终所形成的网状水渠，作为灵泉村区域尺度内水系结构的重要补充，是对干旱条件下农田生长需求的解答，更是对人们生存艺术，人地关系的最好诠释。

（2）垂直营造模式：灵泉村区域尺度下，乡土生态景观的垂直营造模式体现出"高度关联、共轭分布"的总体特征。这揭示出灵泉村宏观区域内的乡土生态景观与当地独特的水文条件、气候条件以及地理条件的高度相关性。并表现为，受其相关限制因素制约，而形成的渭北台塬干旱、半干旱区，区域乡土景观的独特风貌和土地利用模式。具体表现为以下 2 个方面。

①水资源丰欠程度决定乡土生态景观的内容与类型。一方面，灵泉村所处的渭北台塬区，由于受东亚季风影响，干湿季明显，冬季风期少雨，夏季风期多雨。一年多雨年份总量可达835mm，少雨年份则为332mm，季节分配不均。年平均降水量仅为580mm 左右，属于典型半干旱区。且表现出冬季 3 个月为严重

干旱期，7—9 月为湿润到半湿润时期，3—6 月，10—11 月属于干旱半干旱时期的特征。另一方面，区域内的主要河流多为依托沟壑的谷底型河流，主要有徐水河和大枣河两条河流。这些河流也因降雨量的多寡而呈现出丰欠两种明显特征，而具体一年中的绝大多数时间，以干枯为主。降雨量较少以及区内主要河流常年以干枯为主的特征，决定了灵泉村区内农业产业主要以干旱区的作物为主。具体表现为，农作物包括小麦、玉米、油菜等；经济作物包括苹果、葡萄、桃子等。同时其植被以及树种也体现出渭北台塬区干旱型种类的特征。如草本类主要以白茅、柴胡、黄高、蒲公英、马池兰、白头翁、苦参、金灯笼等为主；木本类主要以松树、侧柏、扁柏、毛白杨、山杨、小叶杨、白榆、酸枣、香椿等为主。从景观外观上来看，这类植物的共同特点是：树干纤细、叶面较小，且外观颜色受季节影响因素较大（即春季植物刚刚发芽，颜色主要以翠绿为主，夏季植物生长旺盛，颜色主要以墨绿，秋季植物逐渐衰败，颜色以黄色为主，冬季植物进入休眠，颜色以褐色，即树干色为主）。这种景观特性的出现，使当地的乡土景观成为应对灵泉村区域水资源匮乏的集中体现，同时也决定当地土地利用模式的适应性、适宜性的选择，更是当地人地关系的和谐共生。

②气候条件影响着聚落型乡土景观的营造。干旱是灵泉村所处的渭北台塬区的气候的基本属性。降雨量稀少（蒸发量小于降雨量）、日照强烈、多季节风是其基本特点。一方面，在这种气候条件下形成了乡村聚落营建多以当地建材为主，即以土砖为基本类型。这为本土建材发挥其营建作用提供了广阔的空间。这样取材于大地，应用于大地的营造环境，所形成的是一种有别于南方干阑式建筑景观特点的景观，是由地表直接生长出来的，由上自下，由里及外的，浑然一体的自生式乡土景观。这种乡土景观是人地关系的最优方式选择。另一方面，受日照、季风等气候条件影响，聚落营建亦体现出内院落、高密度、低层数的特征。这

种小型的围合式的庭院与大型的围合式的聚落使得灵泉村聚落景观在一定程度上，降低了日照以及季风的影响，形成了适应于当地气候条件特征的发展模式。

水平呈"斑块—廊道—基质"三位一体的总体镶嵌格局；垂直呈"气候—土壤—水系—动植物"四位一体的垂直共生格局。最后，分别从要素及其不同的营造模式、对应的景观生态学下乡土景观的特征与作用等方面对景观生态学视角下的灵泉村乡土生态景观的营造模式进行了系统的总结和归纳。得出：灵泉村水平方面的景观呈现出"近交通、成组团、显点斑"、棋盘交通、枝型水系、网状水渠的发展模式；垂直方面呈现出乡土生态景观的营建内容及方式与当地的气候条件、水文条件等方面"高度关联、共轭分布"的发展模式。这种发展模式的出现，不仅是对灵泉村区域气候条件、水文条件的集中应对措施，同时也是对当地土地利用模式的适应性、适宜性的理想选择，更是对当地资源约束下"人地关系"的最好诠释（图3-1-3）。

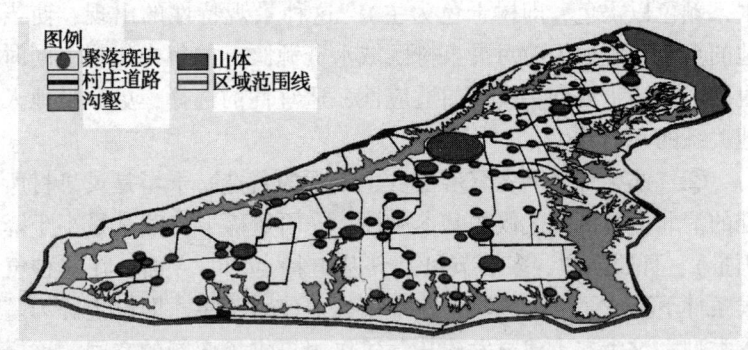

图3-1-3　灵泉村乡土生态景观水平营造模式

二、灵泉村乡土农业景观

村域尺度范围界定，主要考虑人的行为主导性下人的生产性行为，即以人的生产半径为依据进行划分。考虑到我国目前农村仍实行土地承包责任制，即灵泉村村民的生产及生活范围大多处于灵泉村的村域范围内。因此，由此为基础确定灵泉村村域尺度研究范围确定为灵泉村村域范围，面积约为 3.9km²。研究认为，乡土景观是当地人为了生产和生活，通过对当地不同尺度下环境的适应和改造，而形成的地域综合体。可见乡土景观不仅是乡村居民生产、生活历史的真实缩影，而且是乡村地域内独特景致的精神凝结。基于此，论文在上文系统研究宏观区域尺度灵泉村乡土景观营造模式的基础上，进一步研究村域尺度的，以农业生产景观和聚落生活景观为核心内容的乡土景观特征，进而提炼总结其特征下的营造模式。灵泉村位于合阳县城东 15km，坊镇东南 5km 处，始建于公元前 206 年，距今已有 2 000 多年历史。村内早期有王家、支家两家在此居住，到明朝时，又有党家迁此，村庄由此兴旺。经过多年的发展，目前已经形成以粮、棉、苹果为主导产业，以乡村旅游为特色产业的综合型村庄（图 3 - 1 - 4）。

1. 水平要素构成。林地、树篱、乡村、园地、道路及农业服务设施等为生产服务的多种景观斑块、廊道和基质的综合镶嵌体，表现为有机物种生存于其中的各类复杂栖地的空间网络。根据地块农业生产的自然适宜性和经济导向性，村域尺度的灵泉村生产景观要素可分为农业生产景观、农业服务设施景观、农业旅游休闲景观和农业生态景观四种类型。

（1）农业生产景观：农业生产景观，是指向人们直接提供农产品和工业原料等的用地类型，强调景观的生产性功能，包括耕地、园地、人工经济林等三大类用地。通过对灵泉村农业生产景观的调查发现，目前区内农业生产景观主要集中在寿山南侧、合洽公路北侧，灵泉村以东也有部分农业生产用地，其面积为 34 197hm²，占农业景观总量的 47.3%。其中，又以耕地和园地为主，耕地面积 25 066hm²，约占农业生产用地总量的 73.2%，园地面积 7 763hm²，占总量的 22.7%，林地面积仅为 1 368hm²，仅占到总量的 4.1%。其中，耕地又以苹果、小麦、大葱、红提、

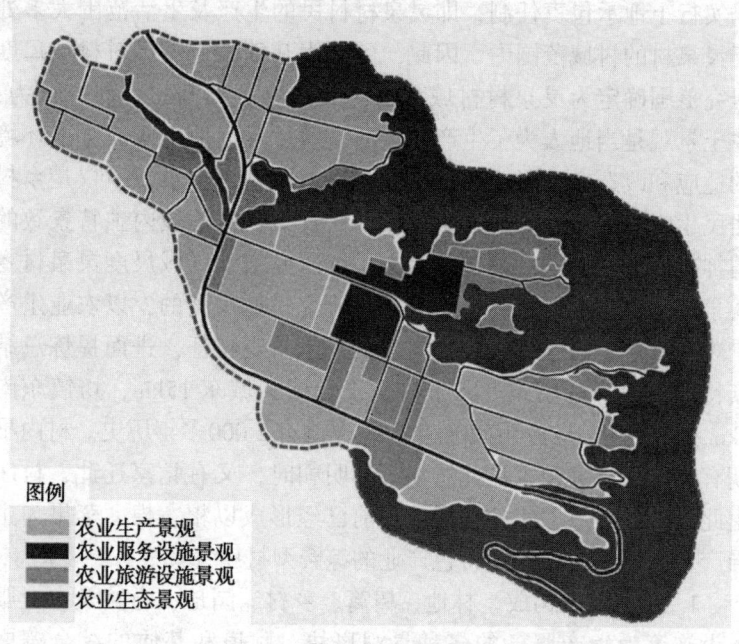

图例
农业生产景观
农业服务设施景观
农业旅游设施景观
农业生态景观

图 3 - 1 - 4   灵泉村乡土生态景观水平营造模式

花椒、红薯种植为主，约占到耕地总量的 70% 左右，其余为西瓜、豆类、樱桃等，农业生产景观：苹果、玉米、梨树；农业服务设施景观：晒谷场、居民点。占到耕地总量的 30%。显示出灵泉村花椒、小麦、红薯等传统农业种植优势和主导产业的突出地位。园地是指种植以采集果、叶为主的，每亩株数大于合理株数 70% 以上的土地，包括用于育苗的土地。其类型主要包括果园、茶园和其他园地等。灵泉村村域尺度下，其园地主要为果园和药材种植园。其中，又以果园种植为主，占到园地总量的 80% 以上。果园中以传统的苹果为主，辅以红提和花椒。主要种植区大致可分成三大片区，规模最大的片区主要集中在新村和福山景区以南的区域，其余两片区分别位于合洽公路的北侧和寿山南沿支脉和福山南山脚下。药材种植园主要依托福山、寿山和禄山等良好的生态环境，在其内部及周边开辟有一定量的中药药材种植用地。近年来，由于从国家到市县及各级政府政策的支持，设施农业等发展较为迅速，成为新市区农业产业化和农业现代化的重要标志，也是乡土景观的重要内容之一。

（2）农业服务设施景观：农业服务设施景观，主要指为农业生产活动开展而提供服务的设施景观，主要包括农业生产性道路、乡村内部及对外联系道路、晒谷场以及村庄居民点等。具体到灵泉村，农业服务设施景观主要指乡村道路、场和农村居民点，面积为 4 483hm^2，占整个农业景观总量的 6.2%。乡村道路主要指 305 县道（即合洽公路）和村庄内部道路和田间小路，是人们进行生产劳作和生活交往的主要联系通道。其中，县道为柏油路面，宽约 3m，是灵泉村村域等级最高的道路，其余道路多为土路，少量为矿渣道路，宽约 2m，是灵泉村内路网密度最大的道路。

晒谷场（扬谷场、堆麦场等）即多为长方形或方形的空地，用以接纳秋天，新收获的或晒不完的谷子、小麦、玉米、棉花等。灵泉村的晒谷场主要集中在老村东沟以及新村以北靠近东西向入村主干道南侧区域。农闲时节也可作为人们的公共活动场所。村庄居民点，是村民进行生活的主要场所，具体到灵泉村，其包括老村和新村两个大的组团，并有一条东西向入村干道相互串接起来，其东、南、北三面环沟，坡面陡且急，尽在西侧一面与平坦的黄土台塬相连接，并作为入村的唯一通道。整个布局构成了浑然天成的防御体系，使其整个村子选址具有良好的防御优势。同时，西北侧为寿山，东北侧为禄山，东侧为福山，象征着人们对美好生活的良好期盼，也折射出古人择聚选址的聪明智慧。

（3）农业旅游休闲景观：农业旅游休闲景观主要是指为传承农耕文化、保护文化多样性和为城市居民提供休闲和旅游服务功能的区域，内容包括部分耕地、园地和林地等。表现形式如观光园、采摘园、农家乐、景区等。从类型来看，灵泉村村域尺度的农业旅游休闲景观类型多样，不仅有三教合一的著名景区福山景区、灵泉村传统关中古村聚落、韩信点兵寨等景观类型，而且有诸多形式和内容的采摘园，如苹果采摘园、樱桃采摘园、红提采摘园和花椒采摘园等。此外，在灵泉村以东，福山以北以及福山景区入口广场周围的区域，还有相当面积的特色休闲林地。从规模来看，农业休闲景观的面积为 8 170hm²，占整个农业景观总量的 11.3%。同时，由于灵泉村独特的地理环境和悠久的历史文化特征，使其景区型农业旅游休闲景观所占休闲类景观总量的比重较大，约为 77.2%；同时由于灵泉村经济型果园的传统优势，其采摘园型景观规模仅次于景区型景观，其占比例达到 15.6%；观光园由于服务景区的需要，建设量较小，其比例仅占总量的 10.8%。从空间布局上来看，景区类主要分布在以福山景区为核心的北侧、东侧和南侧等区域以及寿山南沿部分与合洽公路交汇处的区域；采摘园主要依托现有的园地，主要集中在灵泉村村庄附近的区域；农家乐主要集中在村庄内部；观光园主要集中在寿山以南，福山以北，老村以东的区域。

（4）农业生态景观：主要是对保护环境具有较大的潜力，具有保护土壤、涵养水源和维护生物多样性等生态调节作用的区域，包括河流水面、天然林地等。具体到灵泉村，其农业生态景观主要是指其村庄周围的山体，即以禄山为中心，包括其北侧的寿山和南侧的福山。其面积为 25 450hm²，占整个农业景观总量的 35.2%。它们是整个灵泉村村域尺度范围内的大的生态背景环境，对灵泉村小区域内的气候环境、生态环境等的维持和保护具有很大的作用。

2. 垂直要素构成。垂直农田景观主要是从垂直的角度，其进一步探索"中观"村域尺度下的景观构成。经研究，灵泉村垂直景观要素包括田埂、田面、田间小路、沟壑四类。

（1）田埂：田埂是指田间的埂子，用以分界并蓄水之用。田埂还可供人行走，同时，因为其一般临沟渠而建，所以其水分充足，也做农田之用。从田埂类型上看，其类型不仅包括最常见的土垒砌的田埂、而且还包括砖石垒砌的田埂和植物堆砌的田埂三类。灵泉村因地处黄土台塬东部，气候干旱，降雨量较小，田埂受雨水冲击量较小，加之砖砌、石砌田埂造价成本较高，因此，其田埂多为土砌田埂。从线型上来讲，田埂线性多依据道路、山体和沟壑走向进行安排。具体到灵泉村，其田埂线型有直线型、斜线型和曲线形 3 种（图 3 - 1 - 5）。不同的线型围合出形态各异的用地地块。从田埂的规模来讲，灵泉村田埂一般高度多在 10 ～ 20cm 左右，宽度在 20cm 左右，断面呈梯形状，上小下大的特征。从田埂的功能来讲，其不仅有分割土地，蓄水隔水等最基本的作用，而且还有改善土壤物理性质，提高土壤养分和减少耕地水土流失、防止土壤老化、促进农作物生长的作用。

图 3 - 1 - 5 垂直农田景观：田埂

（2）田面：从形态上来看，由于灵泉村受山体、沟壑以及道路等的切割影响，其田面表现为不同的形态特征。从分区上来讲，田面分区总体上分为三大区。一是向西靠近南北方向合洽公路段的农田区域，由于受到数条斜向横纵沟壑的切割，此区域的田面多为一面齐整，另几个面不规则状；二是村庄以南，合洽公路以北的区域，由于沟壑、山体等影响相对较少，这部分田面较为规则，多为长方形，用地平整；三是沿寿山、禄山和福山等山体的南沿带状区域，由于山体的不规则指状伸展，使得与其相交的田面也呈现不规则状。从规模上来看，灵泉村田面多以 1 334

m^2 为最小计算单元，最大的不超过 $0.27hm^2$。一般户均（4 口之家）农田多在 $0.5 \sim 0.7hm^2$。同时，由于所分田地的贫瘠程度不同，其户均田地规模也会有所不同。即同等条件下（比如产量），土地越贫瘠，所分土地面积相应越大。从田面用地特点来看，总体上，灵泉村的田面多为平坦型，其坡度多在 5 度以下，属于良好的农田用地。

（3）田间小路：灵泉村农田内部有着非常便捷的田间小道，串接着各个不同的田地，方便村民生产。从等级结构上讲，其一般分为主路和小路。主路一般主要为对外交通（如合洽公路）和村内的主要交通干道，小路则为田地间联系最多的道路。从道路线型来看，一般有两种类型：一是穿越式道路。即道路与主要田面（较长的那一面）相垂直；一类是边缘式道路，这类道路与主田面相平行，多用在一边是沟壑，另一面是田地的情况下。从道路宽度上来讲，主路一般多在 3m 左右，小路多在 2m 左右，至少保证一辆农用三轮车能够独立通过。

（4）沟壑：灵泉村地处黄土台塬东部，由于地理上受寿山、禄山和福山等南延山体影响，在其西侧局部区域，会有少量的残余沟壑呈曲线状向外延伸。这类沟壑，一般深度多在 $0.5 \sim 1m$ 左右，宽度多在 $3 \sim 5m$，最宽处可达数十米。灵泉村内沟壑地带主要集中在其村域西北部区域。沟壑由于地势较低，雨季时，容易积水，滋养土壤，使其内部土壤环境略优于周围田地，因此其内部植被丰富，并呈带状镶嵌于田地之中。

3. 灵泉村乡土农业景观的格局特征。

（1）水平格局特征：通过对灵泉村生产景观要素的定量分析，我们不禁要问：在这种干旱的气候条件和极富特点（平原型＋沟壑型）的地貌条件下，灵泉村经过创造性的建设，形成如此和谐并富有诗意的格局，其特征又是什么？有何作用？除去极好的自然生态背景环境外，高效的利用自然资源、改造自然也是形成其格局特征的重要秘诀之一。从农业生产格局方面，灵泉村在适应其特殊的地形地貌条件等方面，探索出了许多可供借鉴的模式。

①农业生产景观。灵泉村农业生产景观受到其地形地貌、气候环境以及当地传统种植优势等的综合影响，目前其类别主要有耕地、园地和林地三大类。其中，耕地规模最大，达到 25 066 hm²，占生产农业景观的 73.3%；其次为园地，面积为 7 763hm²，占生产农业景观总量的 10.7%；林地所占比例最少，仅为 1 368 hm²，仅占总量的 1.9%。从具体分布来看，呈现出以灵泉村村庄聚落为中心，东西向分布的，成组团分布的特点。主要受到寿山南延山脉阻隔以及合治公路和内嵌式延伸沟壑分割等的影响，形成具有明显的边界的两个不同组团（图 3-1-6）。

图 3-1-6 农业生产景观：苹果、玉米、梨树

②北部组团主要集中在灵泉村村域西北角，呈树叶型分布，总体呈现北山面沟的特点。叶状主脉为合治公路以及其他生产型道路组成，并呈枝状延伸。以此为骨架，分为 4 块小组团，以种植玉米、小麦、豆类等作物为主。形成了各小组团在各自地块上合理分配利用，又共同组成统一的大的农业种植组团。南部组团主要分布在福山以南，村域以北的区域，由合治公路一分为二，呈现北、东、南三面环山，西侧开敞的特点。用地形态相对完整，呈"L"状，以种植玉米、小麦、棉花等为主。

③农业服务设施景观。灵泉村农业服务设施包括居民点，农业生产用的"场"以及各级交通联系通道。"场"由于功能（多为粮食晾晒以及脱粒之用，少量用作马场、林场等）的影响，对

用地面积、平整度等有较高要求，同时还需考虑用地的交通、采光和通风等的影响。鉴于此，聪慧的灵泉村先人将农用的各类场主要集中布置在老村的北侧和东侧的地段，这里地势较高，采光、通风条件较好，同时用地平坦并与村庄紧密衔接。道路交通系统的用地布局是反映村落用地布局特征和土地利用是否合理的重要方面。

灵泉村的道路系统主要有公路、生产型道路和生活型道路三种。全村与外围联系的入口主要集中在西北角和东南角。合洽公路为村内对外联系的主要道路，呈双"Z"字形，向北经坊镇，通向合阳县城，向南过南山，通向洽川湿地公园。生产型道路为村内居民进行生产劳作的主要通道受地形限制，呈现"棋盘＋自由"状灵活布局。即在平坦的塬面上，为提高效率，主要以方格网式的路网为主，同时，由于山体、沟壑等的分割影响，道路结合地形呈自由式的曲线状布局，与合洽公路相衔接。生活型道路主要为新村和老村的内部路网。新村和老村总体都呈现出"三横两纵"的主干巷道格局，作为村内的主要生活，并兼有生产性功能的干道道路，通达笔直与外围的山体线性一致是其的主要特点（图3-1-7）。

图3-1-7　农业服务设施景观：农业生产

④农业旅游设施景观。农业旅游设施景观主要包括采摘园、观光园和各类景区（福山景区）。从布局来看，灵泉村的采摘园主要以居民点和福山景区为核心向四周展开，主要有两大片区。一是集中在灵泉村新村南侧的区域，并与合洽公路通过生产型干

道紧密相连；二是主要集中在老村东北角，寿山以南，禄山以西的区域，成组团布置。其余少量零散布置在禄山南侧、寿山西侧以及老村北侧的区域。总体上，采摘园呈现出依山势，就地形，并紧密结合居民点和合洽公路布局的特征。观光园主要是指在福山景区南侧的广场以及其南延部分，集中设置的特色种植区，整体布局规整，与福山宗教建筑群遥相呼应。另外在寿山以北和禄山以南的区域，因势散落布置有灵性的观众种植区，并与山体融为一体。景区主要指福山景区，其与村落紧密融合，呈"蝎形状"，东西走向，因山就势，延展而开，并占领整个村庄的制高点。

其不仅是保卫、捍卫灵泉村与居民安全的重要防御设施，同时也是当地居民的精神象征。体现着"山、城、人"的完美融合。

⑤农业生态景观。首先，灵泉村农业生态景观主要是指其北侧、东侧和南侧的三座人文之山、精神之山，即福山、寿山和禄山等。其作为黄土台塬的更高一级单元，显现出山体与沟壑并存的独特地貌，并以指状向西延展，呈半包围之势环抱灵泉村。经过近千年的发展，福山、寿山、禄山不仅是灵泉村村域范围内整体生态环境的重要支撑和保证，而且也已作为人们的"精神支柱和美好征象"，融入当地居民的日常生活。其次，由于灵泉村三面环山（寿山、福山、禄山等），在山下坡度交换的地带，形成土质较好，养分较高的农田，这类农田盘卧在众山之下，并与山体一起，形成独特的山地"坡度式"农田景观类型，这种农田景观主要集中在村庄的东侧和南侧等山脉比较丰富的农田区域；再次，沟壑式农田景观，主要由于灵泉村村庄东北角，即寿山山脉的南沿部分区域，沟壑等的横纵穿插，形成一块块由沟壑相互肆意切割的块状组团。

其沟壑两侧台塬为主要农田，内部因为沟壑宽度较小，不方便耕作的缘故，一般多以绿化为主。最后一种类型，即混合式的农田景观，主要是由于台阶式、坡度式和沟壑式等复杂地形的相互交错，所形成的极其复杂的景观形态。这种模式景观下，其农田多位于比较平整的台塬塬面之上，有时，局部坡度较低的山体地段也会有少量的农田点缀其中。在集约节约利用土地的同时，形成层次多样，错落有致的景观格局。

从人类与自然和谐共处的角度上讲，不同的农田景观断面类型，由于其地形的变化引起水分条件、日照条件等产生相应的变化，形成不同的微型农业生态系统。在这种微型系统内生长的动植物也呈现多样化。例如，在农田内部的沟壑区域，由于小积水洼地区域会产生喜湿性植物群落。灵泉村富于变化的"台阶式"、"坡度式"、"沟壑式"以及"混合式"的农田景观类型，分别有着其各自不同的微型系统，每个微型生态系统几乎都是由具有透水性的自然面（沟面、台塬面、山体面、水面等）所构成，这样才能确保水、大气等无机物质的循环，也使生物和无机物质循环性得到保证。同时，这样的微型生态系统内的生物及其丰富，形成特定的适合当地气候和地貌特征的各类植物和动物。这种种类和功能各异的微型生态系统使得灵泉村农田景观更具多样性和精彩点。

4. 灵泉村乡土农业景观的营造模式。灵泉村村域尺度范围内的乡土农业景观，在适应关中渭北台塬区特殊的地形地貌、气候、水文以及其他影响因素方面，探索出许多可供借鉴的节地智慧和土地利用模式，这是在关中渭北台塬区土地寸土寸金的极端条件制约下，生长在其上的人们经过长期探索而形成的多层次、高度灵活和极具适应性的营造策略，是人们顺应生态环境和遵循人地关系的最优抉择。

具体反映在水平格局层面的农业生产景观、农业服务设施景观、农业旅游设施景观和农业生态景观等子系统中，以及垂直格局层面的各子系统中。特别要指出的是，这些模式并非灵泉村所独有，而是在关中渭北台塬区中皆有，因而具有一定的代表性和

普遍意义。

（1）水平营造模式。

①依沟势、围村庄、成片状。自古以来，中国的人地观多种多样，其中影响最深的是"天人合一"观，"天"就是大自然，"人"就是人类，天人关系就是人与自然的关系。主张"天人合一"，强调天与人的和谐一致是中国古代哲学的主要基调。而人类经过漫长的发展繁衍，从最初的崇拜自然，逐步发展的顺应自然，到最终的天人合一，每一个前进无不体现着人与自然和谐相处的智慧。灵泉村农业生产景观是灵泉村先人们由于认识水平与实践能力有限以及受传统"天人合一"哲学观的影响，经过上千年的探索，而形成的以灵泉村村庄为中心，环绕村庄，顺沿沟壑形态，呈块状，规则式分布的模式。

"依沟势"，即由于灵泉村地处渭北台塬区，其内部大小沟壑密布纵横，可供耕作的优质土地资源有限，加之古时人们的耕作技术、生产技术有限等原因，人们不得不对这种特殊，甚至恶劣地理环境所提供的土地资源高度的依赖，只能开发智慧适应自然环境，并形成强烈的节地精神。最终从有限的，可供选择的资源内寻找可供耕作的每一寸耕地资源，因此形成了目前顺沿沟壑的农田布局特征。这种由于受自然条件限制，将有限土地上的耕地资源发挥到极致，同时，又没有破坏到原有的沟壑环境做法，不仅是人们主动"选择环境"、"作用环境"的实践经验结晶，更是人们弥补自然不足，追求人与自然和谐共生的智慧所在。

"围村庄"，即灵泉村村域内的耕地以灵泉村村庄为中心，向外围扩展布局。这主要是在传统耕作技术以及一直以来土地（均分）分配制度的影响下而形成的布局模式。一方面反映了人们在长期实践过程中，形成了最有效的对土地的耕作方式，即靠近耕地，缩小与耕地间的直线距离，甚至是，前耕（地），后居（所）；另一方面，反映了以传统农业为最根本产业的村民，对耕地的强烈依赖。即耕地是集体的"私有财产"，甚至是生存条件下的"唯一财产",因此这种财产理应靠近村庄,布置在村庄周围。

"成片状",即由于灵泉村所处的渭北台塬区的独特地貌(兼具平原型、沟壑型和山地型地貌的特征),使得存在于其上的耕地布局形成兼有平原型、沟壑型和山地型地区耕地布局模式的特征。一方面,由于土地平坦,可供耕作的耕地地毯式分布,人们为实现资源的高效利用,呈现规则式的土地划分方式,进而形成连续规则状的布局模式;另一方面,由于沟壑、山体等在"平坦"土地上的不规则分布、穿插等原因,使得耕地破碎、不完整,人们为实现更有效和更富智慧的土地利用方式,最终呈现出顺沿式、自由状、多形态的组团状耕地布局模式。这种布局特征是渭北台塬区居民经过长期的探索实践,形成的独特耕地利用模式和节地智慧。

②呈棋盘、现高效、多功能。灵泉村村域尺度内的农业服务设施景观主要指其内部的道路交通系统。道路系统,是实现和支撑整个农业生产的重要组成部分,是人们进行高效生产运作的重要保障,同时也是人们对外交流、联系和进行物质交换的重要手段。呈现在用地上道路交通系统的用地布局上,也是体现当地人们节约土地利用的重要方面之一,人们长期探索实践的智慧总结。

灵泉村所处的关中渭北台塬区,"平坦中有沟壑,沟壑内见平坦"的地形地貌特征,决定了其内部的道路布局模式应兼具平原型与沟壑型道路布局特点,即一方面应齐整划一,另一方面应自由灵活。目前,灵泉村先人们经过上千年的探索,在及其复杂多变的地形条件下和有限的空间范围内,形成了"呈棋盘、现高效、多功能"的道路组织模式。

"呈棋盘",主要指在灵泉村域范围内,其道路系统的总体利用模式为棋盘式路网格局。主要由于灵泉村沿四周沟壑布局,但从用地总量上来说,其平原型用地储量还是占绝对比重(约占总量的65%），土地平坦是其主要特征。为实现土地的节约利用（即其内部的耕地划分多以规则式矩形状为主，且相邻耕地联系紧密）以及村庄内外各类交通的高效率组织，灵泉村内部的主体路网（包括村庄外围的交通型干道和生产型干道以及村庄内部的生活型干道）结构，多采取呈棋盘式的路网结构。

"现高效"，主要指灵泉村村域范围内各类道路用地的总量规模仅占到村域范围内土地总量的2.9%，但是，却承担了其村域范围内，甚至包括镇域范围内和县域范围内的部分对外交通职能（即305省道所承担的职能）、生产劳作职能以及生活联系职能等，各类职能的交通组织需求，显现出在这种复杂条件下灵泉村道路系统的高效型特征，折射出人们对土地和高效利用。

"多功能"，主要指灵泉村村域范围内的道路系统按层级划分可分为公路（305县道）、乡道、巷道等三级。按功能划分可分为交通型道路、生产型道路和生活型道路和旅游型道路四类。但在实际使用过程中，各等级道路功能常常相互交叉、融合，形成高度复合的态势，即各级道路同时兼具交通、生产、生活、旅游的职能，显示出灵泉村村域内各级道路多功能复合的特征和利用模式。

③富文化、纯自然、自由状。灵泉村村域范围内的农业生态景观主要指其围绕周围的寿山、福山和禄山等三山。这三山分布在灵泉村的北、东、南三面，与灵泉村（村庄）隔沟相望。其不仅是灵泉村大的生态背景，同时也是生活在其中人们的精神寄托。

"富文化"，主要指经过长时间的发展，灵泉村周围的三山，逐渐形成和被赋予了各自不同的独特文化。北山——寿山，象征人们对"生命延续，长生不老"的不懈追寻；东山——福山，象征人们对"五福临门，福如东海"美好愿望的无限向往；南山——禄山，象征人们对"入仕为官、高官厚禄"入仕文化的不断追求。总之，福、禄、寿三山，分别代表了封建社会时期，人们对传统世俗文化的美好向往和不懈追求。时至今日，其也成为及其宝贵的历史文化，深入人们心中，成为一个独特的历史时期印记，深深的烙在三山之中，印在生活在其间的人们心中。

"纯自然"，主要指灵泉村三面的福、禄、寿三山连同各山之间的各类大小沟壑，共同构成了灵泉村村域范围内大的生态背景和景观环境。这些生态背景和景观环境不仅具有土壤保持、涵养水源、调节气候的功能，更有维护生态平衡、协调人地关系的职能，这是长期以来，经过人们的不断改造和自然环境不断更替演变的产物，更是人类和自然相互选择，相互影响的产物。

"自由状"，主要指福、禄、寿三山以自由状，分别从北、东、南三面环抱灵泉村。同时，村庄与山体之间有大小沟壑自由穿插，各类农田镶嵌其间，共同构成了灵泉村三面环沟、一面临地（耕地）的独特布局，最终形成了灵泉村村域范围内的"村庄、山体、沟壑、农田"四者之间，以自由之势，相互交融、相互融合，相互环绕的自由状独特布局模式。

（2）垂直营造模式：灵泉村位于渭北台塬东部，这里独特的地形地貌，形成了总体地势平坦，但内部沟壑纵横的用地特征。这使得其内部原本用地条件较好的优势，转化为一种用地相对难以协调利用的劣势。如何在有限的用地条件态势下，发挥好耕地资源以及相关资源的最大化效益，实现土地的更好更有效的集约和节约利用，灵泉村的先人们在经过千百年来的实践总结，在适应大自然的同时，最终探索出了一套，在垂直层面利于农业生产的，"田中有沟、沟田相依、沟中有田、沟田交融"的农田利用模式（图3-1-8）。

①田中有沟、沟田相依。"田中有沟、沟田相依"，具体指人们各类耕地的选址和修筑过程中，本着"天人合一"、"人与自然和谐共处"的营建思路，严格遵循着顺应自然生态环境、便于生产生活的人地关系营建原则，以及对每一寸土地的节约合理利用

图3-1-8 垂直农田景观：田间路

的营建策略，面对沟壑纵横交错的复杂现实条件，最大化的实现耕地资源的有效利用，最终形成的沟壑分隔农田，农田以沟壑为界，农田沟壑紧密相邻的土地利用模式，实现人们对有限耕地资源的极限利用。之所以选择这种土地利用模式，主要是因为在这样一个对农业生产高度依赖的社会情境下，人们对于地势较为平坦、有着更为肥沃的土壤条件和较为丰富水资源的平原型耕地的极度渴求。这种土地利用模式，不仅实现了耕地资源的最大化利用，同时也兼顾到气候条件、水文条件等诸多因素，展现了灵泉村在适应其特殊地形、地貌以及气候等限制条件方面所展现的土地利用智慧（图3-1-9）。

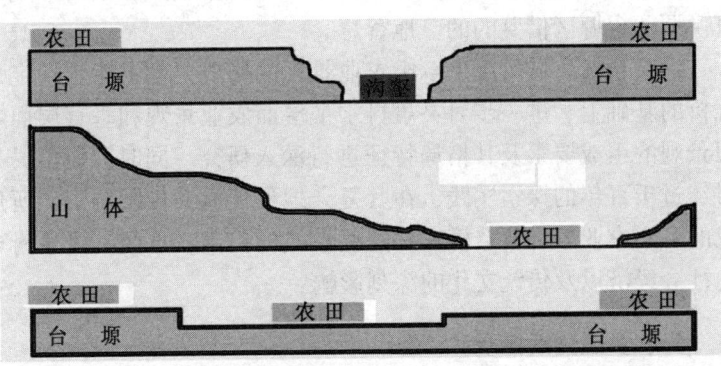

图3-1-9 垂直营造模式之：田中有沟、沟田相依；
沟中有田、沟田相融

②沟中有田、沟田交融。"沟中有田，沟田交融"，是指灵泉村面对沟壑纵横的复杂用地条件，经过多年的探索实践，在最大化的减弱其所带来的不利因素的同时，最终形成的对沟壑内部用地的极限利用模式，即表现为"沟内种田、沟田相融"的独特特征。面对这种沟壑较浅、沟面较宽的土地，由于其内部用地位于两"山"之间，表现为地势较低的谷底特征，灵泉村进行了有效而大胆的探索，将土地利用的智慧发挥到了极限。之所以形成这种土地利用模式，主要因为，首先，这种"谷底"集聚了种类丰富、富氧量高的各种营养物质，使得其自身土壤较为肥沃；其次，由于其所处的沟壑沟面较宽、沟深较浅，使得其用地相对开阔，日照采光充足，通风条件较好；再次，灵泉村村域内的河流也多从沟壑内部流过，使这里形成了村域内水流较为充沛的地区等因素。最后，其沟内用地的坡度条件也相对缓和，适宜耕作。

总之，灵泉村村域范围内的这种"田中有沟、沟田相依、沟中有田、沟田交融"的垂直层面土地利用模式，反映出的是农田对于不同自然条件特征的，渭北黄土台塬土地类型的科学合理选择，也折射出灵泉村经过千百年来的不断探索实践，最终形成的可供渭北台塬区借鉴的的节地智慧。

对灵泉村村域尺度下乡土农业景观的构成要素进行定性定量分析的基础上，进一步对灵泉村水平层面农业景观和垂直层面农田景观的组成要素及其格局特征进行深入研究。同时，提出灵泉村经过千百年的探索实践，在其复杂地形地貌条件限制下，所形成的乡土农业景观营造模式。这些模式的提出，也受到灵泉村当地社会经济以及传统文化的深刻影响。

三、乡土生活景观

1. 灵泉村乡土生活景观的构成要素

（1）聚落景观要素构成。从行政区划来看，灵泉村隶属于合阳县坊镇灵泉村村委会，并有老村和新村之分；从区域地理特征看，灵泉村位于合阳县东部黄土台塬区的边缘，东临黄河，整个村庄东侧、南侧、北侧三面环沟，仅在西侧敞开，与台塬紧密相接，在远处为寿山、福山和禄山；从内部结构上看，灵泉村村落总体包括3部分：一是位于核心位置的村落，二是位于村庄东部佛山上的庙宇以及位于二者之间的堡寨，总体形成"村——寨——庙"的格局；位于东部的老村是一个典型的关中农耕型古村落，已经具有2 200多年的历史。聚落景观主要指以村落为核心内容的，供居民进行居住、交往、休闲和娱乐的整体景观单元。就聚落尺度下的灵泉村的生活景观而言，其景观要素包括点性要素——公共空间、线性要素——村落道路、面性要素——聚落形态等内容。

①公共空间。在中国农村，血缘和亲缘是人们连接关系的最重要的纽带。从灵泉村的起源和发展来看，更是如此。以此为背景的传统古村、"财东村"，人们在进行村庄建设布局时，尤其注重宗族建筑的建设，它不仅是人们进行各种祭祀活动、办公活动的重要场所，也是人们强调宗族，增强凝聚力的精神场所。此外，作为几千年来封建文化的影响和熏陶下的中国农村，宗教和礼仪思想在人们观念上根深蒂固，并广泛存在，因而庙宇类宗教建筑通常与村庄一起，统一建设，方便居民祭拜。因此，庙宇类建筑和宗教类建筑构成整个传统农村的两大类公共建筑以及公共场所，由此也形成了整个村庄的公共空间体系。具体到灵泉村，其公共建筑主要包括祠堂、庙宇、井房等。

②传统的礼仪、宗教空间——祠堂与庙宇。祠堂，灵泉村明清时期的宗祠数量达到鼎盛时期，有11处之多，如总祠、南祠、北祠、义聚合祠等。目前，仅存的祠堂主要有两处，为主祠堂（党氏祠堂、西祠堂）和（南祠堂），均位于老村瓮城的入口处。两座祠堂遥相应对，并与临近的井房共同构成了整个村庄的最大和最重要的公共活动中心。其中，主祠堂坐西向东，在入口处设

置八字形影壁，正对老村内的主要道路——前巷，其内部左右各有厢房，正面为上房，其中，为方形天井的，属于典型的四合院式布局。现为灵泉村村委会所在地。另一祠堂为南祠堂，为党氏的支祠，位于老村村口前巷的西头，坐南朝北并与系祠堂相邻。整个院子呈对称式布局，房屋屋顶彼此相连，错落有致（图3-1-10）。

图3-1-10　总祠、南祠

　　庙宇，合阳自古旱涝、虫兽灾害繁多，人们为祈祷平安，保佑安宁，在村内以风水、宗教法式分别建起了各式庙宇20于座。从类别上看，有财神庙、龙王庙、关帝庙、马王庙、观音庙等。庙宇风格迥异、造型独特、布局讲究、内涵丰富，形成了整个灵泉村宗教精神格局体系。此外，依托福山灵秀的自然山体景观优势（众山之顶），古人在其山顶修建有三教合一（佛教、道教、儒教）的宗教建筑群，并以宝塔作为其整体建筑群落制高点。其建筑保存完好，整体建设与山体完美融合，同时，在福山之上不少文人墨客挥毫撒墨，留下不少楹联诗句，为福山及其宗教建筑群留下了些许文化的气息，其中，"时闻山鸟鸣，潮具俗尘"，"中肇绕瑞烟，半巅通生气"便是其意境的真实写照。

　　（2）传统的生活、劳作空间——井房、涝池与场。井房，在古代的中国的农村，尤其是北方干旱少雨的区域，由于引水技术的落后，人们只能掘井取水，因此，形成了古代民居聚落往往以水井为中心进行建设的特点。灵泉村地处气候干燥，干旱少雨黄土台塬地区亦是如此，井房是古时人们取水的重要区域，因而也是人们公共交往活动的重要场所之一。目前，老村中共有两口古井，一口遗失，一口废弃，仅留下井房。

涝池，在灵泉村的东头，有涝池一口，既是人们收集雨水的积水池，也是村落排涝的排水池，同时也作为人们干旱时的备用水源。古时人们多集聚于此洗涤衣物，因而也成为重要的公共场所之一。

场，灵泉村的场主要指人们将收获的谷物、小麦、豆子等粮食进行晾晒、脱粒的重要场所，场地一般多经过平整、碾压，方正且平坦。古时人们农忙时多聚于此，进行劳作，因而也形成人们公共交往的空间之一。

（3）村落道路。从道路演变过程来看，灵泉村原东西和南北向各有两条主干道，分别为"前巷和后巷"、"路井巷和支家巷"，后随着村庄人口规模的日益增长，在村子的北边又新增一套巷子，取名为"后地巷"，由此便形成灵泉村古村"三横两纵"的道路格局，后来随着村庄规模的更进一步扩大，便在村外，古村西南侧另建新城，同时将合洽公路引入新村和古村，并呈"L"状。从道路等级来看，目前灵泉村道路等级主要分为三级，等级最高的是合洽公路（即 X305 县道），其北通县城，东连洽川，是一条对外交通型干道，其路幅宽度多为 3m 左右；其次是古村"三横两纵"和新村"四横两纵"的生产和生活型的干道，联系各村巷，其路幅宽度多为 2m 左右；再次为生产、旅游型道路，主要为村民进行生产劳作的道路以及去寿山、福山和禄山进行游玩的旅游型道路，其宽度路幅多为 1m 左右。从路网密度来看，对外交通型干道仅有合洽公路一条，路网密度最低；路网密度最高的为村庄内部的生活兼生产型道路。

（4）聚落形态。灵泉村地处黄河西岸，黄土台塬最东部。整体形态以东、南、北面独特自然山川地势为依托，以西侧广袤的农田土地为背景，总体形成形成"村——寨——庙"的格局。整个村庄分为老村和新村并通过一条"L"状的交通干道相接，对外连接合洽公路。整个村庄东、北、南三面环沟，坡度较大，且陡且急，唯有西侧为一开敞的空间与平坦的塬面相接，呈半岛状格局，指向东方，遥望黄河，并形成了"一夫当关万夫莫开"攻守之势。同时，在其东、北、南三面的更远处为比其所处台塬更高一级的台塬地貌——福山、寿山和禄山，福山在老村南部，与村落紧紧咬合，人们就近在山上，因山就势建造了三教合一的几组宗教建筑群，是整个村庄居民的精神核心。禄山在东，寿山在北，显示出人们对美好生活的向往和憧憬，也体现出人们对于理想空间的不懈追求。

2. 院落景观构成要素。院落是组成灵泉村村庄聚落的最小居住单元，也是其生活景观的重要承载单元和组成部分。在灵泉村，尤其是老村，现存的居住院落中，主要以"四合院"式布局和"三合院"式布局居多，且多数为明清时期的建筑。三合院和四合院主要是由于经济收入的不同形成不同居住类型。作者选取布局完整的四合院进行更进一层级的分析。从平面布局来看，传统的四合院院落整体呈南北布局，入口为门房，多为人们进行公共交流的空间，同时兼有储藏的功能。经过门房，左右两侧为厦房（或称为厢房），主要作卧室之用，也有将一侧用作卧室，另一侧用作厨房。门房正对面为上房，其位于整个院落中最为重要的位置。在上房、厢房和门房中间围合的空间，多以砖石铺砌，当地人俗称为"四合头"。相对于四合院，在灵泉村现存最为常见，也有一部分居民使用三合院的院落布局模式。当地居民俗称之为"单面院子"，即院落中除包含有上房和门房外，仅有一间厦房。此外，灵泉村内还有极少处的复合院落布局模式，其不仅具有三合院和四合院所共有的门房、上房和厦房外，在其中部，还有一座腰房，即厅房。同时，在其末端，通常还带有后院（图3-1-11）。

图3－1－11　灵泉村院落景观

（1）灵泉村乡土生活景观的格局特征

①聚落景观格局特征

a. 公共活动空间——多级分类，灵活分布的灵泉村公共空间体系主要由祭祀类建筑宗祠，宗教类建筑庙宇，以及其他生活类建筑及空间，如井房、涝池和各类"场"等组成。从等级上来看，其按服务范围，规模大小，以及所供神级的不同，可将以公共建筑为主要内容的公共空间分为3个等级。

第一个等级为村级公共活动中心和行政办公中心，位于古城西门入口节点处，主要由灵泉村的总祠、三义庙、分祠和一块开敞的场地等共同构成，是进入灵泉村的门户空间和整个灵泉村的祭祀中心和宗族核心领地。第二个级中心主要位于老村的东南角，是灵泉村的文化中心，这里主要集中了主观子嗣的观音庙、主观财运官运的关帝庙和主观雨水的龙王庙，是人们祭拜神灵，进行公共交往的主要场所。第三个等级中心则为一系列的不同功能的小的公共中心，主要有分布在老城西北角的财神庙，位于东北角的马王庙和各类"场"以及位于老城外围的戏楼和涝池等。

从布局来看，将整个祭祀中心，行政中心布置于老城的西门入口处，显示出其独特而又核心的重要地位；文化活动中心布置于老城东南角，主要考虑将各位神灵朝向开阔地带，并向东眺望黄河，遥望福山。其他各个公共空间则自由灵活布局，散落在村内，并结合开敞用地构成次一级的中心。总体上，灵泉村公共空间体系呈现出多级分布，灵活布局的特征。

b. 道路系统——方格路网，自由高效。灵泉村内部路网主要有老村路网和新村路网共同构成。按照道路等级可划分为街、巷、路三级。其中，街为东西串接老村和新村的生产型主干道路，同时向南向西分别接入合洽公路。巷为村内的主干路网，老村主体路网结构呈现为"三横两纵"的格局，新村呈现为相类似的"三横散纵"的路网格局。二者之间通过一条村内街道相衔接。路为最低一级的道路，在灵泉村，尤其是其老村，其路的设置顺山就势，自由灵活，并接向主干路网。一方面三级道路分级、分工明确，街是联系外围交通的主要生活干道和生产型干道；巷为村内的主要生活性干道，同时兼有一定的生产性交通功能；路主要为内部生活交通服务的功能性道路。另一方面，三者常常交叉融合，高效复合。灵泉村道路系统的特征是在长期的历史发展过程中，根据地形地貌、社会经济、空间需求和空间安排等因素逐步发展形成的，是满足了合理布局和节约土地的需求，适应当地独特地形的高效交通体系。

c. 总体空间布局——顺应自然、天人合一。灵泉村整个村落，尤其是古村落的空间布局，一方面受当地自然地理条件影响，另一方面风水理念也融入贯穿于整个选址营建中。具体表现在两个方面：一是顺应自然营村选址。早期先人在对整个区域的自然地理的细致梳理，将灵泉村至于黄河西岸的黄土台塬之上，其北侧、南侧、东侧各有一条大沟，沟深且坡度急，总体上形成东、南、北三面环沟，唯有西侧有一狭窄的出入口与平坦的土塬相连接，并在内部形成四方地块。同时，在其外围较远的地方为更高一级的黄土台塬，即福山、寿山和禄山。这三山不仅以环绕之势将灵泉村包围在内，同时，也成为人们对理想空间和生活的追求向往。二是天人合一的风水佳地。传统风水学中的经典村落环境是，"前有流水萦绕而过，背靠主山相应相撑，左有青龙右有白虎，水的对面是案山，更远处是朝山"（图3-1-12）。基于此，灵泉村在选址建设时将村南的福山视为案山，北侧的寿山和禄山视为主山，同时将村南侧较远处的台塬视为护山，黄河从东侧乘势而过，整个村落坐落中央，构成"天人合一"的绝好风水佳址。综上，灵泉村整体空间布局特征，呈现出顺应自然的营村选址、天人合一的风水佳地。这是当地人们经过长期营建，营造出的适应当地自然地理条件和适应当地人文精神向往的空间模式。

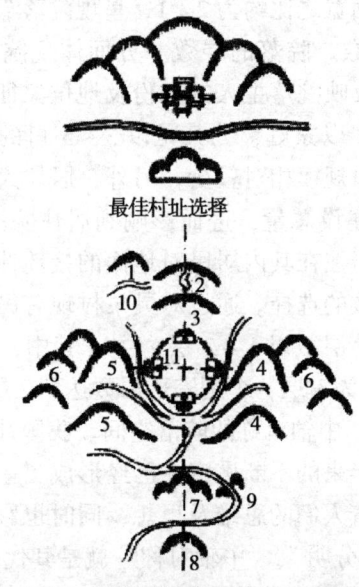

最佳村址选择

最佳城址选择
1. 祖山；2. 少祖山；3. 主山；4. 表龙；
5. 白虎；6. 护山；7. 案山；8. 朝山；
9. 水口山；10. 龙脉；11. 龙穴

图 3-1-12　灵泉村院落景

②院落景观格局特征

a. 长且窄的院落形态。目前，灵泉村的院落（三合院、四合院）布局由于是垂直展开，"三横两纵"的布局结构（三横为上房、厦房和上房三条线型，两纵为竖向的两个实体线型），使得整个院落面宽较窄，进深较大。通过对多个相同院落的对比发现，老村现有四合院落中，其面宽多为三间，一间一般宽为3m，总体宽为8~10m，而进深多位20m以上。整个四合院落长宽比为2:1，甚至大于2:1。而在四合院中，其面宽约8m，由于院落与院落之间的院面要整齐划一，因而三合院进深和四合院进深是相同的，都也在20m以上，但也有个别进深达35m左右。整体上，院落进深与面宽之比约为2:1，呈现院落窄且长的特征。

b. 低院落层数。院落的层数一方面体现院落居住规模的大小，另一方面也反映院落主人的身份及地位象征。目前，由于农村中的居住单元多以家庭，尤其是以3~5口的小家庭为主，即院落内的居住人口规模相对较少。另外，居住人口的数量决定了整个居住院落的建设总量，进而影响到居住院落的层数。此外，建筑层数越高，居住在其内居民对地面的接地性越不好，这影响到人们对建筑层数的选择。通过对灵泉村现有民居院落层数的调查发现，目前院落层数以1~2层为主（其中，上房和门房多位两层），厦房大多为1层，个别院落层数达到3层。

c. 等级分明，中轴对称的院落空间。我国社会经过多年封建社会礼仪的千百年来的不断熏陶，已经形成了一套完整的礼仪制度。这不仅影响着人们的思维及思想，同时也影响着人们居住的空间特征。"等级分明"、"中轴对称"就是其代表性的两个方面。中国自古以来，上到帝王将相，下到黎民百姓，都讲究等级观念，认为重要的位置一般应有重要地位的人所占有，其他位置按照等级排序依次排开。具体到灵泉村的院落空间，"居中为尊、左尊右卑和昭穆之制"的等级观念大多在人们的居住院落中有所体现，表现为上房居中，且一般层数最高，是整个院落中位置最为显赫，地位最高的居住单元，为家中年长者或领导者的居住场所。上房以下的左右厢房中又以左厢房为大，讲究左厢房在房屋建设中要比右厢房多一层砖，以体现其高一层级的地位特征。最外侧为门房，一般层数较低，且多为储藏室，显示出其地位的一般性和次要性。

3. 灵泉村乡土生活景观的营造模式。灵泉村村域尺度范围内的乡土生活景观，在适应关中渭北台塬区人与自然环境关系方面，探索出了许多可供借鉴的营造模式。这种营造模式的阐释，是在关中渭北台塬区地域资源约束下，人们经过长期探索实践形成的多层次、高度灵活和极具适应性的营造策略，是人们顺应生态环境和遵循人地关系的最优抉择。具体体现在聚落景观营造模式和院落景观营造模式两个方面。同时，特别要指出的是，这些模式并非灵泉村所独有，而是在关中渭北台塬区具有一定的代表性和普遍性。

（1）聚落景观营造模式。天人合一、地人合一：天道是指自然规律，地道是指自然环境，人道是指人道德原则。《周易·说卦传》中说："昔者圣人也，将之顺性命之理，是以立天之道曰阴与阳，它地之道曰柔与刚，立人之道曰仁与义"。这道出"天道、地道、人道"之间关系的精髓，即天道、地道、人道的相互和谐统一。具体体现在灵泉村聚落景观层面，表现为灵泉村村落的营建与选址，一方面顺应当地"三面环沟，一面开敞"的独特地形地貌，不但景观营造出丰富的景观层次，同时也起到防止猛禽野兽、外来者入侵等天灾或人祸。另一方面，积极利用自然、改造自然，将人们传统的世俗文化、宗教文化赋予村落周围的自然山体之中，开发挖掘出"福山、禄山、寿山"，使得这三山不仅成为灵泉村生存发展的生态背景，同时也成为当地人们的精神寄托，真正实现了天、地、人的和谐统一。

方格规整、自由灵活：灵泉村所处的渭北台塬区，其地貌特点是在广阔塬面上，布满大小不同的毛细沟壑。沟壑横纵穿插，天然自由，使得平坦台塬之上，形成若干自由的台坎及深沟。这种独特的地形地貌特点造就了灵泉村村落内部极具特色的路网结构。即一方面路网主体（老村为"三横两纵"，新村为"三横三纵")以方格型路网为主;另一方面,受内部沟壑影响,村落内部道路,尤其是等级较低的道路多顺延沟壑,自由灵活发展。这种路网结构特征的出现,不仅是受到地理条件约束下,灵泉村路网结构的应对选择。同时,也是人地关系和谐发展的模式策略。

分类分级,扼要布局:分类分级,扼要布局,揭示出聚落尺度下,灵泉村公共设施的发展布局模式。即从分类等级角度看,其设施分为主中心、次中心和节点三级,同时将全村最主要的公共设施,如祠堂等祭祀建筑设置于全村的主中心;将次一级的公共设施,如各类庙寺、商业设施、广场等设置于全村的次中心;将一般性的公共设施,如小型广场、小品类建筑布置于全村的节点类空间等。具体到灵泉村,从布局来看,将整个祭祀中心,行政中心布置于老城的西门入口处,显示出其独特又核心的重要地位;文化活动中心布置于老城东南角,主要考虑将各位神灵朝向开阔地带,并向东眺望黄河,遥望福山,形成次中心。其他各个公共空间则散落村内的节点空间,并结合开敞用地构成一般性的功能节点。

(2)院落景观营造模式(图3-1-13)。

图3-1-13　灵泉村三合院、四合院鸟瞰

①长且窄:灵泉村地处渭北台塬区,干旱、少雨、强日照、高气温、多季风是其气候特征。受其气候条件制约,灵泉村村庄

院落形成"长且窄"、围合式的院落布局形态特征。一方面院落较窄，在一定程度上能够缓解强日照、高气温产生的影响。同时，窄院落也在一定程度上减弱了强风的威胁；另一方面，灵泉村院落纵向布局总体大致分为3部分，即最外围的为门房，中间为夏房（厢房），最内侧为上房，为节约用地并利于采光，一般在内部，将厦房纵向布局，而将上房和门房横向布局，同时开辟有能满足最基本采光要求的用地，即内庭院，最终了形成了整个院落呈现"长且窄"的形态特征。

②低层数：体现灵泉村村内院落建筑层数（包括居住类、祭祀类、商业类等建筑）大多以1~2层为主的发展模式。这主要因为多风是灵泉村所处的气候环境特征之一。建筑层数较低，能有效的减少受风面积和风力传播的路径，能在很大程度上削减风压对建筑本身的影响。同时，由于当地人口的家庭特征，即多以4~5口的小型家庭为主，人口数量较小，院落内1~2层的建设空间足以满足一家人的生活起居。这种情况下，1~2层建筑建造模式成为较为合理的人地关系选择。

③等级分明，中轴对称：灵泉村地处传统封建文化影响极其广泛的关中渭北台塬地区，推崇"居中为尊、左尊右卑和昭穆之制"等宗教礼仪和儒家文化。在这种文化现象影响下的人，作用于自然的结果体现在建筑院落的空间布局上，具体表现为"等级分明，中轴对称"的空间特征。即将最主要的建筑如上房，一般建于院落中最为核心的中心位置，并以此为轴，向南北延展，而将厦房布置于中轴线两侧，且左侧厢房应高于右侧厢房一砖或两砖厚，体现左为大，左为尊的等级的差别（图3-1-14）。

本案例以乡土景观为研究对象，在景观生态学的视角下，以研究乡土景观的营造模式为目的，分别从宏观区域尺度的乡土生态景观、中观村域尺度的乡土农业景观和微观聚落尺度的乡土生活景观等3个层面对地处关中渭北黄土台塬型景观单元的灵泉村的乡土景观营造模式进行描述性研究。

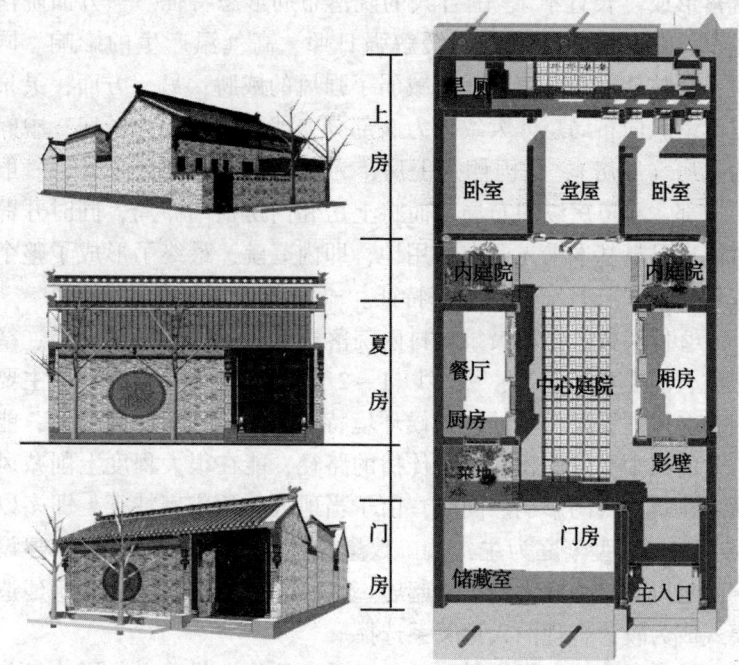

图 3 - 1 - 14　灵泉村四合院典型院落

模块二　美丽乡村景观建设的意义

【案例导学】

天荒坪镇位于浙江安吉县南端，属山地丘陵区。东与余杭区交界，南与临安市接壤，西连上墅乡，北接递铺镇，属西苕溪流域。距杭州 60km，离上海 200km，交通便利。境内气候温和，生态环境优美，森林覆盖率达 82% 以上（以毛竹为主），素有"全国毛竹看安吉、安吉毛竹看天荒坪"之称。旅游业发展迅速，拥有"蓄能水电站"、"中国大竹海"、"藏龙百瀑"等著名景区。

港口中心村坐落于山涧河谷周围的平缓地上，因东坞里港和五云港两条河流交汇得名。现人口 378 人，是曾经的乡集镇。毗邻著名的大竹海景区，处在蓄能水电站——太湖源生态沟——青山湖这条生态黄金旅游线的最前端。依托大坑里和九里横山大毛竹基地，竹林经济带动村庄的经济发展。港口中心村如何才能立足于当地自然与人文特色，通过乡土景观元素的运用，保护传统农村田园风貌，营造与自然环境相协调的村容村貌。

美丽乡村景观景观对现代景观设计具有多重意义，主要包括一下几点：

一、美丽乡村是乡土经验的记载

乡土经验是人们适应环境而生活的直接结果，它最容易随岁月的变化而逐渐消失和改变，因为它是属于平民百姓的。是平常、普通、琐碎而引不起人们的注意。它不象其他类型的文化经验一样，从其一开始就有很多相关的历史记载。很多有价值的东西都散落在民间，等待人们去挖掘去探索。任何有关乡土景观的研究都会成为其过程及其发展的见证和主要载体。对中国众多少数民族而言，这种研究显得尤其重要。

历史研究与记载本身就是无价的。就像历史学家和人类学家所做的工作一样，研究乡土景观只是从景观的角度去把那些很容易变化的东西记载下来，进行分析和整理，并作为人类的历史经验传承和保存。

二、乡村景观是生活的景观和白化的景观

美丽乡村景观有助于我们在规划设计中更好地思考该怎样尊重人，该怎样体现和满足普通人的生活和行为的需要。设计师（当然还有他们的甲方）常常把异常景观和奇特景观作为设计的追求，因为那样可以一鸣惊人，可以令人难望，可以成为纪念物和标志物。

事实上，寻常景观是充满诗意的，就像白话文可以写出最优美、最动人的诗歌一样[1]。写白话的"诗歌"，作寻常的景观是尊重当代人、普通人的体现。如今。很多职业规划设计师和学者都在反思以往景观规划设计的思路，试图避免在规划设计时只考虑技术和美学的因素，而更多地思考人的体验和需要。这一思路在人居环境的建设中显得尤为突出。"规划是人性的体验，是活生生的，搏动的体验。而且在尊重人的设计中，行为又是一个关键要素。景观是行为的容器，只有能够满足行为需要的景观才是真正有价值和生命力的景观。否则，最终会为人们所抛弃。这一现象在中国的旧城和许多传统村落的保护及旅游开发中显得尤为突出。仅仅保护容器的外壳是远远不够的。很多传统村落和城镇在长期的演变中显示出有机特性，如生长、代谢、自我调节，完成这些"生命过程"的便是人的行为。只有空壳而没有行为的景观只是一个空荡荡的博物馆，终究是不会有生命力的。

那么，我们进行美丽乡村景观研究，究竟对设计尊重人和注重日常人的行为、以及创造具有现代意义的景观有哪些重要意义呢？

1. 为当地人的生活而设计。解读《美丽乡村景观是规划和设计景观》的前期过程，它使我们能够更为透彻地、更深层次地了解地方的行为和景观特点及风俗，更深层次地把握我们设计所要面对的参考系。诚如美国著名建筑诗人哲学家路易·康所言："今天，我们生活在现代建筑园地。但同今日建筑相比，那往日奇迹般的建筑艺术于我有着一层更为密切的关系。他经常是我脑海中的一个参考系……"客观的参考系对我们的规划设计很有启发意义，我们也会尊重地方人的行为特点和禁忌，不会只为自己的理念而设计，而是为地方人的生活而设计。

2. 感情与态度的交流。解读《美丽乡村景观是规划设计者与地方居民交流情感与态度》的过程。设计者与使用者对景观的感知存在差异性。拉普卜特的研究表明设计者与用户、与不同的用户群体，对环境有不同的察觉和评价，以致设计者预期的意义可能不为人所察觉，如若察觉了，却不被理解；即使在既察觉又有所理解的情况下，却又可能被人所抵制拒绝。

3. 没有设计师的设计。建成环境和其内所发生的社会实践和生活之间在有意和无意中彼此相互影响。美丽乡村作为一种自发或半自发形成的景观形式，有助于我们发现什么是我们不能或不应规划的，没有建筑师的建筑和没有景观设计师的景观从一定程度上讲能够弥补规划设计的弱点。那些未经过刻意规划设计的景观、或者未经过我们时代设计体系中设计师之手的景观能够告诉我们当地人喜欢怎样利用自己的空间形式，能告诉我们怎样的空间形式在当地更为适合。这样我们也就能够为其发展和使用留出一定的空间。规划设计的缺陷能从乡土中得以体现。两种规划设计的自觉与不自觉的过程是互补的。

4. 新形式的灵感源泉。美丽乡村景观是当地人适应地域气候、土地上的自然及人文过程的适应的物质形态的表露。利用和回避风的形式、利用和回避太阳光的形式、利用和回避水的形式、利用和回避动物及人流的形式、以及多样化的乡土形式所给人的独特体验都为设计具有地域特色的现代景观提供了不尽的源泉。

一种理想的景观，无论是没有设计师的、基于经验的前科学设计，或是基于科学理论和方法的现代设计。最终都将走向天地、人、神的和谐。理解美丽乡村景观如同掌握最现代的科学和技术一样，都有助于景观设计师的作品离理想景观更近些。

【导学案例解析】

通过港口村当地自然生态条件和人文条件包括乡土民俗、生活习惯和传统文化等要素的分析，得出港口村的景观特质——竹韵之乡。考虑到现状存在的问题如建筑风貌、景观节点的乡土特色表达和滨水空间塑造等，最终确定"竹韵"作为重塑新农村竹乡面貌的景观元素。从竹的自然形态和非自然形态如传统文化、生活习惯、地方民俗中体现乡土特色的竹韵。对公用设施进行重新规划布局，设置休闲游憩健身场地，完善道路、环境设施、景观系统，再现乡土气息浓厚、充满乡村活力、和谐的乡土村落景观。既保持原有的村落传统的形式，尊重当地人的风土习惯，又展现出社会主义新农村的风采，激发乡村的活力。

田园风貌保护区：位于东坞里港西侧，是村庄田园风貌的重要组成部分。以生态保护和可持续发展为基本原则，重点营建生态农田；加强菜地、田园四季农作物更替引导，避免季节性抛荒，结合滨水绿化和景观节点，营造出乡村优美的田园景观。

山体资源保护区：本区是村庄最大的绿色基底，对村庄生态和乡土景观保护有重要作用。山体资源保护要禁止乱砍乱伐，防止青山"白化"；保护培育竹林地，加强水土保持林和涵养林的建设。同时对于主要车行道和游步道沿线两侧的视域范围要重点培育景观植物。

滨水生态绿带：种植具有净水功能的植物，对两岸进行生态绿化。结合滨水绿地如村落入口、活动中心、水岸等景观节点组织临水游憩活动和日常生活空间，与增设的健身设施、游憩步道、乡土景观小品等一起营造休闲、游憩、有归属感的滨水景观。

一、粉墙竹韵

"留白"是中国画的重要表现方法，是营造中国画空间感的重要手段。这种空间感是通过画面的留白，以空白为背景，用笔墨和形体的虚实变化来创造意境、表现空间。村落里较多的破旧传统建筑，这些都是乡土景观重要的组成部分。通过对当地建筑特色分析，采用黑白灰三色塑造出朴素、典雅的氛围。设计以竹韵为元素，通过竹竿的艺术抽象表达出村落景观特质。墙面中间留白和边角竹竿和竹笋形态的艺术抽象装饰，自然流露出水墨画意里的虚实意境。以间断的、粗细不一的三条竖线表示丛竹和三条长短有序的细线表达竹笋形态。

二、入口游园

作为港口村入口景观的重要节点，通过景墙、竹廊、亲水平台、滨水步道、景观置石等运用，营造游园环境。设计以竹韵为构思源头，以乡土景观元素竹叶、竹笋来体现。入口场地由景石的特置和弧形景墙围合道路形成，在港口欢迎您的景墙基部花坛中长出 5 根"竹笋"，象征传统文化"竹笋出墙，一节须高一节"意境。宿根花卉和景墙后面高大的本地植物香樟与地面上的青石板、仿古砖等表达出亲切的环境氛围。

三、风窗听竹

以江南园林中传统景墙的表现手法，以竹叶漏窗和景墙结合，卵石步道，植物景观共同形成一副"竹映风窗数阵斜"的美丽画卷。

四、河风竹影

以湿地植物配置为主，采用多种水生植物配置，如芦苇、香蒲、水葱、慈菇、茭白、野菱等，成片芦苇、香蒲、及充满野趣的水岸乔木河柳、枫杨、乌桕等，郁郁葱葱，阵风吹过，碧波荡漾、浮光掠影，远处的山体、水面及周围的绿地都融为一体，再现了原先自然野趣的湿地景观。

五、洗衣平台

在人文景观区东坞里港河道上游，从室外滨水空间的视野展开，设置滨水步道、亲水平台，满足人们亲水特性。安排洗衣平台可满足家庭妇女洗衣的需求，赋予河道亲切宜人场景。选用乡土竹木材料制作临水栏杆，并沿麻石步道两侧种植小灌木、点缀宿根花卉地被、设置休憩座椅，给人以可望、可观、可游富于生活气息的环境（图3-2-1）。

图3-2-1　洗衣平台

六、公共活动中心

通往公共活动中心的吉字桥灯具上增加"吉"字元素，突出乡土文化，体现乡土气息。在老人娱乐和健身区中，通过设置观鱼台、对弈桌椅、竹石小品、健身场所和卵石铺地等营造老年人"智者乐水"的生活场景，体现休闲、游憩、有归属感的氛围；同时通过青梅竹马等与儿童相关的景观元素设置，体现亲切、自然、朝气和童趣的氛围，使整个环境充满了活跃的生气和愉悦的变化（图3-2-2）。

七、景观环境小品

乡土竹木材料统一标识符号和导向牌，垃圾箱环境设施。如垃圾桶以竹节形态为原形，形状如两节竹筒，增加乡村的趣味性和美观效果。

图 3 – 2 – 2　粉墙竹韵

八、植物

强调山体竹资源保护，重视滨水景观植物配置，改善港口村综合环境。充分将各类植物布置到建筑及小品周围，体现生态设计。设计上，常绿乔木有香樟、杜英、广玉兰、桂花；落叶乔木有枫杨、乌桕、垂柳、碧桃等；灌木有红花继木、龟甲冬青、杜鹃等等。观赏竹有菲黄竹、菲白竹、孝顺竹等，水生植物有芦苇、香蒲、水葱、慈菇、茭白、野菱等。对这些植物的搭配，创造出乡野生态环境，自然野趣的效果。

建设有乡土特色的乡村景观，使得乡村千百年来保留下来的乡土风貌和文化资源得到保留，乡村特有的文化、自然景观得以永久延续。在美丽乡村的建设中，通过对当地自然条件和人文条件如传统文化、乡土民俗、生活方式、乡土材料和技术等几个方面的分析和思考，提取出适合塑造新农村面貌所需元素，把它融于乡村景观的建设当中，对于提升农村文化底蕴和激发农村生活活力，维持农村生态、文化特色和可持续发展具有重要意义。

模块三　乡村生态景观建设对城市景观的启示

【案例导学】

沈阳建筑大学位于沈阳浑南新区，主校区占地面积 1 500亩，建筑面积48 万 m²。规划设计如何体现了以人为本、与自然和谐共生的理念？校园的设计、使用以及管理更加侧重于校园生态环境的建设和人文环境的营造，使校园环境既适于人居又可以同环境保持友好关系，既能发挥环境的育人职能又能饱有相应的校园文化。这就需要我们将校园生态环境和文化环境予以着重考虑，力求在现代校园的规划与建设中总结出一些更加有效、更加普适的绿色校园建设策略。

一、乡村景观保护更新与田园城市建设

1. 现代田园人居环境的内涵。"现代田园城市"这个曾源于在 19 世纪末英国社会活动家霍华德提出的城市规划的设想，这种崭新又古老的城市建设理论在我国近些年才真正开始实施。现代田园城市是兼有城市和乡村优点的理想城市，是一个为健康、生活以及产业而设计的城市，城市中有着田园的宁静，田园中又不失城市的繁华，让大众享受高品质城市生活的同时也又可以享受惬意的田园风光。美丽乡村的建设是现代田园城市进程中，把有着得天独厚的地域性乡村文化景观资源效益最大限度的发挥，它所承载的田野风光和淳朴的农耕文化，是城市田园意向塑造的神与魂。未来的城乡一体化的"现代田园人居环境"——将是"山、水、林、城"融为一体，生态优良，环境优美，人与自然和谐相融的美丽人居环境。

2. 乡村发展的历史机遇。乡村保存了大量的物质形态历史景观和非物质形态传统习俗，作为传统文化景观体系应该得到系统

的保护和可持续利用。乡村的自然、生态、生产、民居元素全方位保护战略，乡村保护分为农耕型、农家旅游型、特殊产业型、生态型、新型聚居点五种类型进行分类建设和开发利用，通过对乡村整体的保护性建设规划，将乡村民居风貌特色资源，乡村生态环境，景观人文特征系统的保护整合起来，在改善农村地区基础设施和生产生活环境的基础上，对乡村风貌特色资源进行合理的开发利用，发展乡村经济，促进乡村产业发展多样化，为乡村居民增加收入，赋予乡村新时代的生机。

3. 传承传统地域文化景观的田园风貌与资源更新再利用相结合。纵观世界上发达的国家和地区，地域性乡村文化景观保护和开发利用正在朝着大众化、多样化和个性化的方向发展：在韩国，传统美丽的乡村聚落和梯田稻田、人工草地果园等农业生产区作为优质的乡村旅游资源被开发，大大推动了本国乡村旅游业和生态旅游业的发展；在荷兰，乡村景观以摄人心魄的静谧美丽和田园牧歌的返璞归真闻名于世，风车、鲜花，奶牛，所串起的如织美景，清新空气和泥土芬芳让人流连忘返；在德国，乡村休闲旅游已有近百年的历史，乡村休闲旅游分为观光娱乐型和休闲度假型，休闲度假型的乡村，高山流水，风景优美，让来到这里的人感觉静谧而安宁，观光娱乐型则是感受当地独特的人文景观和德国乡村农林牧副业生产过程为主，游客可进入颇具特色的果园、花圃、茶园、菜园自行采摘，尽享田园乐趣。也可以在当地的农场超市里购买生态蔬果、花卉，或是参观有当地特色的农副业产品的生产作坊等，让人在感受田园风光的同时获得很多体验性的快乐。这些地域乡村文化景观保护和乡村休闲旅游经验值得我们借鉴。

我国当前城乡一体化建设进程步伐应该与乡村地域乡村文化景观保护和可持续发展一致的。乡村整体保护和可持续发展，是为现代城乡一体发展在大地肌理上保留最原始的乡村景观空间格局，乡村特有的自然、生态、生产、居民元素是城市提供体验田园生活的物质载体。乡村内物质空间的改造和改善，在方便乡村居民的生产生活的同时又便于促进乡村产业多样化，最终让乡村所特有的环境景观形态，建筑聚落文化景观特征在城市的发展寻找到属于自我的更新模式：如农耕型、新型聚居点型，主要功能在于优化乡村内物质环境，让乡村居民更加安居乐业；农家旅游型、特殊产业型、生态型林盘建设与开发目的在于为乡村田园旅游发展提供很好的物质保障。

高速发展的城市和经济给都市人群带来了巨大的压力，身居都市的人群渴望亲近自然，放松身心，去乡村观光旅游，是城市人感受田园生活和文化的最佳选择。乡村淳朴自然的田园环境和丰富的田园文化，将带给都市人群放松宁静的精神需要。人们可以体验乡村田园式的居住文化，感受采菊东篱下的乡野生活，体验参与园艺劳动的快乐，获得"自己动手，丰衣足食"的劳动满足感。乡村优美的田园风光，浓厚的民俗乡情，独特的田园文化将共同构成未来现代乡村意象。

二、乡村景观对城市景观的启示

1. 乡村景观是师法自然的典范——自然属性的保留。师法自然不是简单的创造山、水、起伏的地形和曲折的道路，而是挖掘源于现实、源于场地的历史和场地独有的自然面貌，掌握人与自然和谐相处的规律，以适合当地特点的方式去进行设计，从而达到"天人合一"，人与自然和谐共处的目的。而乡村景观是人们在长期生活中顺应自然的基础上形成的，从中可以看到师法自然的痕迹。乡村景观是最朴实的，其植物景观一般都是乡土树种与自然地貌的有机结合。乡村的植物群落是长期自然与人工相互选择的结果，基本已处于稳定状态，从不同地形观察我们可以确定哪些植被具有耐水湿性，哪些耐旱，哪些耐寒等，因此，从乡村植物景观中学习是直接的师法自然阶段，也是深入和提高阶段。

2. 乡村景观是历史文化及经验的记载——民俗文化的传承。

乡村景观是社会经验和历史文化的重要载体。人们适应环境而生活所积累的一些有价值的东西，都散落在民间，不像其他类型的文化经验有很多相关文字的历史记载，而不同地区的乡村景观反映了当地乡村居民代代相传下来的的生活习惯、风土人情及乡土特色，因此乡村景观就成为其文化历史和经验积累的见证。从乡村景观中寻求本土的历史文化及乡土特色，并加以提炼运用到景观规划设计中，会使设计的作品更富魅力，同时也将民族的传统及特色延续下去。

3. 乡村景观是设计者和使用者"合二为一"的范例。乡村景观的设计者即使用者，所以他们能充分了解地方人的行为特点和禁忌，了解使用者的需求，并为自己的生活而设计，很好的解决当地人生活和使用的问题。而现代景观设计中，设计者和使用者不再可能扮演同一个角色，现代研究表明设计者和使用者对景观的感知存在差异性，设计者与不同的用户群体对环境有不同的察觉和评价，这说明设计者和使用者之间需要很好的沟通和交流，并将两者的角色很好的融合在一起，才能达到为当地人生活而设计的目的。设计师在设计过程中也应尊重地方人的行为特点，不会只为自己的理念而设计，而是为地方人的生活而设计。

4. 乡村景观是观赏与生产功能相结合的典范。乡村景观的特色之一是具有以农业为主的生产景观，不仅可供观赏，也可提供人们生活的物质材料。今天，社会人口日益增长，土地资源越来越短缺，具有生产等多功能的景观显的越来越重要。因此，在现代城市建设中，我们应利用有限的土地创造更大的价值。当今的城市园林绿化基本上只是为了美化和改善环境的目的，没有发挥其生产功能的作用。城市绝大部分工业所用的木材都来自于森林或乡村，大部分瓜果的生产也在来自乡村。如果我们能将生产功能潜意识的纳入到园林绿化中，选择合适的树种，注意慢生与速生树种的适当搭配，使园林树木能够周期性利用，兼顾观赏和生产功能，那么园林绿化就有其更深远的社会意义。另外，我们应通过市内非公园绿地的建设来扩大绿化面积，使"都市农业"深入人心。通过生产、生活与生态相结合的"都市农业"发展模式，实现人与自然和谐、都市与农村融合的高度现代化多功能的大农业系统。

在城市化快速发展的今天，人类更加关注自然，城市景观也更加崇尚自然。乡村景观作为城市景观与纯自然景观之间的一种过渡景观，为城市景观的发展能起到一定的借鉴作用。在景观规划设计中，我们应该注重乡村景观形成过程中因人作用于自然景观后乡村景观还最大限度保存的自然属性，注重乡村景观本身的地形地貌、植物条件、文化内涵和历史文脉等，从乡村景观中吸取设计元素，从乡村景观的特征中寻找灵感，最终形成具有自己民族和地区特色的规划设计作品。

【导学案例解析】

约 5 000 年的农业文明，近 2 000 年的科举制度，极其有限的耕地，无比稠密的人口，使庄稼和农田在中华民族的文化中被寄于复杂的情感。千百年来，近 90% 的农民，养育了 10% 的士大夫和他们的侍从。当农田和庄稼因为耕种者生存的需要而存在时，它所唤起的是艰辛和卑微的关联情感，于是，离开它、背弃它便是世代中国人的普遍价值取向，唯有那少数通过科举而衣锦还乡的幸运者，或者那些春风得意的文人雅士，才用审美的态度来关照庄稼和田园，并象征性地把它们引入城市园林，如《红楼梦》贾府的"稻香村"。然而即便是"稻香村"也仅仅是：数楹茅屋两溜青篱，分畦列亩，佳蔬菜花的矫揉造作的园林而已，田园之大美被淹没在农人的辛酸和士大夫的矫情中。

21 世纪是一个需要重新审视我们田园的时代，在这个举国"农转非"的年代里，13 亿的人口中每年有 1% 的人离开土地进入城市，大量的农田被城市建设和各种形式的园区所侵占，从 1998—2003 年，全国的耕地面积减少 667 万 hm^2，粮食的播种面积减少 1 300 万 hm^2，粮食的总产量减少了 800 亿 kg，其中包括各类大学城的侵占，截至 2003 年 12 月的统计，全国已建和在建大学城有 54 个，它们小则几平方千米，大则几十平方千米。与此同时我国每年新增人口 1 000 多万，按人均占有粮食 400kg 计，每年需要增加粮食消费量 40 多亿 kg，土地的挥霍和粮食安全问题已成为国家的头等大事。我们看到多少崭新的校舍在原有的高产农田中拔地而起，鲜花和修剪整齐的草坪替代了稻作和麦苗，宽广的马路和光洁的广场铺装替代了田埂水渠。在这个有史以来最大规模和最快速的土地和人口的"非农"化过程中，我们不但抛弃了农人对土地的珍惜情节，甚至连士大夫对田园的审美意识也没有，有的只是暴发户式的挥霍和铺张。

在这样的时代和认识背景下，景观设计师俞孔坚设计了沈阳建筑大学的稻田校园景观，增强生态景观的复合功能：景观的价值不应仅停留在观赏层面，而是应赋予景观更多的功能与价值，如生态价值、经济价值以及使用价值等。

一、稻田景观（图 3 – 3 –1）

在校园里保留了两块未收割的稻田。稻田可以生产粮食，养殖河蟹，调节微气候，保护了生物多样性以及为人们提供休憩场地等多种复合功能。同时还可以通过组织稻田收割等活动传递绿色环保理念。

二、庭院绿化

庭院绿化改善小范围空气质量（固碳释氧、除尘降噪），并且为周边建筑提供匀质的共享景观。还可以为室外休闲活动、文化展示等活动提供多功能场地。

三、西山果园

西山果园在中央水系西侧，是一座连绵起伏的小山丘，起伏

图 3-3-1 沈阳建筑大学稻田

的地表是对原有基地的保留，上面有 150 株 5 年生果树。

微型生态保护区：中央水系的东面是一个自然微型生态保护区，这里保留了自然的生态面貌，同时饲养一些小动物，如梅花鹿，孔雀等，这不仅为观赏人群带来了乐趣，还保护了生物的多样性。

中央水系：中央水系中自然生长着数万条鱼，夏天可以垂钓，冬天湖面可做冰场，是集运动、学习、休闲、娱乐于一体的多功能校园景观。

人工湿地：人工湿地位属于地势低洼的规划绿地、水体、稻田预留用地。湿地不仅具有净化水质、维持区域水平衡、生产可利用的资源如鱼虾、芦苇、泥炭等、保护物种多样性等生态功能，还具有教育、科研和景观价值。

后　记

　　我们编写《农业生态环境与美丽乡村建设》这本书的热情是因为之前深入研究过天禾园林总经理鲍国志完成的中国美丽乡村之信阳郝堂村的项目。郝堂的山、水和人对我们做景观设计有很大的启发，他们都是真善美的集合。

　　在这里我们认识了天禾园林鲍国志、平桥区区委书记王继军、北京绿十字孙君等能影响和组织一大群有志之士实实在在做乡村建设的项目，能用他们的人格魅力号召人们为社会做贡献的"平凡"大人物。

　　下面这段文字摘自北京绿十字孙君的著作："我原本以为文化是一个意识形态，后来我慢慢发现，文化不属于意识形态，而是与万物一样，需要土壤，需要阳光与水。这种感受是我近几年体会到的，这种体会只有在城乡两种环境之中，并要用心去体会乡村，才会感受到文化是什么东西。天禾园林总经理鲍国志经常说，乡村景观与城市景观是两个概念。城市（公园、景区、度假村、酒店等），是以人为本之美学，是以人的思维来控制自然之美。城市虽然景成园，美如画，可是景观土地之下是一片沙漠，任何蚂蚁与蚯蚓都生存不了，城市的绿化与生态没有关系，有的就是一种破坏。而乡村不同，乡村景观是以自然为本，敬天求地，天人合一，希望虫与鸟能像人一样拥有尊严。就如同中国画一样，人与建筑永远是融入自然，小于自然。这就是东方文化与西方文化的不同之处，这也是两种文化对自然的一种态度。老鲍在做郝堂乡村景观时，种植的是一种普通人的记忆，是今天社会中人们已忘却的文化，这种忘却在今天的乡村还能够挖掘，或者去培植，这种培植不是规划，而是梳理。两年下来，我们的收获就是今天的郝堂村。乡村模样，其实就是一种城市文化中渐渐遗失的文化，这种文化是对今天城市文化的批评，尤其是当今自认为学识渊博的文化人为乡村做规划与设计。近 30 年来，我们发现做乡村规划与设计的 100% 是文化人，而现实中，凡是被城市文化人设计与规划的乡村 90% 是一种破坏，是用假文化在摧毁真文明，是一种对乡村社会的摧残。也就是说文化一旦离开乡村，进入城市，文化渐渐就开始变异，原有的乡村基因如同今天的杂交水稻与转基因一样，杂交出的不能培育的种子，转基因也因为原有基因的变性，没有生命力。就如同马与驴子交配生下的骡子，它不是马也不是驴子，而是另一种不正常的生命体，骡子因此只有一次生命，不能繁衍。这如同今天乡村景观进入城市一样，景观同样开始变性，城市中的土壤中不再具有生命，植物不能繁育下一代。乡村文化就在这样的环境下杂交成一种外表美丽，技术含金量高，拥有科学家与理论来延伸的文化，这种延伸已经演变为如宫中太监做着与结婚生孩子的事。乡村景观，至今是乡村建设中极为困惑的事情。因为我们的文化基因已断裂，我们的自信已丢失，我们只会沿袭着西方的美学。如消费主义，对大自然无限的索取，用科技来代替文化，用科学来取代常识，最终期待用城市取代乡村等错误的人类自愚哲学。300 年的工业文明过去了，只要人类脚步走过的地方都留下一片沙漠。我们没有学会西方文化中的品质，却保留了东方文化中的糟粕；我们没有学到西方文明中的优雅，却学会西方文化中的野蛮。我们开始觉悟，文明只要脱离土壤，就像一群'太监'来研究我们的后代繁衍，这实在是我泱泱大国之悲哀。明代文化人计成在 1631 年著的《园冶》中就对景观有明确注明，感觉就是写给今天规划与设计者的提示，其劣者以华丽堆砌相竞尚，甚至池求其方，岸求其直，亭榭务求其左右对峙，山石花木如雁行。其著者，因地制宜，施法自然。500 年之后，今天的乡村规划（景观）当下的是以华丽的豪华石材（大理石、汉白玉、磁砖）进行堆砌，并以为漂亮而成为时尚。水池要求方正，河岸要笔直，亭榭建得僵直，山石花木种得一排排，整齐得像士兵排队，一点没有曲线之美。哎，实在让我感到难看之极。"

今天的中国乡村发生了翻天覆地的变化，如何把乡村建设得更像乡村，具有美的纯真气质，需要农民和乡村环境的共同作用，也就是需要自然和人协调统一，信阳市平桥区区委书记王继军说过"农村是有价值的、农民是有尊严的、农业是有前途的"，北京绿十字"三农"专家孙君追求的乡村环境是能让虫子和人一样有尊严地活着。这些朴实而深刻的乡村理想追求是我们景观设计师的共同夙愿，同时也反映了美丽乡村建设相关人员的共同心声。

天禾园林鲍国志、平桥区区委书记王继军、北京绿十字孙君，这些我们心目中德艺双馨的普通人物是我们做乡村景观的最大引导者，他们一生所做的事情都是为了农村、为了农民。他们的行为必将激起年轻的一代奋发图强，为中国乡村的建设作出更大的贡献，为祖国的繁荣富强添砖增瓦。相信中国的乡村必将会很美好，中华的传统文化将在乡村中得到传承和发展。